AWS認定 ソリューションアーキテクト－プロフェッショナル

試験特性から導き出した演習問題と詳細解説

第2版

平山 毅／福垣内孝造［著・監修］　鳥谷部昭寛／堀内康弘［監修］
新村俊介／星 幸平／山崎まゆみ／岡 智也／岡崎靖浩
澤田拓也／神澤英輔／三輪拓海／池田 大
早川 愛／蒲 晃平／平井 周［著］

リックテレコム

はじめに

本書は、AWS認定ソリューションアーキテクト－プロフェッショナル（SAP-C02）試験に対応した書籍です。アソシエイトレベルの資格を取得した方が、次のステップとしてプロフェッショナル資格を目指す際に役立つ内容になっています。

現在、クラウド技術を駆使したシステムの構築が急速に広がっており、特に大規模な企業の基幹システムのクラウド移行が進んでいます。オンプレミスからクラウドへのシフトは、コスト効率と拡張性を大幅に向上させる「クラウドネイティブ」なアーキテクチャを求める企業にとって重要な選択肢となっています。そのため、クラウド環境の設計から開発、運用までを自動化し、最適なシステムを構築できる高度なアーキテクトへの需要が増しています。

アソシエイトレベルの試験学習では汎用的なシステム構築に関する知識が得られますが、ミッションクリティカルなシステムに対応するには、さらに踏み込んだクラウド特有の設計スキルが必要です。プロフェッショナル試験では、AWSサービスの基本的な機能だけでなく、具体的な業務要件にもとづく複雑な課題を解決する力が問われます。長文のケース問題を解くには、実務経験にもとづいた深い理解と応用力が必要であり、アソシエイト試験よりも高いレベルの知識が求められます。

本書では、試験の特徴を分析し、シナリオベースの問題演習を中心に、試験で重要となる知識やスキルを深く学べる構成となっています。最新のクラウド技術と試験傾向を反映した内容で、実務に即した知識も自然と身に付くように工夫しました。さらに、模擬試験も掲載しており、実際の試験に備えた総仕上げとして活用できます。

私がIT業界に足を踏み入れたのは、ちょうどインターネット技術が急速に普及し始めた時期でした。オンプレミス環境でデータベースやWebアプリケーションを開発・運用するところからキャリアがスタートし、その後、技術の進化にともない、コンピュータで実現できることが飛躍的に広がりました。さらにクラウド技術の登場により、システムの構築や運用は誰でも手軽に行えるようになったと感じています。しかし、企業が長年かけて構築した複雑で大規模なシステムをクラウド上で安定的に稼働させるには、クラウドの知識だけでなく、熟練したテクニカルアーキテクトとしてのスキルが不可欠です。単に新しいサービスを適用するだけでは、機能要件や非機能要件を満たすことができません。これからの時代、企業がクラウドを最大限に活用し、従来の業務を効率的に遂行するためには、クラウドサービスの組み合わせや最適化に関する、より高度な技術的知識が必要です。本書では、その具体的な手法と考え方を深掘りしていきます。

クラウドの進化にともない、システム開発の現場では、海外のオフショアやリモートでのシステム開発が一般的になりつつあり、それを支えるクラウド技術の重要性はますます高まっています。プロジェクトに参加する人材には、AWSのプロフェッショナルレベルの知識が求められる場面も増えています。高度な技術を習得し、クラウド活用のスペシャリストとして活躍するためには、まずAWS認定ソリューションアーキテクト－プロフェッショナル試験を突破することが大きな第一歩です。

本書が皆様の試験合格への道を切り拓き、クラウドのプロフェッショナルとして飛躍するためのきっかけとなることを心から願っています。

著者を代表して

福垣内 孝造

目次

第1章

AWS 認定ソリューションアーキテクトープロフェッショナル試験の概要と特徴

本章では、AWS 認定ソリューションアーキテクトープロフェッショナル試験の概要と、出題される問題の特性について説明します。なお、本書の内容は、2024 年 9 月時点の情報にもとづいています。

1.1 試験の概要

AWS認定試験の体系

AWS認定ソリューションアーキテクト－プロフェッショナル試験は、図1.1-1に示すとおり、AWS認定ソリューションアーキテクト－アソシエイト試験の上位に位置します。そのため、AWS認定ソリューションアーキテクト－アソシエイト試験で問われるAWSサービスの基本知識が必須になります。また、2年程度の実務経験を想定しており、AWSを活用したソリューションの応用的な内容が出題されます。なお、合格後の認定有効期限は3年です。

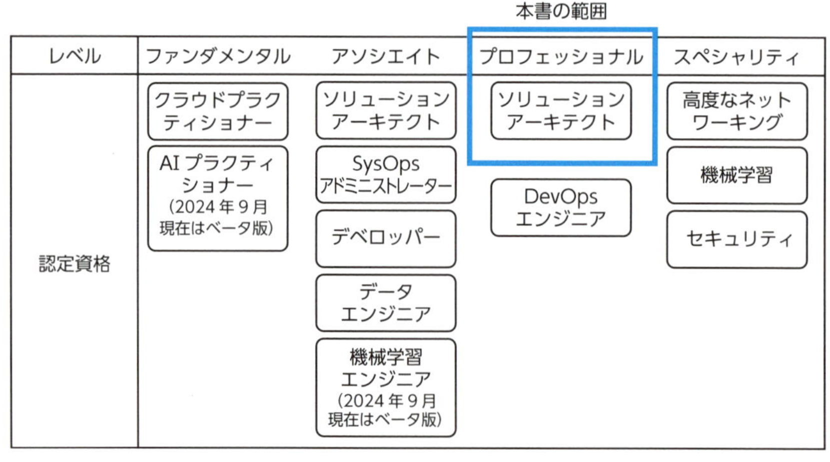

図1.1-1　AWS認定試験ステップ

近年、大規模なクラウド案件が増加し、AWSサービスのラインナップも増えてきています。こうした中、AWS認定ソリューションアーキテクト－プロフェッショナル試験は、AWS専門家というステータスから、大規模なクラウド案件で中心的な役割を果たす人材の登竜門になりつつあり、資格のニーズもますます高まっています。

AWS 認定ソリューションアーキテクトープロフェッショナル試験の概要

AWS 認定ソリューションアーキテクトープロフェッショナル試験の概要を、AWS 認定ソリューションアーキテクトーアソシエイト試験と対比した形で、表 1.1-1 に示します。プロフェッショナル試験は、アソシエイト試験に比べて時間が長く（180 分間）、合格基準も高く設定されています。また、試験問題が実際のケースを意識した長文のため、読み解いて解答を絞ることが難しくなっています。

なお、2024 年 4 月 1 日に、AWS 認定試験の受験費用が改定されました。一方で、AWS 認定の模擬試験は、AWS Skill Builder を利用して無料で受験できます。

表 1.1-1　AWS 認定ソリューションアーキテクトープロフェッショナル試験の概要（出典：AWS 公式ガイド）

試験	ソリューションアーキテクト ープロフェッショナル (Solutions Architect-Professional)	ソリューションアーキテクト ーアソシエイト (Solutions Architect-Associate)
問題数	75 問	65 問
試験問題の形式	・択一選択問題（4 つの選択肢のうち、正解を 1 つ選択） ・複数選択問題（5 つ以上の選択肢のうち、正解を 2 つ以上選択）	・択一選択問題（4 つの選択肢のうち、正解を 1 つ選択） ・複数選択問題（5 つ以上の選択肢のうち、正解を 2 つ以上選択）
試験時間	180 分間	130 分間
使用言語	英語、日本語、韓国語、中国語（簡体字）、フランス語（フランス）、イタリア語、ポルトガル語（ブラジル）、スペイン語（ラテンアメリカ）	英語、日本語、韓国語、中国語（簡体字、繁体字）、フランス語（フランス）、ドイツ語、イタリア語、ポルトガル語（ブラジル）、スペイン語（スペイン、ラテンアメリカ）
受験料（日本語版）	40,000 円（税別）	20,000 円（税別）
合格基準	100～1,000 点のスコアで評価され、750 点以上で合格	100～1,000 点のスコアで評価され、720 点以上で合格

- **AWS 認定資格一覧**

  https://aws.amazon.com/jp/certification/

- **AWS 認定ソリューションアーキテクト - プロフェッショナル資格**

  https://aws.amazon.com/jp/certification/certified-solutions-architect-professional/

- **AWS 認定資格の利点**
  https://aws.amazon.com/jp/certification/benefits
- **AWS 資格再認定**
  https://aws.amazon.com/jp/certification/recertification/
- **AWS 認定資格のよくある質問**
  https://aws.amazon.com/jp/certification/faqs/

1.2 プロフェッショナル試験で問われるシナリオカテゴリ

シナリオのカテゴリ

AWS 認定ソリューションアーキテクト－プロフェッショナル試験では、長い問題文（シナリオ）に記述されている要件を的確に把握し、AWS サービスを使用した最適なソリューションを選ぶ能力が問われます。

AWS 認定ソリューションアーキテクト－プロフェッショナル（SAP-C02）試験で出題されるシナリオの内容は、表 1.2-1 のように 4 つのカテゴリに分類されます。以前の SAP-C01 では、コスト管理が 1 つのカテゴリとして独立していましたが、SAP-C02 では他のカテゴリに統合されています。具体的には、「複雑な組織に対応するソリューションの設計」、「新しいソリューションのための設計」、および「既存のソリューションの継続的な改善」のカテゴリに、コストに関する問題が含まれるようになりました。

本書では、4 つのカテゴリごとに章を構成しています。

表 1.2-1　シナリオのカテゴリと本書の対応関係

章	シナリオのカテゴリ（出題分野）	試験における比重
第 4 章	複雑な組織に対応するソリューションの設計	26%
第 5 章	新しいソリューションのための設計	29%
第 6 章	既存のソリューションの継続的な改善	25%
第 7 章	ワークロードの移行とモダナイゼーションの加速	20%
合　計		100%

シナリオのカテゴリの特徴等

ここでは、シナリオの各カテゴリのポイントを説明します（詳細は第 3 章で解説します）。さらに、AWS Well-Architected フレームワークについても見ていきます。

まず、「複雑な組織に対応するソリューションの設計」は、クラウド利用の初期段階で決定すべき大変重要な事柄です。企業内の各組織の間には、それぞれの役割に対応した権限分離の要件があります。この点を考慮した上で、企業の組織図から AWS の Organizations をベースとして、AWS アカウントをグループ化するために

Organization Units（OUs）の単位で組織とその配下のアカウントを管理します。また、各組織やアカウントで利用できるAWSサービスとアクションをコントロールするためのポリシー（SCP）を設定し、OUやアカウントに割り当てていきます。クラウド利用のために新規にアカウントを作成するだけでなく、既存のアカウントをクラウドに効率的に統合するケースも問われます。

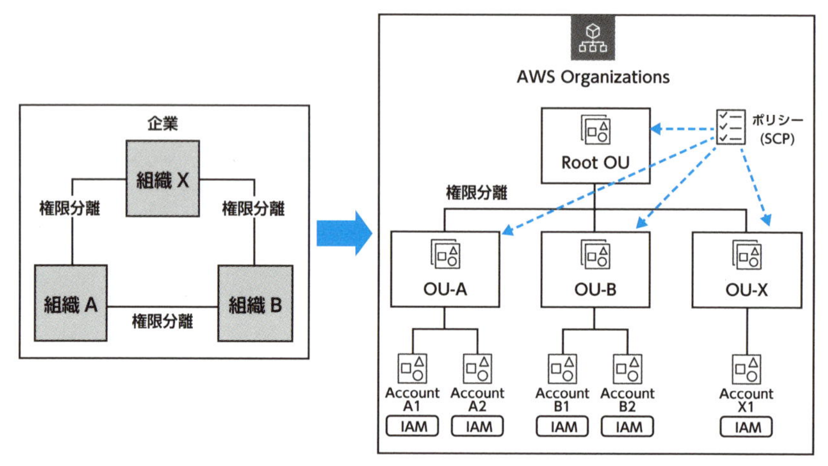

図1.2-1　AWS OrganizationsによるAWSアカウント構成

さて、全体の54%を占める「新しいソリューションのための設計」と「既存のソリューションの継続的な改善」では、AWSのサービスを組み合わせた最適なソリューション選定の能力が問われます。AWSサービスのアップデートに合わせて、新しいソリューションを導入したり、運用効率・コスト効率を考慮しながら継続的に既存システムをアップデートすることにより、システムのさらなる高度化を図ります。

「ワークロードの移行とモダナイゼーションの加速」は、基本的にはオンプレミスの既存システムをAWSへ移行するためのソリューションに関する内容になります。移行の際の検討項目は、ネットワーク、アプリケーション、データ、およびデータベースです。

ネットワーク移行では、オンプレミス環境とAWSを接続するために、専用線やVPN回線を使ったネットワーク設計が必要です。また、オンプレミスとクラウド両方のサーバーやネットワークに割り当てるIPアドレス、AWSサービスに付与するIPアドレスやドメインの構成、通信経路のルーティングも設定する必要があります。

アプリケーション移行では、既存アプリケーションの稼働状況を把握した上で、効率的な移行方法をシステム要件にもとづいて検討します。クラウド黎明期における移行は、まずリフト＆シフト方式により、仮想サーバーで稼働していたアプリケーションをクラウド上でオンプレミスと同じ構成で稼働させていました。しかし、最近では、サーバーレスやコンテナ技術を採用し、要件に合わせてよりモダンなアーキテクチャになるよう検討するケースがあり、試験でもコンテナ化やサーバーレス化が問われます。

データ移行では、オンプレミスに保存された大容量のデータをAWSに転送、移行する方法を検討します。大容量のデータをクラウドに転送するために、オンプレミスとクラウド間にある専用線を利用しても、帯域不足で時間がかかることがあります。一方で、データ移行の時間短縮のために一時的に専用線の帯域幅を広げるとコスト増となります。こうした課題を解決するために、AWSではSnow Familyサービスが提供されています。これとAWSのファイル転送サービスを組み合わせた、効率的なデータ移行の方法が問われます。

データベース移行では、データベースのコスト削減に向けて、オンプレミスの既存データベースをAWSに移行するケースが取り上げられます。データベースに関するAWSのマネージドサービスや移行サービスは充実してきており、移行後にどのデータベースを採用するか、どのようにデータベースを活用するかといった技法も多く問われます。

ネットワーク	オンプレミスとAWS間のネットワーク接続、IPアドレス、ドメイン等を検討	・Amazon Route 53 ・AWS Direct Connect ・AWS Transit Gateway
アプリケーション	オンプレミスのシステムをAWSに移行する際、AWSのマネージドサービスを、要件に合わせてどのように活用するかを検討	・AWS Application Migration Service ・AWS Application Discovery Service ・AWS Migration Hub
データ	大容量のデータをどのようにAWSに移行するかを検討	・AWS Snow Family ・AWS Storage Gateway ・AWS DataSync
データベース	オンプレミスにある既存のデータベースをどのAWSサービスにどのように移行するかを検討	・AWS Database Migration Service ・AWS Schema Conversion Tool

図 1.2-2 「ワークロードの移行とモダナイゼーションの加速」の要件とAWSサービス

前述のように、SAP-C02で「コスト管理」は1つの独立したカテゴリではありませんが、AWSを利用する上で重要な分野なので、本章で説明します。AWSでは、使った分だけ支払う従量課金が基本です。この従量課金のメリットを最大限活かすために、システム利用時にかかるAWSのコストをどのように管理・最適化できるかを理解しておくことが大切です。コスト管理やコスト効率が問われるAWSサービスは多く出題されます。

AWSの利用コストを把握する方法はいくつかあります。中でも、コスト分析によく利用されるのがAWS BudgetsやAWS Cost Explorerです。AWS利用のコストを最適化するためには、実際のシステム構成と利用コストを考慮し、AWS上で動作するアプリケーションをサーバーレス構成に切り替えたり、AWSのマネージドサービスを活用して、システム全体のコストを最適化します。通常、AWSを利用している場合に最もコストがかかるのは、仮想サーバーであるEC2です。アプリケーションの稼働に必要となるコンピューティングリソースを低コストで使用するために、AWSのコンテナサービスの利用を検討したり、利用目的に応じてリザーブドインスタンスやスポットインスタンスを選ぶことが有効です。さらに、仮想サーバー(EC2)やコンテナ（Fargate）、Lambdaに適用されるSavings Plansを利用することで、さらなるコスト削減が可能になります。

サービス	説明
AWS Billing Console	・AWSの利用料金、使用量のモニタリング、予算管理のためのサービス ・支払履歴の確認や、未払料金の支払処理も可能
Amazon CloudWatch	・Amazon CloudWatchを使ってコスト監視が可能 ・事前にBilling Consoleでの有効化が必要 ・合計請求額、サービスごとの請求額、連結アカウントごとの請求額、連結アカウントサービスごとの請求額を監視可能 ・請求額を監視し、しきい値を超えたらアラートを出したり、SNSで通知することが可能
請求レポート	・1か月ごとのAWS利用推定金額についての詳細なレポート。少なくとも1日1回レポートを更新
AWS Budgets	・AWSの利用コストや、日次、月次、年次ごとに予算制限を設定できるサービス ・コストのタイプや利用サービスごとに細かく設定が可能。設定した予算のしきい値を超えた場合には、アラートを発信できる
AWS Cost Explorer	・AWSリソースの使用料を時系列で確認し、表示データや時間範囲を指定することでコストの把握や分析に利用するサービス

図1.2-3　「コスト管理」とAWSサービス

AWSでのアーキテクチャ構築においては、AWS Well-Architectedフレームワーク※1の「優れた運用効率（オペレーショナルエクセレンス）」「セキュリティ」「信頼性」「パフォーマンス効率」「コスト最適化」「持続可能性（サステナビリティ）」を参考にし、システム化要件に合わせて、最適なソリューションを選択していくことになります。

ここでは、AWS Well-Architectedフレームワークの6つの柱の概要について説明します。

● 優れた運用効率（オペレーショナルエクセレンス）

システムのワークロードを効率的に処理し、ビジネスに価値や成果をもたらすためには、稼働中のシステムイベントを監視し、得られたメトリクスをもとに改善に取り組むことが必要です。運用ミスを減らすため、システム運用のプロセスや手順を継続的に見直し、サービスの進化に合わせて日常的な運用手順も改善します。また、システムの変更はできるだけ自動化し、変更は小規模かつ段階的に行うことで、障害時の影響を最小限に抑えます。さらに、通常の業務でも、障害を想定したテストや管理手順の標準化が重要です。

● セキュリティ

クラウド上でセキュリティ環境を構築するためには、AWSが提供するテクノロジーを活用して、データ、システム、およびその資産を保護する必要があります。これには、データの機密性や完全性の確保、ユーザー管理、セキュリティインシデントの検出が含まれます。クラウドテクノロジーを利用して、セキュリティの強化を図ることが求められます。また、「最小特権の原則」に従い、必要最低限の権限を付与し、役割分担を明確にすることが重要です。

● 信頼性

災害時や予期せぬアクセス急増時でも、システムが正常に機能し続けるためには、ワークロードのライフサイクル全体を通して適切に運用しテストすることが重要です。また、障害が発生した場合に素早く復旧できる仕組みも必要です。信頼性を高めるために、障害からの自動復旧や復旧手順のテストを行うとともに、大規模なリソースを複数の小規模なリソースに分散させるなどして、

※1 AWS Well-Architected フレームワーク
https://docs.aws.amazon.com/wellarchitected/latest/framework/welcome.html

システム全体への影響を抑えます。

● パフォーマンス効率

システムは、機能・非機能要件を満たすだけでなく、需要の変化や技術の進化に対応して、クラウド上のコンピューティングリソースを効率的に活用する必要があります。また、要求の変化に柔軟に対応しつつ、効率性を保つことも求められます。

ワークロードの要件に応じて最適なリソースの種類やサイズを選ぶことで、パフォーマンスを向上させることができます。さらに、パフォーマンスを監視し、ビジネスニーズの増大に合わせて、リージョンをまたいで迅速に展開できるデプロイ方法を確立したり、できる限りサーバーレスに移行することで、システムの柔軟な拡張が可能になります。

● コスト最適化

システムを最新のアーキテクチャで構築し、最小限のコストで運用しながらビジネス価値を最大化することが求められています。これを実現するためには、継続的にコストを管理し、無駄な支出を避けてコスト効率を高める運用方法が重要です。また、システム運用中に財務管理を行い、使用コストを把握します。資金配分を適切に管理し、必要なリソースを選定することで、過剰な支出を抑えつつ、ビジネスニーズに応じた柔軟なスケーリングが可能になります。

● 持続可能性（サステナビリティ）

2021年に新しく定義された柱です。これは、プロビジョニングされたリソースを最小限に抑えることでエネルギー消費量を削減し、すべてのコンポーネントの効率を向上させ、クラウドワークロードが環境に与える影響をできるだけ減らすことに重点を置いています。環境への影響を考慮しながら、持続可能性を目指して目標を設定し、ワークロードの使用率を高めてエネルギー効率を最大化します。また、マネージドサービスや、より効率的なハードウェア・ソフトウェアを活用することで、さらにエネルギーの効率化を進めます。

第2章

各種サービスの概要

「AWS認定ソリューションアーキテクト－プロフェッショナル」試験では、複数のAWSサービスから成るシステムアーキテクチャに対して、高パフォーマンス、コスト最適化、システムのグローバルレベルでの拡張性、ビジネス継続性を実現するために、適切なAWSサービスの組み合わせと、その使い方を理解しておく必要があります。

各AWSサービスの仕様をきちんと理解した上で、設問の要件に合うように正しく組み合わされた構成を選択することが重要です。また、オンプレミスで稼働している旧システムの構成をAWS上に移行する場合に利用できるAWSサービス、および効率的な移行手順を選択する能力も求められます。

本章では、試験でよく問われるサービスや機能の概要等について説明します。

2.1 押さえておくべき AWS サービス・機能の全体像

試験に合格するためには、AWS のさまざまなサービスを組み合わせたシステムの設計、構築、テスト、および運用の豊富な経験が必要です。

AWS のサービスは多岐にわたっており、ソリューションアーキテクト－プロフェッショナルレベルの設問に対応するためには、実際に AWS 上でいろいろな AWS サービスを利用してシステムを構築しながら、AWS サービスの適切な組み合わせを理解していく必要があります。

プロフェッショナルレベルの設問を解くポイントは、各サービスの特性・特徴を把握するとともに、それらのサービスがどのようなユースケースに適しているか、どのような問題を解決するために使用されるのかを理解することです。

たとえば、コンテナが稼働する AWS サービスとして、ECS on EC2 や Fargate、EKS などがあります。これらのサービス名を覚えるだけでなく、システム全体でコスト効率や運用の容易性を考慮し、処理が実行された時間分だけ課金されるようにコンテナを利用したいのであれば、API Gateway と Lambda を組み合わせた構成や、コンテナを実行するプラットフォームとして Fargate の利用を検討します。

従来は、EC2 をベースとして、オートスケールによる拡張性、Multi-AZ（マルチ AZ）やリージョン間でのバックアップを活用した高可用性のシステム構成が中心でしたが、最近では、コンテナやサーバーレスの AWS サービスを組み合わせて拡張性、高可用性を実現するソリューションを問われるシナリオが増えているようです。そのため、AWS サービスの組み合わせのパターンを幅広く理解しておく必要があります。

図 2.1-1 は、本章で紹介する AWS サービスの一覧です。

コンピューティング	ストレージ	データベース
・EC2 ・Lambda ・Auto Scaling ・Fargate ・App Runner ・Batch ・EC2 Auto Scaling ・Elastic Beanstalk ・Lightsail ・Outposts ・Wavelength	・Backup ・EBS ・Elastic Disaster Recovery ・EFS ・FSx ・S3 ・S3 Glacier ・Storage Gateway	・Aurora ・Aurora Serverless ・DocumentDB ・DynamoDB ・ElastiCache ・Keyspaces (for Apache Cassandra) ・Neptune ・RDS ・Redshift ・Timestream
ネットワークとコンテンツ配信	**コンテナ**	**デベロッパーツール**
・CloudFront ・Direct Connect ・ELB ・Global Accelerator ・PrivateLink ・Route 53 ・VPC ・Transit Gateway ・VPN	・ECR ・ECS ・ECS Anywhere ・EKS ・EKS Distro ・EKS Anywhere	・Cloud9 ・CodeArtifact ・CodeBuild ・CodeCommit ・CodeDeploy ・CodeGuru ・CodePipeline ・X-Ray
エンドユーザーコンピューティング	**フロントエンドの Web とモバイル**	**クラウド財務管理**
・AppStream 2.0 ・WorkSpaces	・Amplify ・API Gateway ・Device Farm ・Pinpoint	・Cost Explorer ・Budgets ・Cost and Usage Report ・Savings Plans
マネジメントとガバナンス		**アプリケーション統合**
・CLI ・CloudFormation ・CloudTrail ・CloudWatch ・CloudWatch Logs ・Compute Optimizer ・Config ・Control Tower ・Health Dashboard ・License Manager	・Managed Grafana ・Managed Service for Prometheus ・マネジメントコンソール ・Organizations ・Proton ・Service Catalog ・Service Quotas ・Systems Manager ・Trusted Advisor ・Well-Architected tool	・AppFlow ・AppSync ・EventBridge ・MQ ・SNS ・SQS ・Step Functions
分析	**IoT**	**機械学習**
・Athena ・Data Exchange ・Data Pipeline ・EMR ・Glue ・Managed Service for Apache Flink ・Data Firehose ・Kinesis Data Streams ・Lake Formation ・Managed Streaming for Apache Kafka ・OpenSearch Service ・QuickSight	・IoT Analytics ・IoT Core ・IoT Device Defender ・IoT Device Management ・IoT Events ・IoT Greengrass ・IoT SiteWise ・IoT Things Graph	・Comprehend ・Forecast ・Fraud Detector ・Kendra ・Lex ・Personalize ・Polly ・Rekognition ・SageMaker ・Textract ・Transcribe ・Translate
セキュリティ、アイデンティティ、コンプライアンス		**移行と転送**
・Artifact ・Audit Manager ・Certificate Manager ・CloudHSM ・Cognito ・Detective ・Directory Service ・Firewall Manager ・GuardDuty ・IAM ・IAM Identity Center	・Inspector ・KMS ・Macie ・Network Firewall ・RAM ・Secrets Manager ・Security Hub ・STS ・Shield ・AWS WAF	・Application Discovery Service ・Application Migration Service ・DMS ・DataSync ・Migration Hub ・Migration Evaluator ・SCT ・Snow Family ・Transfer Family
ビジネスアプリケーション	**ブロックチェーン**	**メディアサービス**
・Alexa for Business ・SES	・Managed Blockchain	・Elastic Transcoder ・Kinesis Video Streams

図 2.1-1　本章で紹介する AWS サービスの一覧

SAP-C02で出題が重視されているAWSサービスについて、いくつかをピックアップし、そのポイントを述べたいと思います。まず、移行に関して説明します。

従来からAWSを利用しているユーザーや、オンプレミスのプライベートクラウド環境の経験が長いエンジニアは、AWS上でクラウドサービスを利用してシステムを構築することや、オンプレミスのシステムをAWSへ移行するためのマイグレーションサービスを活用することから始めるとよいでしょう。

クラウド移行では、一般的に、「リフト＆シフト」と呼ばれる方法で、まず、オンプレミスのシステムをクラウドの仮想環境で動かすことから始めます。システムを移行するためには、現状のシステム構成や状態を把握し、Migration Hubで情報を集約して移行方針を固めます。また、大量データの移行にはSnowball、データベースの移行にはDatabase Migration ServiceやSchema Conversion Toolを活用します。

最近のクラウド移行では、クラウドの仮想環境からクラウドネイティブなコンテナやサーバーレスへさらに高度化することが期待されています。これを実現するには、AWSが提供しているコンテナサービスやAPI Gateway、Lambda、DynamoDBなどのサーバーレスサービスを組み合わせた、高可用性で拡張性のあるシステム構成にリビルドすることが求められます。従来のモノリシックな構成からマイクロサービスによる疎結合化や、LambdaやEventBridgeによるイベントドリブン方式で処理をつないでいく方法など、AWSによって容易に実現可能となったシステム構成がたくさんあります。これらのシステム構成のパターンを理解すると、キャッチアップが進むでしょう。

業務で利用されているWebやバッチアプリケーションに加えて、IoT CoreやIoT Greengrassなどのサービスと、Data Firehose、Glue、S3などを活用して、AWS上でデータ分析を行うためのデータ収集、保存、加工の構成を理解することも重要です。また、リアルタイム分析や、大量データの分析をコスト効率よく行えるAWSサービスも押さえておく必要があります。

システムを高パフォーマンス、高可用性で稼働させるソリューションは引き続き問われます。たとえば、コンピューティングサービス中心のAWSサービスや、サーバーレスを使ったシステムにおいて、アベイラビリティーゾーン（AZ）やリージョンをまたいで高可用性を実現するための構成が問われます。Route 53、CloudFrontなどのネットワーキングと配信、S3などのストレージ、リージョンをまたいでレプリケーションできるAuroraやDynamoDBなどのデータベースを利用し、また、パイロットライトやウォームスタンバイといったDR戦略にもとづいて、災害発生時に素早く切り替えられる高可用性の仕組みを実現します。

さて、SAP-C02 は 2022 年 11 月から受験できるようになりました。SAP-C01 と比べると、直近に登場した新サービスを含む設問が増えている印象です。試験の基本的な方針は SAP-C01 と変わりませんが、新サービスを利用したケースでアーキテクチャを組んだときの高可用性、高性能、コスト効率化を問う設問が増えているようです。

従来は、EC2 や ELB、RDS を複数の AZ に配置して高パフォーマンスや高可用性を実現する構成が問われていました。SAP-C02 では、ストレージに EFS を使って複数の ECS、Fargate で高可用性を実現した構成や、Aurora のグローバルテーブルを利用したリージョン間での高可用性のシステム構成、Aurora Serverless を利用した自動でスケーラブルなデータベースの活用など、新サービスや機能拡張によって対応できるようになったサービスを使用した構成などが問われます。また、オンプレミスのシステムが性能要件の点から AWS に移行できない場合に、Outposts や IoT Greengrass を使って性能要件を満たす構成も問われます。

学習にあたっては、新サービスの基本的な内容を把握しつつ、既存サービスの細かい機能拡張をしっかり理解することが重要です。

なお、本章で紹介する AWS サービスについては、姉妹書『AWS 認定ソリューションアーキテクト－アソシエイト問題集 第 2 版』（リックテレコム刊）と同じ内容のものもあります。あらかじめご了承ください。

2.2 コンピューティング

EC2 【Amazon Elastic Compute Cloud（Amazon EC2）】

EC2は、AWSが提供する仮想サーバーです。IaaS（Infrastructure as a Service）型のサービスであり、AWS上に仮想サーバーとOS（Linux／Windows／macOS）を起動します。比較的安く利用できる小さいサイズのものから、大規模な基幹システム向けの高速プロセッサを搭載したもの、ベアメタルといわれる物理サーバー、機械学習用のGPUインスタンスなど、さまざまな種類のサーバーが提供されています。

Lambda 【AWS Lambda】

Lambdaは、FaaS（Function as a Service）サービスの1つであり、アプリケーションのコードをサーバーレスで実行するのに必要なプログラム言語のフレームワークを提供します。ユーザーが、実行したいアプリケーションコードをLambda関数で開発し、Lambda上にデプロイすると、アプリケーションが実行される状態になります。通常、Lambdaでは、S3にファイルが置かれたタイミングやDynamoDBにデータが書き込まれたタイミングをトリガーとしてLambda関数が処理されます。Lambdaは、関数が実行された時間だけ課金されるのでコスト効率に優れたサービスです。

Auto Scaling 【AWS Auto Scaling】

Auto Scalingは、EC2インスタンス、ECSタスク、DynamoDBテーブルなどのAWSサービスのリソース使用状況をモニタリングし、トランザクションやデータ量の増減に対して、事前に設定したパフォーマンスを維持するために、自動でインスタンス数や容量を調整します。パフォーマンス、コスト、またはそれらのバランスを最適化することで、スケーリングをシンプル化します。

Fargate　【AWS Fargate】

Fargateは、ECSとEKSの両方で動作するコンテナ用のクラスターを構築し、コンテナを実行するためのマネージド型サーバーレスエンジンです。EC2とは異なり、インスタンスの選択やクラスター容量のスケーリングを行うことなく、適切なコンピューティング容量が割り当てられます。Fargateの利用料金はコンテナの実行に必要なリソース分のみとなるため、コスト削減を図れます。

App Runner　【AWS App Runner】

App Runnerは、コンテナ化されたWebアプリケーションやAPI（Application Programming Interface）を開発者が迅速かつ簡単にデプロイできるフルマネージド型のコンテナアプリケーションサービスです。コンテナを活用した環境の構築経験がなくても、ソースコードやコンテナイメージからAWS上のWebアプリケーションとAPIをデプロイ、実行することができます。

Batch　【AWS Batch】

Batchは、バッチ処理を実行するために必要な機能を含むAWSのフルマネージドサービスです。バッチ処理に必要なジョブ管理や、リソースの動的なプロビジョニングおよびスケーリングをAWSが提供します。

EC2 Auto Scaling　【Amazon EC2 Auto Scaling】

EC2 Auto Scalingは、EC2で組まれたシステムのトランザクション量とユーザーが定義する条件にもとづいて、EC2インスタンスをスケールアウト／スケールインするフルマネージドサービスです。負荷に応じてEC2インスタンスの台数を増やしたり減らしたりすることができます。

Elastic Beanstalk　【AWS Elastic Beanstalk】

Elastic Beanstalkは、Java、.NET、PHP、Node.js、Dockerなどを使用して開発されたWebアプリケーションを稼働させることができるPaaS（Platform as a Service）です。Webアプリケーションの稼働に必要な環境が用意されており、ユーザーは開発したコードをデプロイするだけで、Webアプリケーションを稼働させることができ、プロビジョニングや、ロードバランシング、Auto Scaling、アプリケーションのモニタリングも行えます。

Lightsail　【Amazon Lightsail】

Lightsailは、クラウドに慣れていない利用者がアプリケーションやWebサイトを構築するために必要な機能を提供する仮想プライベートサーバー(VPS)です。

Outposts　【AWS Outposts】

Outpostsは、AWSがクラウドで提供しているサービスをオンプレミスでも実現可能にしたフルマネージドサービスです。Outpostsを使用すれば、セキュリティやシステムの特性上、データセンター内でしか稼働させることができないシステムでも、AWSサービスを利用できるようになります。

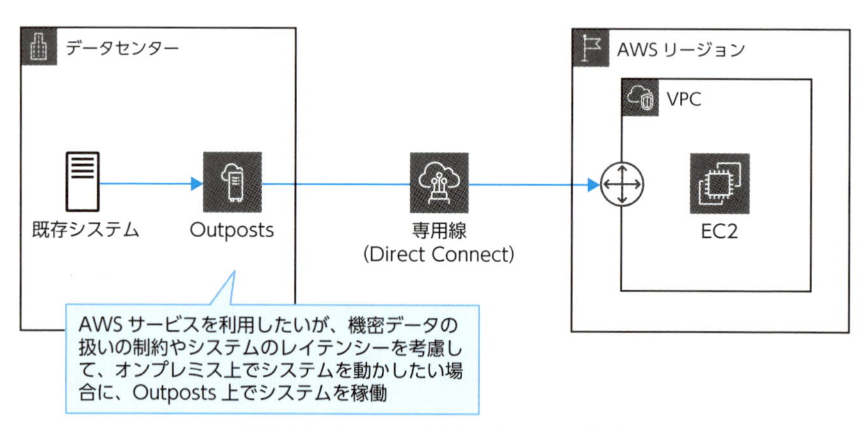

図 2.2-1　Outpostsを利用したシステム構成

Wavelength　【AWS Wavelength】

Wavelengthは、モバイルアプリケーションのエッジコンピューティング用の5Gデバイス向けに超低レイテンシーを実現するAWSインフラストラクチャです。超低レイテンシーが求められるアプリケーションを5Gネットワークのエッジ部分に展開します。

2.3 ストレージ

▶ Backup 【AWS Backup】

AWS Backupは、フルマネージド型のバックアップサービスです。AWSサービスで必要となるデータのバックアップを簡単に一元化し、またバックアップの取得を自動化することができます。AWS Backupは、いつ、どのようにバックアップを取得するかを定義したバックアッププランおよびスケジュールの設定にもとづき、各AWSリソースに対してバックアップジョブを実行します。

▶ EBS 【Amazon Elastic Block Store（Amazon EBS）】

EBSは、EC2にアタッチして利用する高性能なブロックストレージサービスです。SSDベースとHDDベースに大別され、性能を重視する場合はSSD、スループットを重視する場合はHDDを利用します。SSDタイプには、汎用SSDと、高いI/O性能を設定できるプロビジョンドIOPS SSDの2種類があります。汎用SSDではシステム要件の最大IOPSを実現できないケースで、プロビジョンドIOPS SSDを利用します。なお、汎用SSDではgp3というタイプが提供されており、これまでのgp2と同等の性能であれば、gp3を利用するほうがコストは安くなります。

▶ Elastic Disaster Recovery 【AWS Elastic Disaster Recovery（AWS DRS）】

DRSは、オンプレミスやクラウドにある仮想マシンのサーバーのディスクイメージ全体をレプリケーションして、AWS上のストレージに転送、保管する機能を持つサービスです。サーバーのOS、データベース、アプリケーションなどを、低コストのステージングエリアに継続的にレプリケーションします。また、ポイントインタイムリカバリ（Point-in-Time Recovery）を使用して迅速に復旧することで、ダウンタイムやデータ損失を最小限に抑えることが可能です。

EFS 【Amazon Elastic File System（Amazon EFS）】

EFSは、フルマネージド型の共有ファイルシステムサービスです。EFSを利用すると、OSがLinuxである複数のEC2インスタンスから、NFS（Network File System）を使って同じファイルシステムをマウントすることができます。これまでEC2やEBSではできなかった複数EC2でのファイル共有を実現できます。なお、EFSは、Linuxのみサポートしており、Windowsで利用されるファイル共有（SMB）形式はサポートしていません。

FSx 【Amazon FSx】

FSxは、フルマネージド型のファイルストレージサービスです。FSxにはファイルシステムのタイプとして、FSx for LustreやFSx for Windows File Serverなどがあります。

FSx for Lustreは、スーパーコンピュータでも使われている高性能かつスケーラブルな分散ファイルシステム「Lustre」を提供します。これは、機械学習やシミュレーションなど、ミリ秒未満のレイテンシーや、1秒あたり数百ギガバイトのスループットが求められる処理に適しています。

一方、FSx for Windows File Serverは、Windows Serverで標準のメッセージブロック（SMB）プロトコルに対応したスケーラブルな共有ファイルストレージサービスです。

S3 【Amazon Simple Storage Service（Amazon S3）】

S3は、フルマネージド型のオブジェクトストレージサービスです。耐久性、可用性、パフォーマンス、セキュリティ、拡張性に優れていながらも非常に低コストで利用可能です。S3にはさまざまなストレージクラスがあり、たとえば「Standard（標準）」を利用すると、データは複数のAZをまたいで保存され、99.999999999%（9×11）の耐久性が担保されます。また、S3のデータを別のリージョンに転送したい場合は、S3 Transfer Acceleration機能を有効にすることで、インターネット経由ではなくAWS内部のネットワーク経由で通信が行われるようになるため、S3間のデータ転送を高速化できます。なお、S3でリージョン間のレプリケーションをとりたい場合は、「クロスリージョンレプリケーション」というサービスを利用します。これによりDR構成でデータを他のリージョンに格納することができます。

S3 Glacier　【Amazon S3 Glacier】

S3 Glacierは、S3のストレージクラスの1つで、アクセスする頻度は低いが長期間保存が必要な大容量データについて、安価なアーカイブ手段を提供するストレージサービスです。

S3 Glacierには、アーカイブされたデータの取得にかかる時間に応じて、S3 Glacier Instant Retrieval、S3 Glacier Flexible Retrieval、S3 Glacier Deep Archiveの3つのアーカイブストレージクラスがあります。

S3 Glacier Instant Retrievalは、Glacierにあるストレージからミリ秒単位でデータを取得する必要がある場合に使います。S3 Glacier Flexible Retrievalは、迅速（Expedited）取り出しは1〜5分、標準（Standard）取り出しは3〜5時間、大容量（Bulk）取り出しは5〜12時間かかります。S3 Glacier Deep Archiveは、ファイルの取得に最も時間がかかるサービスです。標準取り出しは最大12時間、大容量取り出しは最大48時間かかりますが、より安価にデータを保存できます。なお、Glacier Instant RetrievalとGlacier Flexible Retrievalの最小のストレージ保存期間は90日ですが、Glacier Deep Archiveは180日です。

Storage Gateway　【AWS Storage Gateway】

Storage Gatewayは、オンプレミスに仮想アプライアンス（VMware等で稼働）を配置し、仮想アプライアンス経由でS3にデータを転送することで、バックアップを実現するサービスです。オンプレミス環境のサーバーは残しておいて、データをストレージにバックアップする部分のみをAWS側で実施します。

Storage Gatewayには、NFSやSMBなどのプロトコルを利用したネットワークインターフェイスの「ファイルゲートウェイ」、iSCSIブロックインターフェイスの「ボリュームゲートウェイ」、iSCSI仮想テープライブラリ（VTL）インターフェイスの「テープゲートウェイ」という3つのタイプがあります。さらに、ボリュームゲートウェイでは、バックアップ対象のすべてのデータをオンプレミス側に保持し、オンプレミス側のデータをS3にバックアップする「Gateway-Stored Volumes」と、バックアップ対象のデータはS3側に保持し、ユーザーアクセスが頻繁なデータのみをオンプレミス側にキャッシュとして保持する「Gateway-Cached Volumes」という2つの方式を選択することができます。

2.4 データベース

Aurora　【Amazon Aurora】

Auroraは、OSSのデータベースであるMySQLおよびPostgreSQLと互換性があり、エンタープライズデータベースのパフォーマンスと可用性を持つフルマネージド型のリレーショナルデータベースサービスです。AuroraはRDSと比べて性能面で優れており、高度な拡張性や可用性、機能を備えています。Auroraのクラスターは1つのプライマリと3つのAZに配置されたリードレプリカで構成され、クラスターに最大15個のレプリカを追加可能です。ストレージは、データベースが必要とする容量に応じて、最大128TBまで自動的に拡張されます。また、1つのAZで2か所にコピーされ、さらに3つのAZにも、それぞれコピーが作成されるので、どこかのストレージにエラーが発生しても、自動でフェイルオーバーして修復できる仕組みになっています。

Aurora Serverless　【Amazon Aurora Serverless】

Aurora Serverlessは、AuroraのDBにおいて、DBインスタンスのキャパシティ管理が不要で、自動で起動・停止を行うことができるデータベースサービスです。

Aurora Serverless v2では、リクエストの量に対してACU（Aurora Capacity Unit）にもとづきキャパシティを自動で調整します。また、DBクラスターが消費するリソースに対してのみ課金される機能が付いています。トランザクションの変化が激しく、急激な高負荷にも柔軟に対応したい場合に適したデータベースです。

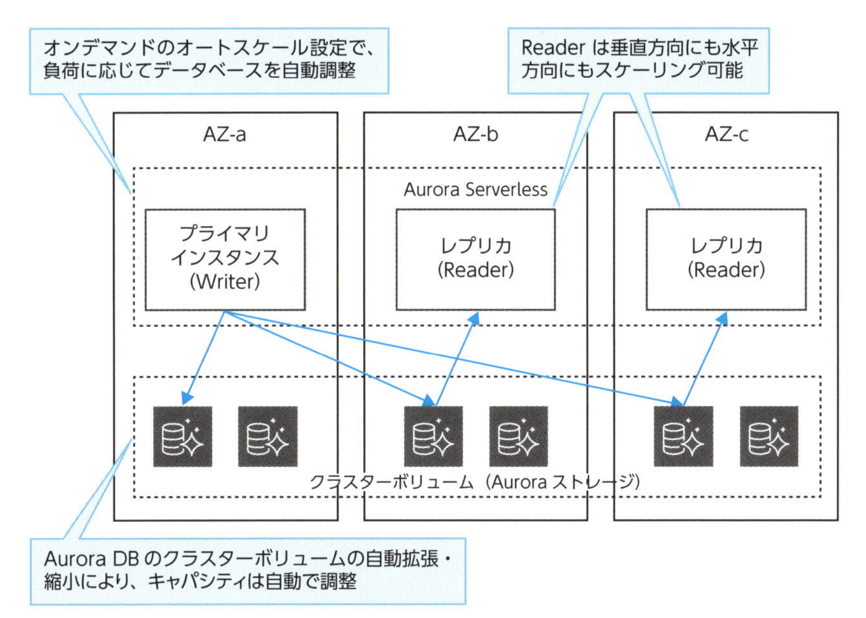

図 2.4-1　Aurora Serverless v2 の構成

DocumentDB　【Amazon DocumentDB（MongoDB 互換）】

DocumentDB は、オープンソースのドキュメントデータベース「MongoDB」と互換性のある、高速かつスケーラブルで、高可用性も備えたフルマネージド型のドキュメントデータベースサービスです。DocumentDB を利用すれば、JSON データの保存、クエリ、およびインデックス作成を簡単に行うことができます。

DynamoDB　【Amazon DynamoDB】

DynamoDB は、Key-Value（キーバリュー）およびドキュメント型のフルマネージド NoSQL データベースサービスです。DynamoDB に保存されたデータは 3 つの AZ にコピーされ、保存データの容量が増えた場合でも自動的にスケールします。DynamoDB のデータはリージョン間でレプリケーションすることができ、これにより高可用性を実現しています。このレプリケーションには、DynamoDB グローバルテーブルと呼ばれるサービスが使われます。また、高性能を実現するために、処理のレスポンスタイムをミリ秒単位からマイクロ秒単位までに短縮できるサービスとして、フルマネージド型のインメモリキャッシュ「DynamoDB Accelerator（DAX）」があります。

DynamoDB のスループットは、キャパシティモードを設定します。キャパシティモードには、使用した分だけ課金されるオンデマンドモードと、1秒あたりの読み書き性能（スループットキャパシティ）を設定し、設定値に応じて課金されるプロビジョニングモードがあります。また、DynamoDB Auto Scalingを利用すると、容量を自動で増減させることができます。

ElastiCache　【Amazon ElastiCache】

ElastiCacheは、フルマネージド型のインメモリデータストアであり、エンジンとしてオープンソースのRedisまたはMemcachedを選択できます。他のデータベースまたはデータストア上のデータをキャッシュし、マイクロ秒のレイテンシーを実現します。たとえば、キャッシング、セッションストア、参照用マスターデータの格納、リアルタイム分析などに利用されます。インメモリデータストアは、データをメモリに保存しているので、データの参照に対してRDBMSよりも高速に応答を返すことができます。これにより、データベース参照時の負荷分散や、アプリケーション全体のレスポンスタイムの短縮化が可能です。

Keyspaces　【Amazon Keyspaces（Apache Cassandra用）】

Keyspacesは、スキーマレスのオープンソースのデータベース「Apache Cassandra」と互換性があるマネージドデータベースサービスです。アプリケーショントラフィックに応じて、テーブルを自動的にスケールアップまたはスケールダウンします。読み取りと書き込みのスループットに関しては、オンデマンドキャパシティモードとプロビジョンドスループット性能モードがあります。プロビジョンドスループット性能モードでは、ユーザーがスループット容量を指定します。

Neptune　【Amazon Neptune】

Neptuneは、フルマネージドグラフデータベースサービスです。グラフデータベースは、データエンティティを格納するノード（頂点）や、エンティティ間の関係を表すエッジ（辺）、プロパティ（属性）などのグラフ構造を使ってデータを表現します。たとえば、通信ネットワークのルーティング、経路案内、ゲノム（遺伝子）の分析などに使われています。Neptuneでは、グラフデータベースのモデルで主に使われているプロパティモデルとRDF（Resource Description Framework）モデルを利用できます。グラフデータベースではソフトウェアごとにクエリ言語の種類が異なっており、NeptuneではApache Gremlin、W3C SPARQL、openCypherといった一般的なグラフクエリ言語をサポートしています。

Neptuneはマネージドサービスなので、拡張のためのリードレプリカや、ポイントインタイムリカバリ、S3へのバックアップ、AZ間のレプリケーション機能を備えています。

RDS 【Amazon Relational Database Service（Amazon RDS）】

RDSは、MySQLやPostgreSQLなどのオープンソースのデータベースや、OracleやMicrosoft SQL Serverなどの商用データベースをマネージド型で提供するRDBMSサービスです。ストレージは汎用SSDまたはプロビジョンドIOPS SSDから選択できます。また、複数のAZをまたいだアクティブ／スタンバイ型のマルチAZ構成や、読み取り専用のデータベースを複製するリードレプリカ構成を構築できます。

RDSでは、標準で日次のバックアップが取得されます。さらに、障害発生から5分前までの状態にデータベースを復元できるポイントインタイムリカバリ機能も備えているので、細かい単位でのバックアップによる復元が必要な場合に役立ちます。

Redshift 【Amazon Redshift】

Redshiftは、フルマネージド型のデータウェアハウスサービスです。データは列指向型（カラムナ型）で格納されるので、データの集計処理に向いています。Redshift Spectrumを利用すると、Redshiftへのロードを行わず、直接S3でクエリを実行できます。また、Concurrency Scaling機能を利用すると、ピーク時にRedshiftのクラスターを自動的に拡張し、並列処理を負荷分散できます。Cross-AZ cluster recovery機能を利用すると、障害発生時、自動で別のAZにクラスターが再配置されます。Redshift Serverlessを選択するとオンデマンドでの利用になり、クラスターの管理が不要になります。

Timestream 【Amazon Timestream】

Timestreamは、高速でスケーラブルなサーバーレスの時系列データベースサービスです。IoTのセンサー情報など、時系列で同時かつ大量に送られてくるイベントデータのうち、直近の新しいデータをメモリに保持することで、リレーショナルデータベースの最大1,000倍の速度かつ10分の1のコストでデータを格納し、それを分析に活用できます。また、データベースエンジンとしてInfluxDBを利用できるようになりました。

Timestreamはデータ取り込み層、ストレージ層、クエリ層から構成され、それぞれの層が独自にアプリケーションのニーズに応じて自動でスケーリングします。IoT

Core、Managed Service for Apache Flink、IoT Greengrass、Managed Streaming for Apache Kafka（MSK）や、オープンソースの Telegraf を利用してデータを取り込めます。また、Timestream に保存された IoT データは、QuickSight での可視化や SageMaker での機械学習に利用できます。

2.5 ネットワークとコンテンツ配信

CloudFront 【Amazon CloudFront】

CloudFrontは、AWSが提供するCDN（Content Delivery Network）サービスです。ユーザーがWebシステムで利用するHTML、CSS、イメージファイルなどの静的コンテンツや、要求に応じて変化する動的コンテンツを、エッジロケーションというデータセンターからグローバルなネットワークを経由して高速に配信します。

CloudFrontには、アプリケーションのユーザーに近いロケーションでLambda関数のコードを実行できるLambda@Edgeというサービスがあります。これによりエッジロケーションでプログラムを実行することが可能になります。

Direct Connect 【AWS Direct Connect】

Direct Connectは、オンプレミス環境とAWSのVPC上に構築したシステムを専用線で接続するサービスです。VPN接続と比べて広い通信帯域を確保し、閉域網でアクセスすることでセキュリティを担保します。高可用性を実現するためにネットワークを冗長化したい場合、専用線を二重化する必要があります。しかし、コストの観点から、通常使う回線に専用線を利用して、バックアップ回線にVPN接続を利用するケースもあります。

ELB 【Elastic Load Balancing】

ELBは、マネージド型の負荷分散サービスです。EC2インスタンス、Lambda、ECS、またはEKS上で稼働しているコンテナアプリケーションへのトラフィックを自動的に分散することができます。

ELBには、HTTP/HTTPSのプロトコルで負荷分散する「Application Load Balancer（以下、ALB）」、レイヤー4のプロトコルで負荷分散する「Network Load Balancer（以下、NLB）」、セキュリティ製品などの仮想アプライアンスのデプロイ、スケーリング、管理を容易に行える「Gateway Load Balancer（以下、GWLB）」、従来の「Classic Load Balancer（以下、CLB）」という4種類のサービスがあります。

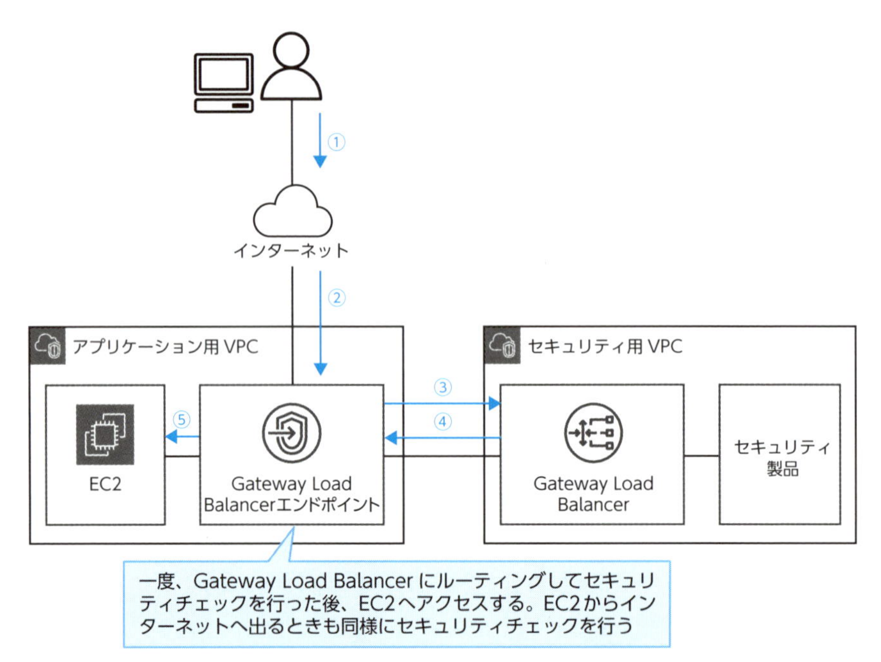

図 2.5-1　Gateway Load Balancer の構成

▶ Global Accelerator　【AWS Global Accelerator】

Global Accelerator は、グローバルのユーザーに提供するアプリケーションの可用性およびパフォーマンスを改善するフルマネージドサービスです。AWS のグローバルネットワークを利用して、ユーザーからアプリケーションまでのパスを最適化します。また、ELB や EC2 のアプリケーションエンドポイントなどに対して、固定エントリポイントとして機能する静的 IP アドレスを提供します。

▶ PrivateLink　【AWS PrivateLink】

PrivateLink は、インターネットを経由せずにプライベート接続で AWS サービスを提供するためのフルマネージドサービスです。PrivateLink に対応した AWS サービスを操作する場合、VPC 内に PrivateLink を作成すると、専用の ENI（Elastic Network Interface）が作成されてプライベート IP アドレスが割り当てられます。これによりユーザーは、AWS の各サービスへアクセスする際、インターネットを介さずに、PrivateLink を経由して当該サービスにアクセスできるようになります。

次の図 2.5-2 は、EC2 インスタンス間を連携する際の、PrivateLink によるプライベート接続の方法について示したものです。

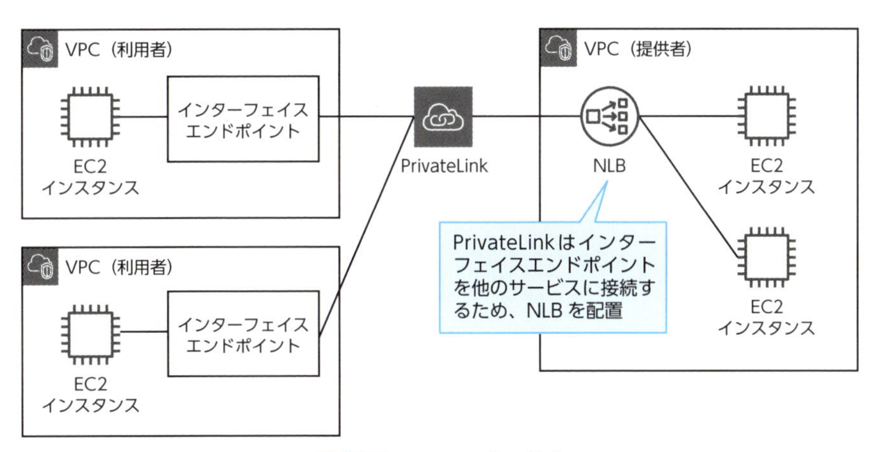

図 2.5-2　PrivateLink の構成

Route 53　【Amazon Route 53】

Route 53は、マネージド型のドメインネームシステム（DNS）サービスです。Route 53の主な機能として、ドメイン登録、DNSルーティング、およびヘルスチェックがあります。ルーティングでは、応答時間によってルーティング先を決める「レイテンシーベースルーティング」、ルーティングしたいサイトを比重で分けて分散する「加重ラウンドロビン」、アクセス元の位置情報に応じて距離的に最も近い位置のIPアドレスを返す「位置情報ルーティング」などを利用できます。

VPC　【Amazon Virtual Private Cloud (Amazon VPC)】

VPCは、AWS上で構築される仮想ネットワークです。AWSクラウド以外の仮想ネットワークから論理的に切り離されていて、EC2やRDSといったリソースを起動することができます。VPCで利用するIPアドレスの範囲をCIDRで指定してサブネットを追加します。そして、ルートテーブルやセキュリティグループを設定することで通信を制御します。

Transit Gateway　【AWS Transit Gateway】

Transit Gatewayは、AWS内のVPCや、オンプレミスネットワークを接続するサービスです。VPCはリージョン間でも接続することが可能です。VPC Peeringでは複数のVPCを利用した際にメッシュ構成になりやすいですが、Transit Gatewayはハブ方式でルーティングするため、複雑なピア接続を行う必要がなく、ネットワークやルーティング設定が簡素化されます。

▶VPN 【AWS VPN】

AWS VPNは、オンプレミスとAWS上のVPC間をIPsec VPNで接続するオプションです。オンプレミス側には、Customer Gateway（CGW）と呼ばれる、物理またはソフトウェアのアプライアンスを設置して、各デバイス固有の設定ファイルを使って接続情報を設定します。一方、AWS側にはVirtual Private Gateway（VGW）を作成します。そして、CGWとVGWを連携してオンプレミスとAWS間のVPN接続を確立します。

2.6 コンテナ

▶ ECR 【Amazon Elastic Container Registry（Amazon ECR）】

ECRは、Docker上で稼働させるコンテナ型アプリケーションのイメージを保存、管理、および共有することができるフルマネージド型のコンテナレジストリです。AWS上でのコンテナサービスであるEKS、ECS、Fargateや、Lambdaと連携し、デプロイを簡単に行えます。

▶ ECS 【Amazon Elastic Container Service（Amazon ECS）】

ECSは、コンテナ型アプリケーションを稼働させることができるフルマネージドのコンテナオーケストレーションサービスです。ECSでは、APIを利用してコンテナベースのアプリケーションの起動および停止を行うことができます。コンテナを実行させるためには、コンピューティングリソースを利用してクラスターを構築する必要がありますが、その際、ECSのコンピューティングリソースとして、EC2またはFargateを使用します。

▶ ECS Anywhere 【Amazon ECS Anywhere】

ECS Anywhereは、ユーザーが所有するオンプレミスのインフラ環境でも、ECSの機能を利用したコンテナの実行および管理ができる機能です。これまでのECSはECS on EC2やECS on FargateのようにAWSが提供するリソース上でのみ実行可能でしたが、本サービスにより、オンプレミスの環境でもECSを利用できるようになります。

▶ EKS 【Amazon Elastic Kubernetes Service（Amazon EKS）】

EKSは、AWS上でKubernetesクラスター構成を提供するフルマネージドサービスです。Kubernetesはコンテナオーケストレーションツールのデファクトスタンダードであり、EKSを利用すると、Kubernetesに必要なマスターノードとワーカーノードによるクラスター構成を簡単に構築できます。また、コンテナのスケーリングやオートヒーリング機能も利用できます。

EKS Distro　【Amazon EKS Distro】

EKS Distroは、AWSがEKSで使用しているKubernetesの機能をオープンソースとして提供するディストリビューションです。

EKS Anywhere　【Amazon EKS Anywhere】

EKS Anywhereは、EKS Distroをオンプレミスの環境でも利用できるようにしたオープンソースのデプロイメントオプションです。これにより、ユーザーが所有するインフラ環境でEKS Distroが提供するKubernetes環境を、オンプレミスでも構築可能になります。

2.7 デベロッパーツール

▶ Cloud9　【AWS Cloud9】

Cloud9は、コードエディタ、デバッガー、およびターミナルを含んだクラウドベースの統合開発環境（IDE）です。JavaScriptやPython、PHPなどのプログラム言語によるアプリケーション開発において、Webブラウザのみでコードを記述、実行、およびデバッグすることができます。

▶ CodeArtifact　【AWS CodeArtifact】

CodeArtifactは、ソフトウェアのパッケージやソースコードを、MavenやGradleなどのパッケージマネージャーツールでコンパイルして生成されたバイナリについて、その保存、公開、共有を容易にするフルマネージド型のアーティファクトリポジトリです。

▶ CodeBuild　【AWS CodeBuild】

CodeBuildは、ビルドとデプロイの一連の処理フローからデプロイ用のパッケージを作成することができるフルマネージド型のビルドサービスです。開発者が作成したソースコードのコンパイルや単体テストでは、通常、サーバーやソフトウェアの設定が必要ですが、CodeBuildを使えば、そうした設定を行わずに済みます。CodeBuildでは、ビルドするための方式をYAML形式の設定ファイルに記述します。そして、ビルドしたいプログラムのソースコードをCodeCommitやGitHub、S3から取得し、ビルド処理を行います。

▶ CodeCommit　【AWS CodeCommit】

CodeCommitは、Gitと互換性のあるマネージド型のソースコードリポジトリです。開発者は、ローカルの開発環境にGitのツールをインストールし、リポジトリとしてCodeCommitを使用してソースコードを管理することができます。

▶ CodeDeploy　【AWS CodeDeploy】

CodeDeployは、開発したプログラムコードをビルドしてサーバーへデプロイするという一連のフローを自動化する、フルマネージドサービスです。デプロイ先として、EC2、ECS、Lambda、オンプレミスのサーバーなどのさまざまな環境を指定できます。

▶ CodeGuru　【Amazon CodeGuru】

CodeGuruは、開発者が作成したアプリケーションのプログラムコードについて、機械学習の技術を活用し、パフォーマンスの問題を起こす可能性があるコードを見つけて、コードの保守性を向上させるツールです。コードをどのように改修すればよいか、推奨案を提示してくれます。

▶ CodePipeline　【AWS CodePipeline】

CodePipelineは、CodeBuildやCodeDeployサービスを束ね、CI（Continuous Integration：継続的インテグレーション）/CD（Continuous Delivery：継続的デリバリー）のパイプラインを定義するフルマネージドサービスです。CI/CDのパイプラインの実行ステータスをビジュアルに確認できます。たとえば、デプロイ前に「承認」などの手動プロセスが必要なケースにおいて、管理者が承認した場合にのみリソースが環境にデプロイされる、といった制御も可能です。

▶ X-Ray　【AWS X-Ray】

X-Rayは、本番環境やマイクロサービスアーキテクチャ基盤で実行されているアプリケーションの実行状況を把握し、エラーの原因やパフォーマンスのボトルネックを特定してデバッグを行えるマネージドサービスです。AWSサービスやアプリケーション間で転送されているリクエストを追跡することが可能です。

2.8 エンドユーザーコンピューティング

AppStream 2.0 【Amazon AppStream 2.0】

AppStream 2.0 は、既存のデスクトップアプリケーションを AWS に追加し、ユーザーがそれらをストリーミングすることで、デスクトップアプリケーションに即座にアクセスできるようにするフルマネージドサービスです。AppStream 2.0 にアプリケーションをインストールし、起動設定を行うことで当該アプリケーションが利用可能になります。AppStream 2.0 を使用すると、デスクトップアプリケーションを書き直すことなく AWS に移行できます。なお、AppStream 2.0 は Web ブラウザでアクセスして使用します。

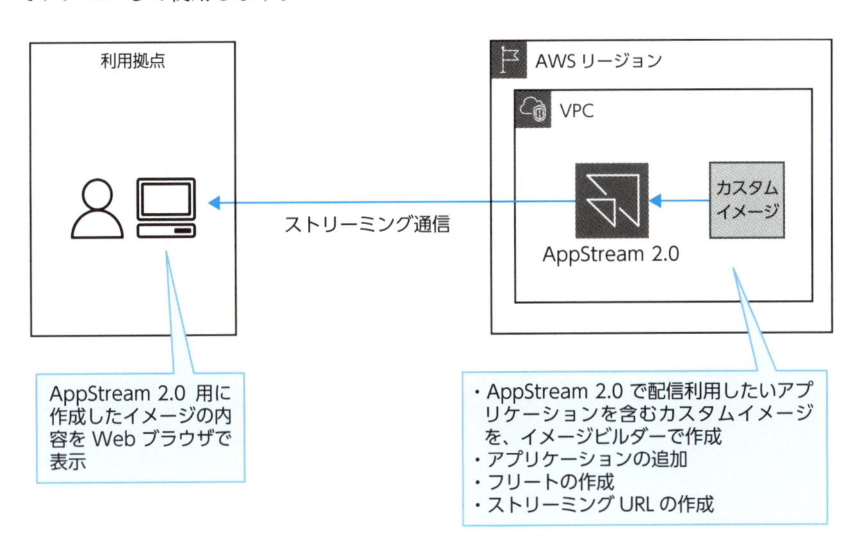

図 2.8-1　AppStream 2.0 の構成

▶ WorkSpaces 【Amazon WorkSpaces】

WorkSpaces は、AWS が提供するクラウドベースの仮想デスクトップサービスです。VDI（Virtual Desktop Infrastructure）環境を AWS で提供しています。AWS 上に展開された仮想デスクトップには、Windows 端末や Mac 端末、Chrome 端末、タブレットなど、さまざまなデバイスからインターネット経由でアクセスできます。

2.9 フロントエンドのWebとモバイル

Amplify 【AWS Amplify】

Amplifyは、Webアプリケーションのフロントエンドやモバイルアプリケーションの開発を効率的に行うために作られたプラットフォームです。各アプリケーションと接続するために単一のバックエンドをセットアップし、フロントエンドやモバイルアプリケーションと素早くシームレスに接続するためのフレームワークやサービス、開発ツールを提供しています。

API Gateway 【Amazon API Gateway】

API Gatewayは、APIの作成、公開、保守、モニタリング、および保護を行うためのフルマネージドサービスです。API Gatewayは、フロントエンドのモバイルアプリケーションやWebアプリケーションがREST APIおよびWebSocket APIでバックエンドにあるビジネスロジックをコールして、処理結果を返却するためのAPIを作成、公開します。セキュリティ面でAWS WAFと連携したり、認証としてCognitoサービスと連携したりすることができます。API Gatewayのエンドポイントタイプには、エッジロケーション（CloudFrontディストリビューション）にルーティングする「エッジ最適化」、リージョンに直接ルーティングする「リージョン」、VPC内からVPCエンドポイント経由でアクセスする「プライベート」があります。

API Gatewayは、フロントエンドからリクエストを受け取ったことをトリガーとしてLambda関数を呼び出し、JSON形式のデータを返すようなWebアプリケーションを容易に構築できます。

Device Farm 【AWS Device Farm】

Device Farmは、AndroidデバイスやiOSデバイスなどのモバイルアプリケーションを実機でテストできるサービスです。モバイルアプリケーションおよびWebアプリケーションのテストを自動化することで、テストの効率化とアプリケーションの品質向上を図ります。

Pinpoint　【Amazon Pinpoint】

Pinpointは、インバウンドおよびアウトバウンドのマーケティングコミュニケーションサービスであり、メールやSMS、音声などで顧客とやりとりすることができます。マーケティング活動などにおいて、ユーザーを細かくセグメントに分けて、各セグメントのユーザーに合わせて個別にメッセージを通知したり、メトリクスを用いて効果測定を行ったりすることができます。

2.10 分析

Athena 【Amazon Athena】

Athenaは、S3に保存されたデータに対してスキーマを定義し、標準SQLを実行して分析処理を簡単に行えるサービスです。標準SQLを使用して、大型のデータセットを素早く、かつ容易に分析することができます。

Data Exchange 【AWS Data Exchange】

Data Exchangeは、世界中にある大量のサードパーティーのデータを検索し、それらをサブスクリプション形式で使用できるサービスです。AWSでは、特定の企業を認定データプロバイダーとして認定し、それらの企業から、さまざまなデータを収集しています。

Data Pipeline 【AWS Data Pipeline】

Data Pipelineは、AWS内のコンピューティングサービス、ストレージサービス、およびオンプレミスのデータソース間におけるデータの移動や変換を自動化するマネージドサービスです。データソースにあるデータにアクセスして、データの抽出・変換処理を行い、その結果をS3やRDS、DynamoDBなどのAWSサービスに格納する一連のワークフローを提供しています。ただし、2024年9月時点においてData Pipelineはメンテナンスモードであり、新機能やリージョンの拡張は予定されていません。また、Data Pipelineのワークロードは移行が推奨されており、Glue、Step Functions、MWAA（Managed Workflows for Apache Airflow）のいずれかの利用が一般的です。

EMR 【Amazon EMR】

EMRは、ビッグデータの集計で用いられるフレームワーク（Apache Hadoop、Apache Spark等）を使用して大量データを処理および分析するためのマネージド型のデータ分散処理基盤です。Hadoopで利用するクラスター用のEC2インスタンスのタイプとノード数を指定すると、数分でHadoopクラスターを構築します。S3や

DynamoDBなどのAWSサービスと連携して、EMRで計算するためのデータを抽出したり、EMRで計算した結果をS3などに格納したりすることができます。

▶ Glue　【AWS Glue】

データ分析基盤を構築する際、データソースからのデータの抽出（Extract）、データ形式の変換（Transform）、データ分析基盤へのデータの取り込み（Load）を行います。Glueは、こうした一連の流れ（ETL処理）をフルマネージド型で提供するサービスです。Glueの構成要素の1つであるGlueクローラーを使用すると、S3のデータからデータベースやテーブルスキーマを自動的に推測し、関連するメタデータをGlueデータカタログに保存できます。

▶ Managed Service for Apache Flink　【Amazon Managed Service for Apache Flink】

Managed Service for Apache Flink（旧称Kinesis Data Analytics）は、IoTなどのデバイスから送られてきた数千万～数億件のストリーミングデータをリアルタイムで処理するためのフルマネージドサービスです。Managed Service for Apache Flinkを使うと、Kinesis Data StreamsやManaged Streaming for Apache Kafkaなどのデータソースからのデータを1秒未満のレイテンシーで処理したり、最小限のコードでデータソースやデータ送信先を設定して統合することが可能です。また、Apache Zeppelinによりストリーミングデータを可視化し、データ分析に利用することができます。

▶ Data Firehose　【Amazon Data Firehose】

Data Firehoseは、ストリーミングデータをS3やRedshift、OpenSearch Serviceなどに転送するフルマネージドサービスです。クライアントにあるアプリケーションログなど、送られてきた大量データを一気にS3などに格納したい場合に利用します。

▶ Kinesis Data Streams　【Amazon Kinesis Data Streams】

Kinesis Data Streamsは、大量に送られてくるストリーミングデータに対して、独自アプリケーションによる処理を加えるなどして、AWSの他のサービスへ高速に転送するサービスです。データをKinesis Data Streamsに流すものをプロデューサー、Kinesis Data Streamsからデータを取得して処理するものをコンシューマーと呼びます。図2.10-1の「シャード」は、Kinesis Data Streams内でプロデューサーから送られてきたデータレコードを構成する単位です。シャードがスループットの単位となり、1つのシャードでは1秒あたり最大1,000件のデータレコードを処理できます。コンシューマーには、LambdaやManaged Service for Apache Flink、カスタムアプリケーションが利用可能です。

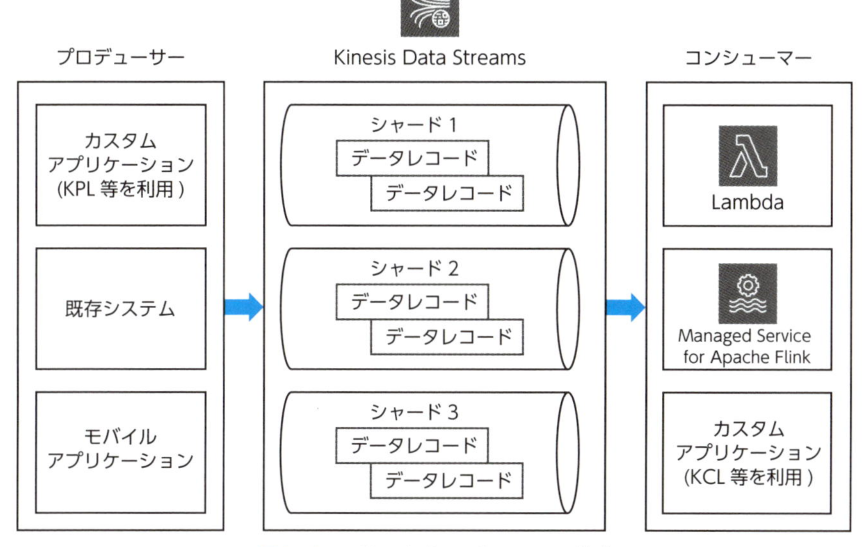

図 2.10-1　Kinesis Data Streams の構成

Lake Formation　【AWS Lake Formation】

Lake Formationは、データレイクの構築、セキュリティ保護、および管理を容易にするフルマネージドサービスです。データレイクとは、情報を選んで収集し、それを格納したリポジトリであり、すべてのデータが、元の形式と分析用に処理された形式の両方で保存されます。Lake Formationは、データレイクの作成に必要とされる複雑なステップ（データの収集、クレンジング、移動、カタログ化など）を簡素化かつ自動化します。

Managed Streaming for Apache Kafka　【Amazon Managed Streaming for Apache Kafka（Amazon MSK）】

Amazon MSKは、オープンソースのデータストリーミングプラットフォーム「Apache Kafka」の構築および実行を容易にするフルマネージドサービスです。

OpenSearch Service　【Amazon OpenSearch Service】

OpenSearch Serviceは、AWS上でログ分析や、リアルタイムのアプリケーションモニタリング、クリックストリーム分析などを行うOpenSearchクラスターを簡単にデプロイ、運用、およびスケールすることができるフルマネージドサービスです。OpenSearch Dashboardsというデータを可視化するためのUIツールが標準で備わっており、OpenSearch Serviceに保存されたデータの分析や可視化を行うことができます。

QuickSight　【Amazon QuickSight】

QuickSightは、フルマネージド型のビジネスインテリジェンス（BI）サービスです。ユーザーは、QuickSightがグラフ表示するためのデータが保持されているデータソース、すなわち、S3、RDS、Redshift、Athenaなどの AWSサービスや、オンプレミス環境にあるデータベース、ExcelやCSVといったファイルを指定できます。QuickSightでは、データソースから取得したデータに対してインタラクティブなBIダッシュボードを簡単に作成し、公開することができます。ダッシュボードはアプリケーション、ポータル、Webサイトにシームレスに埋め込むことが可能です。

2.11 マネジメントとガバナンス

CLI 【AWS コマンドラインインターフェイス（AWS CLI）】

AWS CLI は、AWS 上のサービスをコマンドラインで利用するツールです。クライアント PC に AWS CLI をインストールし、コマンドラインから AWS の複数のサービスを制御するためのスクリプトを記述することができます。

CloudFormation 【AWS CloudFormation】

CloudFormation は、AWS サービスによる基盤構成を JSON または YAML 形式のスクリプトで記述し、環境を自動構築するためのマネージドサービスです。スクリプト化することで、基盤の再構築や、構築した環境の一括削除も行えます。

CloudTrail 【AWS CloudTrail】

CloudTrail は、マネジメントコンソールや CLI、SDK から呼ばれた AWS サービスの API アクセスを、ログ形式で記録するサービスです。AWS が提供するサービスはすべて API を介して連携する仕組みになっており、誰が、どのサービスに、どのような API をコールしたか、アクションを実行したかについて、ログに残すことができます。これは、後で問題が生じたときに監査ログとして参照することを目的としています。

CloudWatch 【Amazon CloudWatch】

CloudWatch は、AWS サービスのメトリクスやログの収集・監視、およびイベントの監視を行うためのフルマネージドサービスです。AWS 上で稼働するシステムの死活監視、性能監視、キャパシティ監視を行う「CloudWatch」、ログ管理のプラットフォームサービスである「CloudWatch Logs」、AWS リソースに対するイベントをトリガーとしてアクションを実行する「CloudWatch Events」があります。また、CloudWatch で収集しているログやメトリクスがしきい値を超えた場合にアラートを通知する機能として、「CloudWatch Alarm（アラーム）」があります。たとえば、EC2 の CPU 使用率が 85% を超えたらアラートを通知するといった使い方ができます。

CloudWatch Logs　【Amazon CloudWatch Logs】

CloudWatch Logsは、ログに関する機能に特化したマネージドサービスであり、AWS上のさまざまなアプリケーションや各種AWSサービスから生成されるログデータを収集、保存、モニタリングします。このサービスをEC2やオンプレミスのサーバーで利用する場合、CloudWatchエージェントをインストールし、設定することで利用開始できます。収集したログは管理画面で可視化や分析を行うこともできます。

Compute Optimizer　【AWS Compute Optimizer】

Compute Optimizerは、AWSユーザーが使用しているEC2インスタンス、EBSボリューム、EC2 Auto Scalingグループ、Lambda関数、ECSやFargateのメトリクスデータと設定データを機械学習で分析し、コスト削減とパフォーマンス向上のために最適なAWSリソースを推奨するサービスです。

Config　【AWS Config】

AWS Configは、AWSリソースの構成情報を管理するサービスです。構成情報をもとに、現状のAWSリソースの設定が、定義された状態と同じかどうかを調べるとともに、AWSリソースに対する構成変更について、どのリソースを、誰が、いつ、どう変更したかを記録し、そのログを指定されたS3バケットに保存します。また、AWS Config Rulesというルールを設定することも可能です。設定したルールに違反する構成変更がなされた場合に、ダッシュボードや管理者へ通知できます。

Control Tower　【AWS Control Tower】

Control Towerは、マルチアカウントのAWS環境をセットアップし、管理するために利用するサービスです。Control Towerでは、AWSのベストプラクティスにもとづいて、AWSの新規アカウントをセキュアな状態でセットアップし、そのアカウントを安全に使用するために、ガードレールという機能を利用します。これは、セキュリティ、運用、およびコンプライアンスに対するガバナンスルールであり、予防的ガードレール、発見的ガードレール、プロアクティブなガードレールの3種類があります。予防的ガードレールは好ましくない設定を制限し、発見的ガードレールは、問題のある構成や特定のイベントが発生したときにそれを検知します。また、プロアクティブなガードレールは、CloudFormationのリソースをプロビジョニングする前に、会社のポリシーや規制に準拠していることを確認し、準拠していないリソースがプロビジョニングされないようにブロックします。

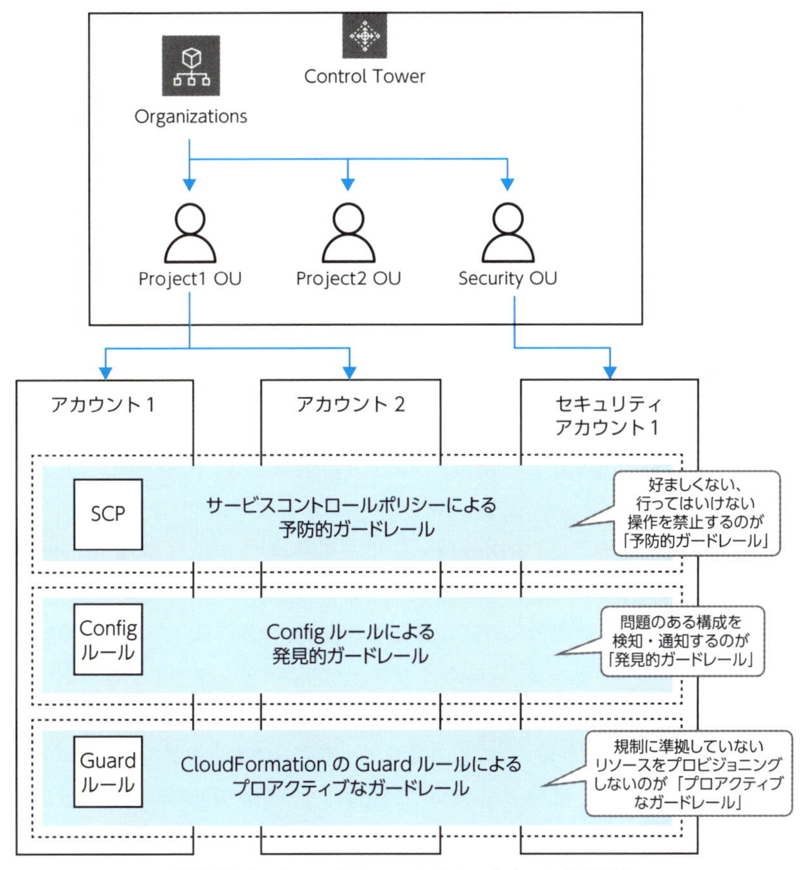

図 2.11-1　Control Tower によるアカウント全体構成

▶ Health Dashboard　【AWS Health Dashboard】

Health Dashboardは、従来の「Personal Health Dashboard」と「AWS Service Health Dashboard」を統合したサービスです。これは、メンテナンスイベント、セキュリティの脆弱性、およびAWSサービスの障害等の情報を把握できるダッシュボードです。このダッシュボードで、世界各地のリージョンで発生したAWSの障害やパフォーマンスイシューも確認できます。利用中のAWS環境で異常が確認された場合、リージョンやAZレベルで障害が発生しているのか、ユーザー自身の環境でのみ障害が発生しているのかを切り分ける際に役立ちます。

License Manager　【AWS License Manager】

License Managerは、MicrosoftやSAP等のベンダーが提供するライセンスの管理をAWSとオンプレミス環境で行うことができるサービスです。管理者は、このサービスを利用して、ライセンス契約の条件を反映したライセンスルールを作成することができます。

Managed Grafana　【Amazon Managed Grafana】

Managed Grafanaは、オープンソースの分析プラットフォーム「Grafana」のフルマネージドサービスです。さまざまなサービスやツール、アプリケーションから出力されるメトリクス、ログ、およびトレースを収集・蓄積し、ダッシュボードでグラフを表示して可視化します。

Managed Service for Prometheus　【Amazon Managed Service for Prometheus】

Managed Service for Prometheusは、EKSやECS、AWS Distro for OpenTelemetry（AWSがメンテナンスし、アプリケーションのログ、メトリクス、トレースなど、多様な入出力に対応するための収集エージェント）と統合して、コンテナ環境のアプリケーションおよびインフラをモニタリングしアラートを提供するPrometheus互換のマネージドサービスです。Prometheusクエリ言語（PromQL）を利用して、コンテナ環境のメトリクスをフィルタリングし、エラーの検出やアラートを行います。また、Managed Grafanaと連携して、ダッシュボードでデータを可視化することができます。

マネジメントコンソール　【AWS マネジメントコンソール】

AWS Management Console（マネジメントコンソール）は、AWSが提供する全サービスに1つのWebインターフェイスからアクセスし、操作できるようにしたサービスです。ユーザーは、マネジメントコンソールを利用して、自分が所有するAWS環境での操作をWebベースで行うことができます。

Organizations　【AWS Organizations】

Organizationsは、複数のAWSアカウントの組織を作成し、一元管理するマネージドサービスです。たとえば、AWSアカウントを新規に作成してリソースを割り当てたり、複数のアカウントをまとめてグループ化したりすることができます。また、

Service Control Policy（SCP）を利用してポリシーを定義し、当該ポリシーをアカウントやグループに適用することも可能です。

▶ Proton 【AWS Proton】

Proton は、コンテナおよびサーバーレスアプリケーションのインフラ環境の管理、サービスの管理、デプロイ、そして監視を行えるフルマネージドサービスです。Proton では、Fargate や Lambda、DynamoDB 向けのサンプルテンプレートが用意されています。クラウドリソース、CI/CD やモニタリングの定義を含めたテンプレートを作成することで、コンテナ環境を一元管理することが可能になります。

▶ Service Catalog 【AWS Service Catalog】

Service Catalog は、AWS 上での使用が承認されたさまざまな IT サービス（ソフトウェア、サーバー、データベース、仮想マシンイメージなど）のカタログを作成し、管理するサービスです。

▶ Service Quotas 【AWS Service Quotas】

Quotas（制限）とは、AWS アカウントに作成できる AWS サービスの最大数のことです。AWS では、ユーザーのオペレーションミスなどによる意図しない支出からユーザーを保護するために、AWS サービスごとにクォータ値が設定されています。各クォータは AWS が定義したデフォルト値で始まります。また、クォータによっては上限緩和も可能です。

▶ Systems Manager 【AWS Systems Manager（AWS SSM）】

Systems Manager（SSM）は、AWS やオンプレミスのサーバーに導入された SSM Agent を経由して、SSM 自身にサーバーの情報を集約し、リソースや、定型的な運用作業を一元的に管理するサービスです。AWS 上の OS 設定情報やインストールされているソフトウェア一覧などを収集し、EC2 インスタンスまたは RDS インスタンスのバックアップやパッチ当てといった定型的な運用作業を自動で行うことができます。

▶ Trusted Advisor 【AWS Trusted Advisor】

Trusted Advisor は、現在利用している AWS 環境の設定やリソースについて、その状況をチェックし、改善が可能なアクションを提案してくれるサービスです。

チェック対象は、6つのカテゴリ（コスト最適化、パフォーマンス、セキュリティ、耐障害性、運用上の優秀性、サービス制限）に大別され、カテゴリごとに改善のための推奨事項が提案されます。

Well-Architected Tool　【AWS Well-Architected Tool】

Well-Architected Toolは、ユーザーがAWS上で構築したシステムのアーキテクチャが、セキュアかつ高パフォーマンスを実現可能で、耐障害性も備えた効率的なインフラストラクチャとなっているかを確認し、ベストプラクティスなアーキテクチャ構築をサポートするツールです。実際のアーキテクチャと最新のAWSアーキテクチャのベストプラクティスを比較して、アーキテクチャ上の問題点を発見することが可能です。

2.12 アプリケーション統合

AppFlow 【Amazon AppFlow】

AppFlowは、Salesforce、Slack、ServiceNowなどのSaaSサービスとS3やRedshiftなどのAWSサービスの間で、コーディングなしでデータを安全に転送してデータフローを実行するフルマネージド型の統合サービスです。フローを実行するタイミングをオンデマンドとし、たとえば、スケジュールやSalesforce内のオブジェクトが更新されたことをトリガーとしたイベントでフローを実行します。AppFlowは、動作中のデータを暗号化します。また、PrivateLinkと連携してSaaSサービスのデータをプライベートネットワーク経由で転送することにより、セキュア通信を実現します。

AppSync 【AWS AppSync】

AppSyncは、アプリケーションがサーバーからAPIを呼び出すことでクエリを実行し、データを取得・操作できるようにしたGraphQLという言語の仕様を用いて、アプリケーション開発を容易にするフルマネージドサービスです。AppSyncは、Single Page Application（SPA）などのフロントアプリケーションからリクエストを受け取った後、DynamoDBやLambdaといったAWS上のデータソースとなるAWSサービスからGraphQLでデータを取得し、フロントに返却します。AppSyncは、パフォーマンス改善のためのキャッシュ機能や、リアルタイム更新ができるサブスクリプション機能を備えています。

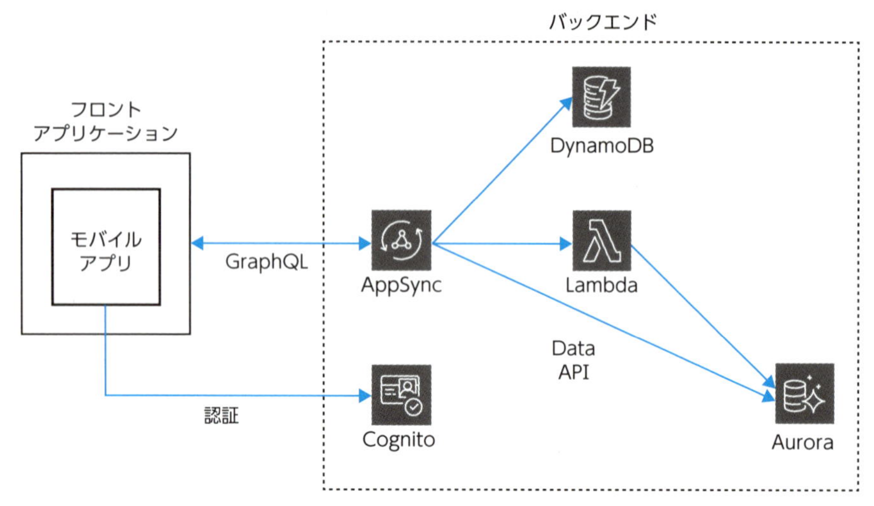

図 2.12-1　AppSync によるアプリケーション全体図

EventBridge 【Amazon EventBridge】

Web でのリクエスト受信やファイルが保存されたタイミングなど、何かが起きたことをトリガーとして、非同期で別のアプリケーションを実行することを、イベント処理といいます。EventBridge は、さまざまなアプリケーションや AWS サービスから送られてきたイベントをターゲットとなる別のアプリケーションや AWS サービスなどに配信できるサーバーレスのイベントバスサービスです。イベントが発生したソースから送られてきたデータを受信すると、Lambda や Kinesis といった AWS サービスや、EventBridge API の送信先にある HTTP エンドポイントなどにルーティングします。

MQ 【Amazon MQ】

MQ は、Apache ActiveMQ や RabbitMQ といったオープンソースメッセージブローカーの設定および運用を簡単に行えるマネージド型メッセージブローカーサービスです。業界標準の API とプロトコルを使用して既存アプリケーションに接続するので、コードを書き直すことなく AWS に簡単に移行できます。

SNS【Amazon Simple Notification Service（Amazon SNS）】

SNSは、フルマネージド型のメッセージ通知サービスです。アプリケーションやシステムで発生した情報を通知したい場合、プッシュベースでメッセージを通知します。メッセージを通知する方法として、Emailによる通知、HTTP/HTTPSによるPOST、モバイル端末へのPush通知の他、後述するSQSへのメッセージの登録や、Lambdaファンクションの実行などがあります。通知を送信する側はPublisher（パブリッシャー）、受信する側はSubscriber（サブスクライバー）と呼ばれています。

SQS【Amazon Simple Queue Service（Amazon SQS）】

SQSはフルマネージド型のメッセージキューイングサービスであり、ソフトウェアコンポーネント間でメッセージを送受信および保存できます。AWS上でアプリケーションやサービス間を疎結合な状態に保つために、このSQSを活用することができます。

SQSでは、標準キューとSQS FIFOキューという2種類のメッセージキューを利用できます。標準キュー方式では、配信は少なくとも1回行われ、配信順序はベストエフォート型となっています。そのため、送られてきた順序とは異なる順序で処理したり、同じメッセージを2回処理したりするケースがあり得ます。確実に1回だけ、送られてきた順序通りに処理するようにしたものがSQS FIFOです。SQS FIFO方式は、SQSに保存されているキューの量（Queue Length）を監視できるので、Auto Scalingと連携し、キューの量に応じてEC2インスタンスを増やすことも可能です。

Step Functions【AWS Step Functions】

Step Functionsは、一連の処理フローをステートマシンとしてJSON形式の定義ファイルで定義し、処理を実行する基盤を提供します。定義された処理フローはマネジメントコンソール上で可視化されるので、ユーザーはそれをビジュアルに確認できます。Step Functionsを使って一連の処理を定義する場合、Step Functionsから呼び出される実際の処理は、Lambda関数やECS上で稼働しているアプリケーションが行います。Step Functionsでは、ステップ内の各アプリケーションの処理結果を確認しながら一連の処理を進めます。また、分岐やループの処理を記述することも可能です。

2.13 IoT

IoT Analytics　【AWS IoT Analytics】

IoT Analyticsは、IoT分析プラットフォームを容易に構築し、コストや複雑さを軽減しつつ、大量のIoTデータを分析できるフルマネージドサービスです。複数のIoTデバイスに対して、デバイスの一元管理や制御、データの収集や分析が可能です。具体的には、収集したデータの誤差情報を分析したり、送信元デバイスの状況を管理したりします。また、分析のためにSQLクエリエンジンや機械学習エンジンも利用できます。

IoT Core　【AWS IoT Core】

IoT Coreは、インターネットに接続されたスマートフォンやセンサーなど、さまざまなデバイスとクラウド間で簡単かつ安全に通信し、大量のデータを取得するためのマネージドクラウドプラットフォームです。MQTTベースのメッセージング機能をフルマネージドで提供します。データと通信を保護し、収集したデータをS3やDynamoDB、OpenSearch Serviceなどと連携することで、これらのデータを分析に活用することが可能です。

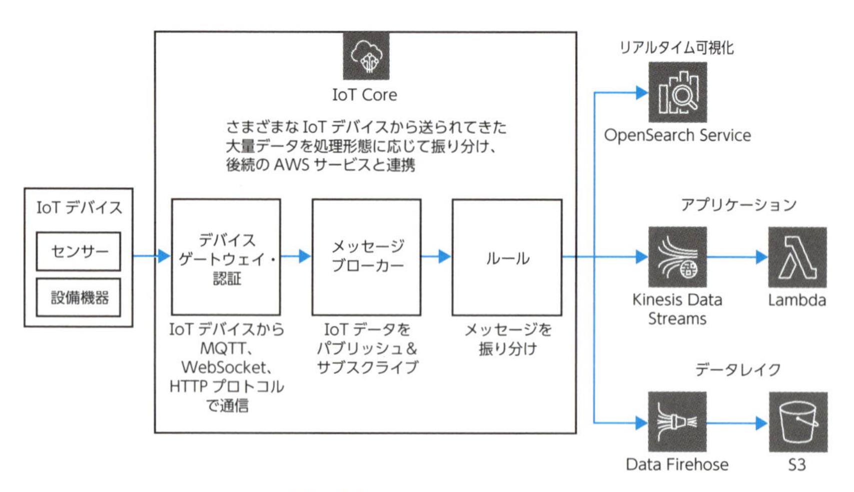

図2.13-1　IoT Coreの全体構成

IoT Device Defender 【AWS IoT Device Defender】

IoT Device Defenderは、IoTリソースのセキュリティを強化するために、設定を定期的に監査する他、デバイスの挙動を継続的に監視し、異常動作があれば設定を変更することで問題を軽減してくれるフルマネージドサービスです。これにより、設定の監査、デバイスの認証、異常の検出、アラートの受信が容易になります。

IoT Device Management 【AWS IoT Device Management】

IoT Device Managementは、IoTデバイスのライフサイクルを通じて、デバイスを安全に管理できるようにするクラウドベースのデバイス管理サービスです。大規模なIoTデバイスを登録、編成、モニタリング、およびリモート管理する際に利用します。

IoT Events 【AWS IoT Events】

IoT Eventsは、複数のIoTセンサーやアプリケーションからのデータを継続的に監視し、機器やデバイス群の故障や動作の変化が発生したときに、あらかじめ設定したアクションを実行することができるマネージド型のIoTサービスです。IoT CoreやIoT SiteWise、DynamoDBなどの他のサービスと統合することで、IoTデバイスで発生するイベントを早期検出し、アクションを実行できます。

IoT Greengrass 【AWS IoT Greengrass】

IoT Greengrassは、AWS上のIoT関連の機能を「エッジ（IoTデバイス）」まで拡張するサービスです。オープンソースのエッジランタイムであり、デバイス用のソフトウェアを開発、デプロイ、管理します。これにより、デバイスは情報源に近いエッジにあるデータの収集および分析を行えます。IoTデバイスがIoT Coreのエンドポイントに直接アクセスできない環境において、エッジ側にIoT Greengrassを配置することで、IoT Coreとの連携が可能です。

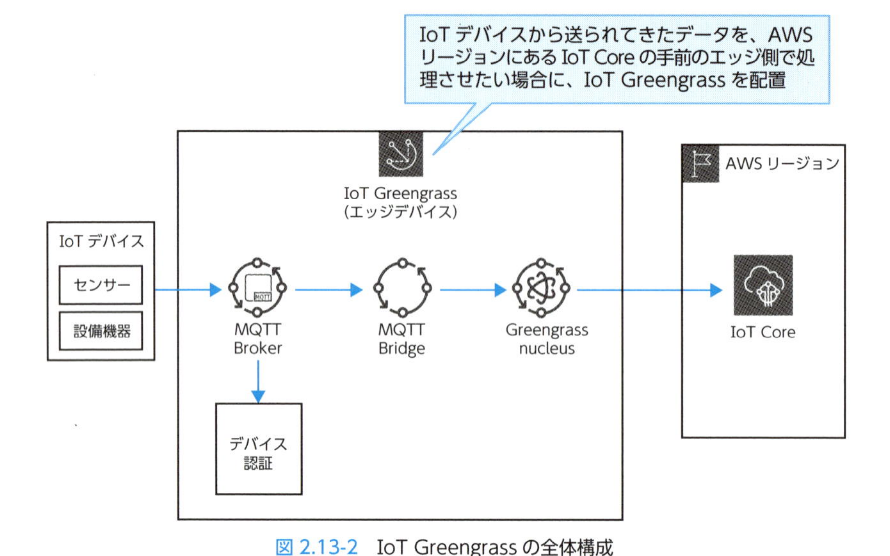

図 2.13-2　IoT Greengrass の全体構成

IoT SiteWise　【AWS IoT SiteWise】

IoT SiteWise は、産業機器や設備機器のデバイスやセンサーからの大量データを収集、保存、管理できるマネージドサービスです。産業機器から得られるさまざまなデータを構造化して統合、標準化し、データを分析するアプリケーションを活用することで、分析や可視化を容易にします。また、コストのかかる機器や異常が発生した機器を検知し、機器のパフォーマンスの最適化を図れます。

IoT Things Graph　【AWS IoT Things Graph】

IoT Things Graph は、さまざまなデバイスと Web サービスを視覚的に接続することで、IoT アプリケーションを開発できるフルマネージドサービスです。視覚的なドラッグ&ドロップのインターフェイスを提供しており、デバイスと Web サービス間を接続し、そのやりとりを調整することができるので、IoT アプリケーションの迅速な開発が可能となります。

2.14 機械学習

Comprehend 【Amazon Comprehend】

Comprehendは、機械学習を使用して非構造データやドキュメント内のテキストからエンティティ、キーフレーズ、言語や感情を認識し、テキスト内の意味や関係性を検出する自然言語処理（NLP：Natural Language Processing）サービスです。

Forecast 【Amazon Forecast】

Forecastは、Amazon.comで採用されている機械学習の予測技術にもとづいたフルマネージド型の時系列予測サービスです。過去の時系列データから統計アルゴリズムや機械学習アルゴリズムを使用して、たとえば、ある店舗での1日あたりの商品売上額や来客数などを予測します。

Fraud Detector 【Amazon Fraud Detector】

Fraud Detectorは、機械学習や、AWSおよびAmazon.comでの不正検出の専門知識を活用して、疑わしいオンライン決済や、偽アカウント作成といった不正行為の可能性があるオンラインアクティビティを識別、特定するフルマネージドサービスです。

Kendra 【Amazon Kendra】

Kendraは、機械学習を活用して、データから目的のコンテンツを高精度で検索できるサービスです。たとえば、「EC2の起動方法は？」のような自然言語での質問に対して回答を得ることができます。

Lex 【Amazon Lex】

Lexは、音声やテキストを使用して、会話のような対話型インターフェイスを構築するためのフルマネージドサービスです。Amazon Alexaで使われている深層学習技術を利用して、自然言語での対話ボットを簡単に構築できます。

▶ Personalize 【Amazon Personalize】

Personalizeは、エンドユーザーにレコメンデーションを提供できるフルマネージドサービスです。利用者は機械学習の知識がなくても、個々のエンドユーザー向けにレコメンデーションをリアルタイムで提供することができます。

▶ Polly 【Amazon Polly】

Pollyは、高度な深層学習技術を使用したテキスト読み上げサービスです。文章をリアルな音声に変換してくれます。数十の言語で音声を生成することができ、テキストを読み上げるアプリケーションやサービスに利用されます。

▶ Rekognition 【Amazon Rekognition】

Rekognitionは、深層学習を利用して画像と動画を分析することができるフルマネージドサービスです。RekognitionのAPIに画像や動画のデータを送信すると、ラベル検出、顔検出といった情報をデータから抽出します。このサービスは、不適切な画像・動画コンテンツの検出や、オンラインで本人確認を行うアプリケーションで利用されます。

▶ SageMaker 【Amazon SageMaker】

SageMakerは、トレーニングデータの前処理や、教師データの作成、機械学習モデルの作成・学習・デプロイといった一連のプロセスを行う機能を提供するフルマネージドサービスです。機械学習ライブラリやJupyter Notebookを利用でき、WebブラウザでPythonのプログラムを記述、実行しながらモデリングすることができます。

▶ Textract 【Amazon Textract】

Textractは、印刷されたテキストや手書きの文書をスキャンしたドキュメントから、文字を抽出するサービスです。光学文字認識（OCR）、PDF、画像などを読み取って処理し、情報を抽出します。

▶ Transcribe 【Amazon Transcribe】

Transcribeは、音声から文字を起こしてくれるフルマネージドサービスです。自動音声認識（ASR：Automatic Speech Recognition）の技術を使って高精度に音声をテキストに変換します。

Translate 【Amazon Translate】

Translate は、自動言語翻訳サービスです。深層学習の技術を適用したニューラル機械翻訳を使用しており、自然で正確な翻訳が可能です。リアルタイムの言語翻訳の他、テキストファイルや Office ドキュメントの翻訳にも活用できます。

2.15 セキュリティ、アイデンティティ、コンプライアンス

Artifact 【AWS Artifact】

Artifactは、セキュリティや重要なコンプライアンス関連情報について、サードパーティーの監査人が発行した監査レポートやAWSとの契約の確認・管理をサポートするサービスです。ISO（International Organization for Standardization）、PCI（Payment Card Industry）、SOC（System and Organization Control）などによるコンプライアンスレポートにマネジメントコンソール経由でアクセスし、ダウンロードできます。

Audit Manager 【AWS Audit Manager】

Audit Managerは、AWSのリソースがコンプライアンスに違反していないか継続的にチェックし、監査用の証跡収集を行うサービスです。CIS AWS Foundations Benchmarkなど、さまざまなセキュリティ規格に則ったフレームワークにもとづいて、リスクやコンプライアンスを評価します。監査における証拠収集を自動化することもできます。

Certificate Manager 【AWS Certificate Manager（ACM）】

Certificate Managerは、ELBやCloudFront用のサーバー証明書の取得、更新、および展開を行うサービスです。パブリック証明書や、Private CA（Private Certificate Authority）で作成したCAへのプライベート証明書、外部で取得した証明書のインポートが可能です。Certificate Managerでリクエストした証明書は有効期限が近づくと自動で更新することができます。Certificate Managerで管理する証明書は、ELB、CloudFront、Cognito、API Gatewayなど特定のAWSサービスでも利用可能です。

CloudHSM 【AWS CloudHSM】

CloudHSMは、専用のハードウェアを利用し、FIPS 140-2のレベル3認証済みのHSM（Hardware Security Module）で暗号化キーのホスティングや暗号化オペレー

ションを実行できるようにした、クラウドベースのハードウェアセキュリティモジュールサービスです。

Cognito　【Amazon Cognito】

Cognitoは、Webアプリケーションやモバイルアプリケーションに対して、ユーザーのサインアップやサインイン、アクセス制御のための認証・認可機能を提供するフルマネージドサービスです。Cognitoには、認証を行う「ユーザープール」と、ALB、API Gateway、S3、DynamoDBなどのAWSサービスへのアクセスの認可を行う「IDプール」があります。ユーザープールとIDプールは、ソーシャルIDプロバイダー（Idp）の他、OpenID ConnectやSAML 2.0で連携したIDプロバイダーを指定することが可能です。また、IDプールのIDプロバイダーにはユーザープールを指定することもできます。

Detective　【Amazon Detective】

Detectiveは、AWSサービスのログデータを自動的に収集し、機械学習や統計分析を用いて、AWS環境における潜在的なセキュリティ問題や不審なアクティビティを検知したり、検知後の分析や調査を効率的に行うためのマネージドサービスです。

Directory Service　【AWS Directory Service】

Directory Serviceは、AWS上でMicrosoft Active Directoryを利用できるようにするマネージドサービスであり、組織、ユーザー、グループ、コンピューティング、およびその他のリソースに関する情報を作成、管理することができます。たとえば、Simple ADでは、比較的小規模かつ低コストのマネージド型ユーザーディレクトリが必要な場合に利用できます。具体的には、AWS上に独立したドメインを作成し、Samba4プロトコルに対応したActive Directory互換のディレクトリとして利用できます。また、AD Connectorは、オンプレミスの既存のMicrosoft Active Directoryと接続し、オンプレミスのディレクトリサービスに対する認証プロキシとして機能します。

Firewall Manager　【AWS Firewall Manager】

Firewall Managerは、セキュリティグループやWAFなど、AWSのファイアウォールのルールを一元的に管理、設定できるサービスです。多数のAWSアカウントやアプリケーション全体のファイアウォールの設定を集約して管理でき、メンテナンスを簡素化できます。

AWSの複数サービスでファイアウォールルールを設定する際、各サービスで適用すべきルールをFirewall Managerのポリシーとして定義できます。

また、Organizationsと連携し、組織内のアカウントやリソースに対してファイアウォールのルールを適用する他、特定のOU（Organization Unit）やアカウントのみを対象に、定義したポリシーに準拠しないリソースに対して、ポリシーに準拠するよう自動で修正することもできます。

GuardDuty　【Amazon GuardDuty】

GuardDutyは、AWS上での操作などをモニタリングしてセキュリティ上の脅威を継続的にチェックするサービスです。アカウントのCloudTrail、VPC Flow Logs、EKS監査ログ、DNSクエリログなど、GuardDutyが対応している各種ログを自動的に収集し、機械学習で分析して、アクティビティの異常や脅威を検出します。

IAM　【AWS Identity and Access Management（AWS IAM）】

IAMは、AWSサービスを利用するための認証や、AWSサービスやリソースへのアクセス制御を統合的に行えるマネージドサービスです。誰が、どのAWSサービスやリソースにアクセス可能（または不可能）かを管理します。

AWSのマネジメントコンソールにログインするにはIAMユーザーが必要です。そのため、まず初めにIAMユーザーを作成します。次に、いくつかのIAMユーザーをグルーピングするためにIAMグループを作成します。そして、IAMユーザーやIAMグループ単位でポリシーを割り当てて、どのリソースに対して、どのようなアクションを許可／拒否するのかをJSON形式のドキュメントで定義します。なお、ユーザーやグループに対してではなく、EC2やLambdaなどのAWSサービスまたはアプリケーションに権限を付与したい場合は、IAMロールを作成します。

IAM Identity Center　【AWS IAM Identity Center】

IAM Identity Centerは、複数のAWSアカウントやアプリケーションへのアクセスを統合的に行えるフルマネージドサービスです。独自のIDソースであるIdentity Centerディレクトリだけでなく、Microsoft Active DirectoryやOktaなどの外部IDプロバイダーをIDソースとして利用することも可能です。IAMと同様に、誰が、どのAWSサービスやリソースにアクセス可能（または不可能）かを管理します。

Inspector 【Amazon Inspector】

Inspectorは、CI/CDツール内のEC2、Lambda関数、ECR、コンテナイメージに対して、ソフトウェアの脆弱性や、意図しないネットワークへの露出がないかを継続的にチェックし、セキュリティ上のリスクが発生する可能性のある脆弱性を検出するサービスです。

KMS 【AWS Key Management Service (AWS KMS)】

KMSは、データの暗号化に用いられる暗号化キーを容易に作成および管理できるマネージドサービスです。KMSは、AWSが管理するサーバーを利用して暗号化キーを管理します。KMSの暗号化キーを利用して、EBSストレージ、RDSデータベース、DynamoDB、Certificate Manager、Secrets Manager、およびS3のデータの暗号化や、暗号化キーの管理を容易に行えます。

Macie 【Amazon Macie】

Macieは、AWS上に保存されているデータについて、機械学習とパターンマッチングを利用して、データ内に含まれる機密データを検出し、保護するデータセキュリティおよびデータプライバシーサービスです。バケットに保管されている個人を特定できる情報や、GDPR（General Data Protection Regulation：EU一般データ保護規則）などのデータ取り扱いに関する法令に抵触する情報を検出します。

Network Firewall 【AWS Network Firewall】

Network Firewallは、AWS上で構築したVPC環境へのトラフィックにおいて、外部攻撃の脅威から保護するためのマネージドサービスです。ファイアウォールのルールや、IPS/IDSの管理を一元的に設定できます。VPC内のすべてのトラフィックを検査するために、Network Firewall専用のサブネットを作成することが推奨されています。

RAM 【AWS Resource Access Manager (AWS RAM)】

RAMは、AWSのアカウント間、組織または組織単位（OU）間、IAMロールやユーザー間において、AWSのリソースを共有するサービスです。あるAWSアカウントが所有しているAWSリソースを指定して、他のAWSアカウントと共有できます。RAMでは、EC2、Aurora、App Mesh、Glue、Network Firewall、CodeBuildなど、さまざまなリソースが共有可能です。これにより、アカウントごとにリソースを作成する必要がなくなり、メンテナンス工数や利用料金を削減できます。

Secrets Manager　【AWS Secrets Manager】

Secrets Managerは、データベースの認証情報やAPIキーなどのシークレット情報をセキュアに保存するとともに、定期的にシークレット情報をローテーションするサービスです。各シークレットは、KMSで管理されている鍵で暗号化されます。

Security Hub　【AWS Security Hub】

Security Hubは、AWSのセキュリティに関して、その状態を確認したり、セキュリティ標準やベストプラクティスに準拠しているか否かをチェックできるサービスです。AWSアカウントやサービスなどから収集したデータをもとにセキュリティ状況を分析し、解決すべき問題を把握します。CIS AWS Foundations Benchmark、PCI DSS（Payment Card Industry Data Security Standard）、AWS Foundational Security Best Practicesへの準拠状態をConfigルールでチェックした結果や、GuardDuty、Inspector、Macieを有効化している場合はそれらの検出結果もアラート管理画面で参照できます。

STS　【AWS Security Token Service（AWS STS）】

STSは、一時的な認証情報を発行するサービスです。たとえば、IAMにあるアカウントAのAWSサービスについて、その利用を別のアカウントBに許可したい場合を考えます。まず、アカウントBは、STSにAWSサービスの利用について問い合わせます。このときアカウントAのAWSサービスの利用が許可されていれば、STSが、アカウントAのAWSサービスにアクセスするための一時的な認証情報をアカウントBに対して発行します。一時的な認証情報には、「アクセスキーID」、「シークレットアクセスキー」、「セッショントークン」、「有効期限」の4つの情報が含まれています。有効期限は数分から数時間を設定できます。アカウントBは、この一時的な認証情報を利用して、アカウントAのAWSサービスにアクセスすることができます。S3にあるコンテンツへのアクセスを、許可されたユーザーのみに限定したい場合などにSTSが使われます。

Shield　【AWS Shield】

Shieldは、DDoS（分散型サービス妨害）攻撃からAWSリソースを保護するマネージドサービスです。ShieldにはStandardとAdvancedの2つのサービスがあります。StandardはRoute 53、CloudFront、Global Acceleratorにおいてデフォルトで有効になっており、レイヤー3およびレイヤー4のDDoS攻撃に対して防御します。Advancedは、DDoS攻撃の自動緩和機能を備えている他、ボリュームボットや脆弱性悪用の試みといった外部の脅威に対して高度な機能で保護します。

WAF 【AWS WAF】

AWS WAFは、Webアプリケーションファイアウォールであり、CloudFront、ALB、API Gateway、AppSync、CognitoにWAF機能を提供するサービスです。さまざまなセキュリティ脅威からWebアプリケーションを保護します。AWSが管理するルールまたはユーザーが定義したルールをWeb ACL（Access Control List）に追加し、Web ACLをAWSリソースに適用します。ルールの条件には、リクエスト元の国やIP、悪意のあるSQLコードやスクリプト、リクエストコンポーネントのサイズや正規表現、リクエストヘッダのラベル、同一IPからのリクエストレートなどを利用できます。

2.16 クラウド財務管理

Cost Explorer　【AWS Cost Explorer】

Cost Explorerは、AWSのコスト（利用料）および使用量を可視化します。カスタムレポートを作成して、コストと使用量のデータを分析することができ、さらには全体的な傾向や異常なども把握できます。

Budgets　【AWS Budgets】

Cost Explorerと同様、Budgetsもコスト削減に役立つサービスです。Budgetsは、AWSのコスト（利用料）あるいは使用量が事前に設定しておいた値を超えたとき、もしくは超えることが予測されたときに、アラートを発信します。

Cost and Usage Report　【AWS Cost and Usage Report（AWSのコストと使用状況レポート）】

AWSのコストと使用状況に関するデータ（サービス、料金、リザーブドインスタンス、Savings Plansなどに関するメタデータを含むデータ）を提供します。

Savings Plans

Savings Plansは、1年または3年の時間単位での利用量をコミットすることを条件として、オンデマンドと比較して利用料金が割引になる料金体系です。Savings Plansには、Compute Savings Plans、EC2 Instance Savings Plans、Amazon SageMaker Savings Plansの3種類があります。Compute Savings Plansは、FargateやLambdaを使用する場合にも適用されます。

2.17 移行と転送

Application Discovery Service　【AWS Application Discovery Service】

Application Discovery Serviceは、AWSへの移行の準備段階として、オンプレミスにあるシステムのインフラストラクチャやアプリケーションの使用状況と設定情報を収集し、AWSへの移行計画を支援するサービスです。オンプレミスのインフラに応じて、エージェント方式またはエージェントレス方式で情報収集を行います。

Application Migration Service　【AWS Application Migration Service（AWS MGN）】

Application Migration Serviceは、AWSへのリフト&シフト移行において、その利用が推奨されている移行サービスです。物理サーバー、仮想サーバー、およびクラウド上のサーバーから変更を加えることなくAWSに移行することにより、エラーが生じやすい手動処理を最小限に抑えることが可能です。

DMS　【AWS Database Migration Service（AWS DMS）】

DMSは、同じ種類のデータベースエンジン間の移行（同種DB移行）だけではなく、異なる種類のデータベースエンジン間の移行（異種DB移行）もサポートするサービスです。データソースとして、リレーショナルデータベースに加えてNoSQLのMongoDBやS3もサポートしています。

DataSync　【AWS DataSync】

DataSyncは、オンラインデータ転送サービスです。AWSストレージサービスとオンプレミスのストレージシステム間や、AWS上のストレージサービス間におけるデータの移動を自動的かつ高速に行います。

▶ Migration Hub　【AWS Migration Hub】

Migration Hubを使用して、オンプレミスにある既存サーバーの情報を収集し、仮想サーバーやアプリケーションの情報をインポートして移行を計画したり、移行時に移行ステータスを確認したりすることができます。ユーザーは、AWSが提供するDatabase Migration Service（DMS）やApplication Migration Service（MGN）といった移行サービスから収集した情報にもとづいて、移行を計画、実行したり、移行ステータスを追跡したりします。

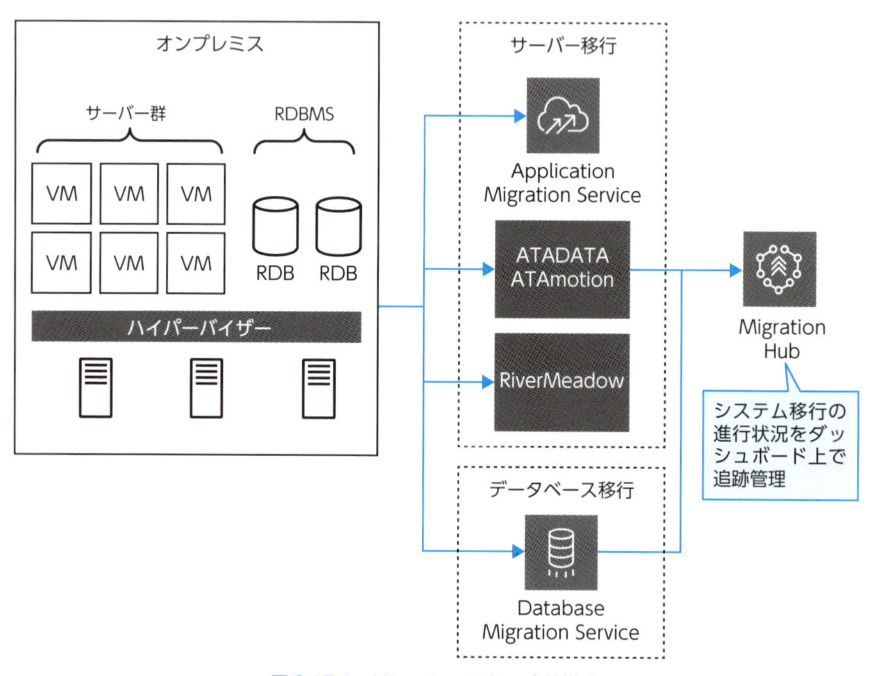

図2.17-1　Migration Hubの全体構成

▶ Migration Evaluator　【AWS Migration Evaluator】

Migration Evaluatorは、クラウドの移行計画や移行コストなどの移行に関連する事柄に対して評価を行うサービスです。ユーザーが指定した期間で、オンプレミスにある既存サーバーの情報を収集し、移行までのロードマップを計画したり、クラウドへの移行後のコストを見積もったりすることで、ビジネスケースにおける移行準備をサポートします。

▶SCT 【AWS Schema Conversion Tool（AWS SCT）】

SCTは、データベースエンジン間で既存のデータベーススキーマを変換するためのツールです。主なリレーショナルデータベースであるMicrosoft SQL Server、MySQL、Oracle、PostgreSQLや、OLTPスキーマやデータウェアハウススキーマを変換することができます。異なるデータベースエンジン間でも変換が可能です。

▶Snow Family 【AWS Snow Family】

Snow Familyには、SnowballとSnowconeがあります。Snowballは、ペタバイト級のデータ移行を実現するサービスです。ハードウェアアプライアンスを利用して、オンプレミスとAWS間の大容量データの移行を高速に行います。一方、Snowconeは、小型で数テラバイトまでのデータ移行を行います。

▶Transfer Family 【AWS Transfer Family】

Transfer Familyは、S3またはEFSとの間で直接ファイルを転送するためのサポートを提供します。具体的には、Secure File Transfer Protocol（SFTP）、File Transfer Protocol over SSL（FTPS）、File Transfer Protocol（FTP）、およびApplicability Statement 2（AS2）をサポートしています。

Transfer Familyでは、エンドポイントのカスタム名にRoute 53のDNSを使ったルーティングや、API Gateway、LambdaなどのAWSサービスと連携した認証により、クライアントにあるサーバーからのファイル転送処理をAWS側でシームレスに実行できます。

2.18 ビジネスアプリケーション

Alexa for Business

Alexa for Businessは、Amazonが開発したAI音声認識サービス「Alexa」を使って仕事の効率化を図るサービスです。たとえば、Alexaを使用して音声で会議室の予約や、予約状況の確認、キャンセルなどを行うことができます。

SES 【Amazon Simple Email Service（Amazon SES）】

SESは、大規模なアウトバウンド（送信）だけではなくインバウンド（受信）も可能なマネージド型のメール配信サービスです。P.59で紹介したSNSはメールを送信するだけのサービスですが、SESはメールに関するさまざまな設定を行えます。

2.19 ブロックチェーン

Managed Blockchain　【Amazon Managed Blockchain（AMB）】

AMBは、パブリックブロックチェーンおよびプライベートブロックチェーンで、ブロックチェーンの一般的なオープンソースフレームワークであるHyperledger FabricやEthereumを使用して、Web3アプリケーションを構築できるように設計されたフルマネージドサービスです。スケーラブルなブロックチェーンネットワークの作成と管理を容易に行えます。AMBは、Hyperledger Fabric、Ethereum、Polygon、Bitcoinのブロックチェーンをサポートしています。

2.20 メディアサービス

Elastic Transcoder 【Amazon Elastic Transcoder】

Elastic Transcoderは、AWS上で、動画ファイルや音声ファイルをPC、スマートフォン、タブレットなどで再生可能なフォーマットに変換するフルマネージドサービスです。デバイスごとに出力フォーマットを最適化できる他、サムネイルの作成も可能です。

Kinesis Video Streams 【Amazon Kinesis Video Streams】

Kinesis Video Streamsは、さまざまなデバイスから動画のストリーミングデータを取り込んで、動画の分析および再生を行うフルマネージドサービスです。動画の収集・保存や、ライブやオンデマンドでの動画の再生、動画ファイルのダウンロード機能などを提供します。

第3章

試験で問われるシナリオの特性

試験は、AWS におけるシステムの管理および運用に関する 2 年以上の実務経験を持つソリューションアーキテクト担当者を対象に設計されており、問題文を読むだけでも勉強になるような、非常に実践的な内容が問われます。

第 2 章で概要を紹介した各種サービスを組み合わせ、最適な解答を選択するためには、試験の出題分野のタスクステートメント単位（本章では「シナリオ」と呼びます）で、重要ポイントを押さえておく必要があります。

3.1 本章のイントロダクション

AWS 認定ソリューションアーキテクト－プロフェッショナル試験では、「A というサービスが提供する機能は何か？」というような単純な問題は、ほとんど出題されません。大半は、ユーザーやソリューションアーキテクトが実際のビジネスの現場でも直面する可能性のある、ビジネス上、技術上の課題が長文のシナリオで提示されます。受験者は、指定された要件を満たす最適な解答を、短時間で選択する必要があります。

どのようなシナリオが出題されるのかについては、AWS 公式試験ガイド※1 の「試験内容の概要」欄に、「4 つの分野（コンテンツドメイン）」として記載されています。

＜ 4 つの分野＞

- 複雑な組織に対応するソリューションの設計
- 新しいソリューションのための設計
- 既存のソリューションの継続的な改善
- ワークロードの移行とモダナイゼーションの加速

現行試験（SAP-C02）の試験ガイドでは、前バージョン（SAP-C01）と異なり、分野ごとに「対象知識」と「対象スキル」が明確に示されているため、試験対策が立てやすくなりました。「対象知識」と「対象スキル」に含まれる AWS サービスの詳細やスキルについては、ハンズオンを含めて十分に理解・習得し、是非、試験対策や実務に役立ててください。

本章では、次章以降のケース問題に取り組む前準備として、「4 つの分野」ごとに出題されるシナリオについて、重要ポイントに絞って解説します。

※1　https://d1.awsstatic.com/ja_JP/training-and-certification/docs-sa-pro/AWS-Certified-Solutions-Architect-Professional_Exam-Guide.pdf

3.2 「複雑な組織に対応するソリューションの設計」分野で問われるシナリオ

ネットワーク接続戦略を設計するシナリオ

組織において AWS サービスの利用が増えるにつれて、関連するネットワークの構成も複雑になっていきます。オンプレミス環境から VPC へのネットワーク接続、同一リージョン／異なるリージョン間の VPC 同士の接続、インターネットとのインバウンド／アウトバウンドの接続など、さまざまなシナリオを通して AWS のネットワーク関連の知識が問われます。

オンプレミス環境から VPC へのネットワーク接続

オンプレミス環境（AWS 外）から VPC への接続シナリオとしては、まずはオンプレミス環境のデータセンターから VPC への接続方式が問われるでしょう。この場合、安定した帯域の確保が要件として挙げられているのであれば **Direct Connect** が候補になりますが、要件がコスト最適化であれば、**VPN 接続**の採用も同時に検討しなければなりません。

AWS 外からの VPC 接続のシナリオとしては、社外にいるユーザーが PC から接続するケースも考えられます。ホテルやカフェなどの公衆回線を経由して VPC に接続する場合は、暗号化された経路を通じて通信できるよう、AWS 側に Client VPN を配置し、PC に Client VPN クライアントをインストールして接続する、という方式も考えられます。

インターネットとのインバウンド／アウトバウンドの接続

インターネットから AWS へのインバウンドの接続シナリオに関しては、グローバルに分散して配置されるアプリケーションのためのソリューションとして、**Route 53** による名前解決時のルーティングや、**CloudFront** による CDN を活用したオンラインレスポンスの向上をあわせて検討します。

一方、AWS からインターネットへのアウトバウンドの接続シナリオに関しては、サブネットを、インターネット接続が可能なパブリックサブネットと VPC 内のみ通信が可能なプライベートサブネットに分けた上で、パブリックサブネットに配置した**NATゲートウェイ**を経由して、プライベートサブネットからインターネットへの通信を可能とするケースが多いでしょう。

なお、NATゲートウェイでは、「特定のURLへのアウトバウンド通信のみ許可」という要件には対応できません。そのため、この要件については、インターネットへの通信はプロキシ機能を持つEC2インスタンスなどを経由させ、ホワイトリスト形式で通信許可URLを制限する、といった構成の検討が必要になります。

VPC同士の接続

VPC同士を接続したいという要件は、実務においても発生します。有力な接続方式として**VPC Peering**の利用が考えられますが、VPC Peeringの制約上、実現不可能な接続要件のシナリオに留意してください。

たとえば、異なるVPC同士で利用しているCIDRレンジが重複すると、VPC Peering接続を確立できません。

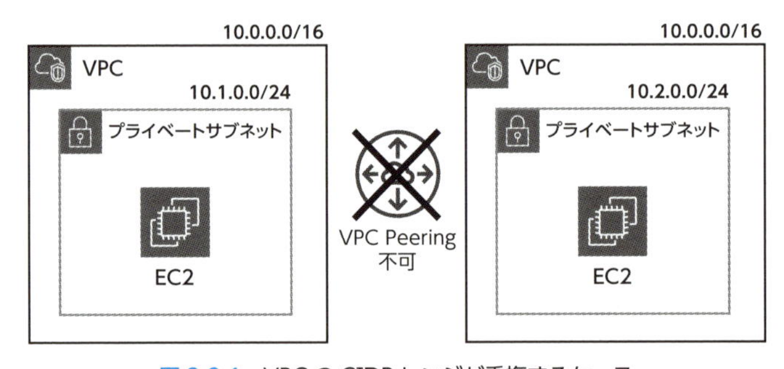

図3.2-1　VPCのCIDRレンジが重複するケース

また、VPC Peeringは**推移的なピアリング接続**をサポートしません。たとえば図3.2-2のように、VPC-AとVPC-Bの間、そして、VPC-BとVPC-Cの間にVPC Peering接続が確立され、ルーティング設定がなされているものとします。この場合、VPC-AからVPC-Bに対してアクセスする通信は可能ですが、VPC-AからVPC-Bを経由してVPC-Cに対してアクセスする通信は推移的なピアリング接続にあたり、VPC Peeringではサポートされません。VPC-AからVPC-Cに対する通信要件がある場合は、VPC-AとVPC-Cの間にもVPC Peeringを設定する必要があります。

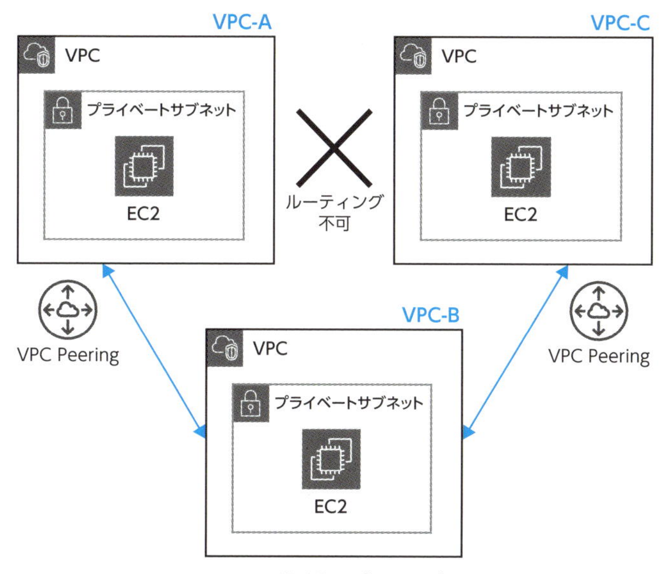

図 3.2-2　推移的なピアリング接続

VPC Peeringのもう1つの制約として、VPCあたりのアクティブな接続数の上限があります。1つのVPCあたりのVPC Peering数はデフォルトで50、ハードリミットは125という制約※2があるため、1つのVPCに対して125超のピア接続要件がある場合は対応できません。このような大規模なネットワーク構成のシナリオの場合、Transit Gatewayを活用した構成を検討します。

Transit Gatewayは、オンプレミス環境や、AWS上の多数のVPC間のネットワーク接続をシームレスに統合し、VPC Peeringの接続数の増加により発生する「接続設定のメッシュ化」を回避します。実務においても、さまざまなAWSリソースから共通的に利用される機能を特定のVPCに集約する、「**共有サービス（Shared Service）**」※3というユースケースがよく利用されます。たとえば、監視機能やセキュリティ管理機能といった、AWSアカウントやVPCをまたいで共通して利用される機能については、特定のVPC上で共有サービスとしてホストします。ユーザー側のVPCは、Transit Gatewayを経由して共有サービスを利用することができ、ルーティング設定が非常にシンプルになります。

※2　VPC peering connection quotas for an account
https://docs.aws.amazon.com/vpc/latest/peering/vpc-peering-connection-quotas.html

※3　Example: Isolated VPCs with shared services - Amazon VPC
https://docs.aws.amazon.com/vpc/latest/tgw/transit-gateway-isolated-shared.html

ハイブリッドネットワーク環境の名前解決

オンプレミス環境のネットワークとAWS上のVPCネットワークが接続されたハイブリッドネットワークにおいては、業務要件に応じて、片方向または双方向の通信ができるよう、名前解決の方式も検討する必要があります。名前解決においてどのDNSを利用するかは、企業のネットワーク設計方針によって異なります。そのため、「現在のネットワーク構成はどのような状態なのか」、「実現したい通信および名前解決の要件は何か」を正しく理解することが重要です。

オンプレミス環境のネットワークとAWS上のVPCネットワーク間の名前解決を実現するために、**Route 53 Resolver for Hybrid Clouds**が提供されています。設定内容についてはユースケースにより異なりますが、AWSが公開している以下のブログ記事を参考にしてください。

- **Route 53 Resolver でマルチアカウント環境の DNS 管理を簡素化する**
  https://aws.amazon.com/jp/blogs/news/simplify-dns-management-in-a-multiaccount-environment-with-route-53-resolver/

トラフィックフローの問題の解決

AWS上で発生した問題に対するトラブルシューティングは、実務において、ハンズオンと実際の問題への対処をどれだけ行ってきたか、という経験が問われるシナリオです。トラブルシューティングにはAWSのさまざまなサービスに関する深い知識が求められますが、基本的には、そのシナリオで「本来実現したいことは何か」、「何が、どのようにうまくいっていないのか」を整理し、ギャップを正しく把握することがポイントになります。

実務でも同様ですが、問題が発生した場合は、問題発生時のログをしっかりと確認することが重要です。たとえば、ネットワークの通信が想定どおりに疎通できない場合は、**VPC Flow Logs**を有効化し、実現したい通信が「REJECT（拒否）」されていないか、そもそもその通信がログに記録されているかを確認します。また、AWS上で何らかの操作が実行できない場合は、CloudTrailのログを参照して、DENYされている操作を特定します。これにより、IAMポリシーをどのように修正すべきかのヒントを得ることができます。

セキュリティコントロールを規定するシナリオ

AWSは、クラウド上のセキュリティの管理については**責任共有モデル**（図3.2-3）を採用しています。AWSが提供するインフラ部分はAWSがセキュリティの管理責任を持ちますが、それ以上の層（レイヤー）については、AWSを利用するユーザー側で対策を設計・実装・運用する必要があります。

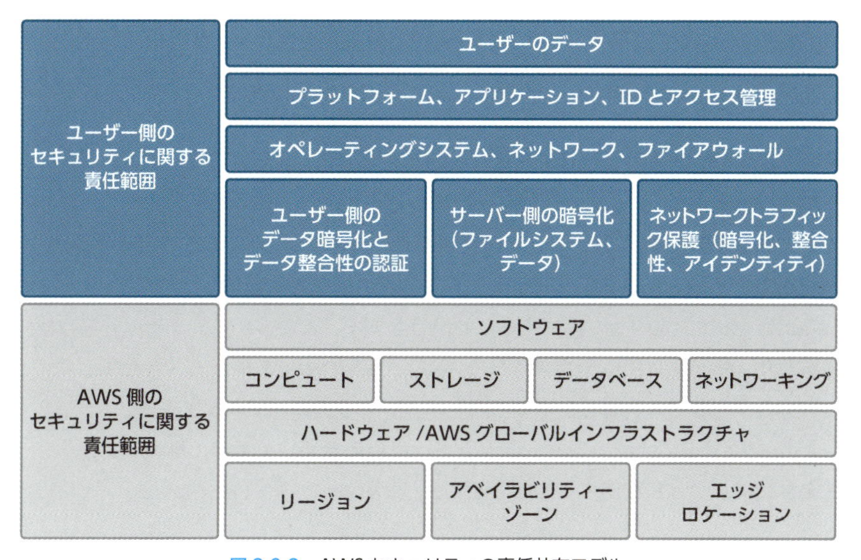

図3.2-3　AWSセキュリティの責任共有モデル

セキュリティ関連のシナリオでは、ユーザー側に責任範囲のある各層に対して、多層防御の観点から網羅的な対策を検討します。単独のセキュリティ関連サービスだけでなく、複数のセキュリティ関連サービスを組み合わせたセキュリティ対策の実装が求められるシナリオが多い傾向にあります。

▶ クレデンシャルとアクセスの管理

AWSを活用してアプリケーションを開発・運用する場合、アプリケーションのユーザーアカウントの管理方法を検討する必要があります。また、特にモバイルアプリケーションの場合に多いのですが、設計によってはアプリケーションから直接DynamoDB等のAWSサービスにアクセスさせるようなアーキテクチャを採用するケースもあるので、権限の付与と管理についても検討します。

ユーザーアカウント情報をアプリケーションのデータベースに保存して管理する方法も考えられますが、アプリケーションの開発から公開までをクイックに行いたい、MetaやGoogleのような外部のアイデンティティプロバイダーの認証情報を活用したい、といった要件がある場合は、**Cognito**の利用を検討します。

なお、アプリケーションから直接AWSサービスにアクセスさせる場合、アプリケーションのコードにアクセスキー／シークレットアクセスキーを埋め込むという方式は、クレデンシャルの漏洩につながるので選択すべきではありません。このような場合、アプリケーション用の**IAMロール**と**IAMポリシー**で権限を必要最小限に制御しつつ、**Security Token Service (STS)** と連携させて一時的なセキュリティ認証情報を発行し、アプリケーション内で利用する、という方式を検討すべきです。

▶ セキュリティコントロールの選択と管理

AWSのセキュリティ関連サービスは多岐にわたり、AWSの利用拡大にともなって、実装・管理すべきセキュリティ対策も増える傾向にあります。**GuardDuty**や**Inspector**といったAWSのセキュリティ関連サービスが収集した情報については、**Security Hub**で集約して確認することができます。また、セキュリティ対策の検討にあたり、Security Hubで提供されている、AWSのセキュリティベストプラクティスにもとづく各種スタンダードの内容を参考にすることができます。

AWSの代表的なセキュリティスタンダードの内容については、以下の学習リソースをもとに、十分に理解するようにしてください。

- CIS AWS Foundations Benchmark
  https://docs.aws.amazon.com/securityhub/latest/userguide/cis-aws-foundations-benchmark.html
- AWS Foundational Security Best Practices (FSBP) standard
  https://docs.aws.amazon.com/securityhub/latest/userguide/fsbp-standard.html

また、AWS上で新しいソリューションを設計する場合や、既存のソリューションを改善する上では、AWSのベストプラクティスを「6つの柱 (Six Pillars) ※4」ごとに整理した**AWS Well-Architectedフレームワーク**を参考にすることが強く推奨されています。6つの柱ごとにドキュメントが提供されていますので、それらを参考にすることでベストプラクティスの理解が進みます。これによりシナリオの内容を

※4　第1章で紹介したように、6つの柱は、優れた運用効率、セキュリティ、信頼性、パフォーマンス効率、コストの最適化、持続可能性から構成されています。

的確に把握し、最適な解答をスムーズに選択できるようになります。

セキュリティに関するAWS Well-Architectedフレームワークの「セキュリティの柱」では、データやシステムの機密性、完全性を担保し、外部からのさまざまな攻撃からシステムを防御するためのクラウドサービスを活用することで、セキュリティの向上を図っています。セキュリティの柱のAWSリンクは、以下のとおりです。

- Security - AWS Well-Architected Framework
  https://docs.aws.amazon.com/wellarchitected/latest/framework/security.html
- Security Pillar - AWS Well-Architected Framework
  https://docs.aws.amazon.com/wellarchitected/latest/security-pillar/welcome.html

信頼性と耐障害性に優れたアーキテクチャを設計するシナリオ

実際のビジネスの現場では、「データを喪失しないように対策しなければならない」、「データベースのダウンタイムを極小化しなければならない」といった単一の課題だけを解決すれば済むような単純なものではなく、システム全体の信頼性を保つために、複数の課題を解決するソリューションの選択が求められます。

マネージドサービスの活用

データの喪失や、サービスのダウンタイムを減らすための効果的な方法は、AWSのマネージドサービスを最大限に活用することです。

データの保護という観点では、EC2にアタッチされたEBSボリューム上に保管するよりも、S3上に保管するほうが適しています。S3では、保存されたオブジェクトについて99.999999999%の耐久性を実現できるような設計があらかじめなされており、バックアップの実装が不要です。

サービスのダウンタイムを減らすという観点でも、多くのAWSのマネージドサービスはMulti-AZ（マルチAZ）構成を基本として構成されているため、単一のAZで障害が発生してもサービスは動作を続けることができます。

AWSグローバルインフラストラクチャの活用

AWSの設計原則の1つに、「Design for Failure」(障害が起きることを前提に設計せよ)というものがあります。前述のように、AWSのマネージドサービスはMulti-AZ構成を基本として構成されていますが、何らかの原因により、利用中のリージョン全体が使用できなくなる可能性もあります。

このようなリージョンレベルの大規模障害への対策については、復旧にかかる目標復旧時間(RTO)、目標復旧時点(RPO)といったディザスタリカバリ(DR)要件と、DR対策実装に必要なコストのバランスを考慮して検討することが求められます。AWSを利用したDR構成例を図3.2-4に示します。

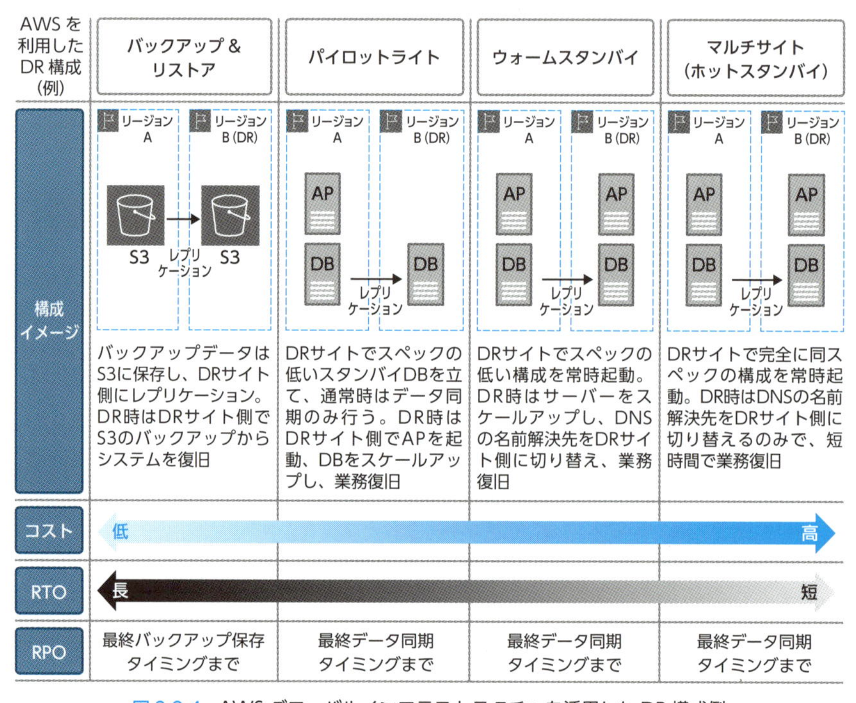

図3.2-4 AWSグローバルインフラストラクチャを活用したDR構成例

複数のリージョンを利用し、マルチサイト(ホットスタンバイ)構成を構築すれば、それだけ業務復旧までの時間は短くなりますが、その分コストは高くなります。

また、**Elastic Disaster Recovery**(旧CloudEndure Disaster Recovery)を利用することで、オンプレミス環境の物理サーバー、仮想サーバー、そしてクラウドベースのサーバーからAWS上にデータをレプリケーションしておき、災害発生時にはレプリケーションされたデータをもとにAWS上で各種サーバーを起動し、業務を復旧することが可能です。AWSだけでなく、オンプレミス環境も含めた災害対策ソリューションが必要な場合、このサービスの採用を検討してください。

信頼性に関するベストプラクティスについても、AWS Well-Architected フレームワークの「信頼性の柱」に関するドキュメントが公開されていますので、以下の学習リソースをもとに、十分に理解するようにしてください。

- **Reliability - AWS Well-Architected Framework**
  https://docs.aws.amazon.com/wellarchitected/latest/framework/reliability.html
- **Reliability Pillar - AWS Well-Architected Framework**
  https://docs.aws.amazon.com/wellarchitected/latest/reliability-pillar/welcome.html

マルチアカウント AWS 環境を設計するシナリオ

セキュリティに関する問題は複数の分野にまたがって出題されますが、本分野においては特に、複数のAWSアカウントをいかにセキュアかつ効率的に管理するかが問われます。

マルチアカウントの管理

エンタープライズ企業においては、部門単位でAWSアカウントを保持・利用しているケースも多く、場合によっては1部門で検証環境や本番環境といったランドスケープ単位でAWSアカウントを分けて利用しているケースもあります。このような環境の場合、AWSアカウントの管理工数が大きくなるだけでなく、全社的なセキュリティポリシーに合わせてAWSアカウントとそれに紐付く環境にガバナンスを効かせることが非常に難しくなります。

このようなシナリオでは、**Organizations**や**Control Tower**、**SCP**、**IAMポリシー**などの利用と使い分けを検討します。

AWS リソースの共有

多数のAWSアカウントが存在する環境において、AWSアカウント間でAWSリソースを効率的に共有する手段として、**Resource Access Manager**が提供されています。

たとえば、Transit Gatewayを使用するAWSアカウントは、Resource Access

Managerを通じてTransit Gatewayを他のAWSアカウントと共有することができます。これにより、前述の「ネットワーク接続戦略を設計するシナリオ」で紹介した共有リソースへのアクセス設定を簡素化できます。

コスト最適化と可視化の戦略を決定するシナリオ

AWSの多くのサービスでは、利用量に応じた課金モデルが採用されています。そのため、アーキテクチャ上のさまざまなポイントで、どのソリューションを選択するかによってコスト効率が変わってきます。

たとえば、ストレージとしてS3を利用する場合、デフォルトで選択されるストレージクラスである「S3標準」と、アーカイブ用の「Glacier」ではコストに大きな違いがあります。S3には、ライフサイクルポリシーにより期間に応じて保存するストレージクラスを変更したり、期限の切れたオブジェクトを削除したりする機能があるので、コスト効率を上げるために活用できます。

コンピューティングサービスとしてEC2を利用する場合は、Auto Scaling機能を使って、負荷に応じてインスタンス数を増減したほうが、コスト効率は高くなります。また、デフォルトで選択されるオンデマンドインスタンスの代わりに、ワークロードに応じてリザーブドインスタンスやスポットインスタンスを利用することも、コスト削減に大きな効果があります。

コスト最適化に関するベストプラクティスについても、AWS Well-Architectedフレームワークの「コストの最適化の柱」に関するドキュメントが公開されていますので、以下の学習リソースをもとに、十分に理解するようにしてください。

- Cost optimization - AWS Well-Architected Framework
  https://docs.aws.amazon.com/wellarchitected/latest/framework/cost-optimization.html
- Cost Optimization Pillar - AWS Well-Architected Framework
  https://docs.aws.amazon.com/wellarchitected/latest/cost-optimization-pillar/welcome.html

3.3 「新しいソリューションのための設計」分野で問われるシナリオ

「新しいソリューションのための設計」分野では、前節で解説した、AWSグローバルインフラストラクチャ、セキュリティ、信頼性、コストの最適化などに関する深い知識が問われます。ここでは、以下のシナリオや後続分野（3.4節、3.5節）の重要ポイントについても理解した上で、最適なソリューションを選択する必要があります。

ビジネス要件を満たす導入戦略を設計するシナリオ

システムを構築するときには、必ずビジネスで実現したい要件があります。その要件を満たすために、ビジネス要件を機能要件に落とし込んで、機能を稼働させるためのインフラ、アプリケーション、運用作業を設計・実装していきます。AWSでは、システムを稼働させるインフラを迅速に構築するIaCのサービスや、運用作業を効率化するサービスが提供されています。新しいビジネスや既存ビジネスをより素早く、クラウドネイティブに立ち上げて安定稼働させるためには、これらのサービスを効果的に組み合わせることが重要です。

▶ コードによるインフラの管理

AWSのインフラは、CloudFormationを活用すれば、コード（テンプレート）によって管理することが可能です。コードで管理可能ということは、つまり、コード自体をバージョン管理でき、変更点を過去に遡って容易に確認できるようになります。

さらに、検証環境や本番環境といったランドスケープを増やす場合も、同じテンプレートを利用し、環境の違いについてはパラメータとして別途管理することで、環境構築の負荷軽減や、手作業によるオペレーションミスの減少につながります。

▶ 運用作業の自動化

AWSでは、運用作業を自動化するためのさまざまなサービスが提供されています。EC2は、要件に合わせてOSの設定を変更したり、任意のミドルウェアをインストールしたりと自由度が高い点がメリットですが、OSのセキュリティパッチなどはユーザー側で管理・適用しなければならず、運用工数が必要になります。このような作業については、**Systems Manager**に含まれる**Patch Manager**が有用です。これを活用することで、「どこまでパッチを適用したか」というベースラインを管理し、パッチ適用のタイミングや適用作業自体を自動化することができます。

事業継続性を確保するソリューションを設計するシナリオ

AWS上で稼働しているシステムは、安定して動作することが求められます。AWSを利用すると、リージョン単位で国をまたがるグローバルなインフラストラクチャを活用した、大規模なシステムの構築が可能になります。リージョン間でレプリケーションできるサービスを利用して、リージョン間でバックアップを取り、災害時には別リージョンでシステムを素早く再開することで、ビジネスへのインパクトを最小限に抑えることができます。また、AWSには、災害時の迅速な利用再開をサポートするサービスもあります。サービスに求められるRTO、RPOといったSLAをもとに、前節でも述べたように、DR（Disaster Recovery）対策を適切に行うための構成を構築することが重要です。

災害対策のソリューション

事業の継続性を確保するためには、災害対策ソリューションの検討が不可欠です。AWSといえども障害が絶対に起きないわけではなく、障害が発生することを前提にシステム設計を行うことが推奨されています。AWSは、異なる地域に機能を配置するリージョンと、1つのリージョンで複数のデータセンターに機能を配置するAZという2つの場所を提供しています。AWSのサービスには、AZで冗長化して稼働するものや、リージョンをまたいだ構成を構築できるものがあります。複数のリージョンにAPI Gateway、ELBやCloudFrontをエンドポイントとしたシステムを配置し、Route 53で稼働しているリージョンの向きを切り替えることで、リージョン間でのフェイルオーバーに備えます。また、AuroraやDynamoDBのグローバルデータベースでリージョン間をまたいでレプリケーションをとっておくと、災害発生時、別のリージョンでデータの復旧とシステム稼働の切り替えを素早く行うことが可能になります。

要件にもとづいてセキュリティコントロールを決定するシナリオ

システムを稼働させる際、アプリケーションやデータを安全な状態で維持・運用する必要があります。ネットワークやディスクからデータを抜かれないように暗号化することや、誤った作業でシステム全体を停止したりファイルを削除したりしないように、適切にロールや権限を付与し、アクセス制御を行うことが重要です。AWSでは、システムを外部から防御するセキュリティサービスや、IAMによるアクセス制御、S3やデータベースの暗号化、SSL証明書の発行サービスなどが提供されているので、これらを組み合わせて、攻撃から守る「安全な」システムを構築します。

外部からの攻撃への対応

AWSを使ったシステムは、インターネットに公開されるものが多くあります。試験でも、インターネットに公開されたWebシステムで、外部から攻撃を受けたときに素早く攻撃を検知することや、防御策を講じることが問われます。AWSでは、サイバーセキュリティ防御の実装や管理を支援するために、CISベンチマークを取り入れたCIS AWS Foundations Benchmarkを提供しています。サービスとしては、Webアプリケーションのファイアウォール機能であるAWS WAF、DDoS攻撃からAWSリソースを保護するAWS Shield、悪意のあるアクティビティをモニタリングするGuardDutyなどがあり、これらの活用方法を理解しておく必要があります。

信頼性の要件を満たす戦略を策定するシナリオ

システムを安定して稼働させるには、可用性の高いサービスを組み合わせて利用することが必要になります。AWSでは、S3のように非常に高い稼働率を持つストレージサービスや、AZで1つのリージョン内のデータセンターを分割し、リージョン内でも高可用性を実現するサービスが提供されています。仮想サーバーを利用する場合、可用性やスケーリングのためにCPUやメモリの上限を考慮しなければなりませんが、AWSのマネージドサービスでは、可用性やスケーリングをあまり気にせずアプリケーションを稼働させることができます。また、疎結合化により、システムの一部を切り離した構成を実装でき、システム全体のサービス停止を防ぐことが可能です。

マネージドサービスによる高可用性の実現

AWSがサービスを開始した当初は、仮想サーバーであるEC2を中心にシステムが構築されていました。具体的には、複数のAZにEC2を配置し、ELBから各EC2にアクセスできる構成をとることで高可用性を実現していました。現在でも、この構成をとることが多いですが、AWSにはLambdaやFargateといったサーバーレスのサービスもあります。たとえば、API GatewayからLambdaをコールして、DynamoDBでデータを保存・参照する構成で、できるだけAWS側で高可用性を担保しつつ、サーバーレスでアプリケーションを実行するケースがあります。サーバーレスのサービスに関しては、SQSやSNSなどをはじめ、さまざまなサービスを組み合わせて一連の処理を行う構成を問うシナリオが出題されます。そのため、各サービスがどういう仕様で、どのように活用できるのかを理解することが重要です。

パフォーマンス目標を満たすソリューションを設計するシナリオ

AWSを活用してアプリケーションを開発・運用する場合、多くのケースでは複数のAWSサービスを組み合わせてシステムのアーキテクチャが構成されます。よって、システム全体としてのパフォーマンス目標を達成するためには、システムの構成要素をきちんと把握し、どこがボトルネックになっているのか（なり得るのか）を検討する必要があります。

試験で問われるシナリオでは、ボトルネック箇所が明記されている場合と明記されていない場合があります。

インターネットを経由して公開するアプリケーションであれば、CloudFrontによるコンテンツの配信が有効です。EC2等のアプリケーションを実行するコンピューティング関連サービスがボトルネックになっているのであれば、Auto Scalingを活用して水平方向にインスタンスの台数を増やす、EC2のI/O性能に問題があるのであれば、インスタンスサイズのスペックを上げてI/O性能を向上させたり利用可能なネットワーク帯域を増やす、といったようにボトルネック箇所に応じて対策は異なってきます。

表 3.3-1　想定されるボトルネック箇所とソリューション例

ボトルネック箇所	考え得る対応策	ソリューション例
コンピューティング	スケールアウト	・負荷に応じた EC2 インスタンス数の増加 ・負荷に応じた ECS サービスのタスク数の増加
	スケールアップ	・よりハイスペックな EC2 インスタンスタイプへの変更 ・Lambda のメモリ容量の増量
ストレージ	要件を満たすストレージサービスへの変更	・EBS ボリュームから S3 へのデータ保存先の変更
データベース	スケールアウト	・RDS におけるリードレプリカの追加
	スケールアップ	・よりハイスペックな RDS インスタンスタイプへの変更 ・負荷に応じた DynamoDB キャパシティの増加 ・サーバーレス型データベースを利用した負荷に応じたキャパシティの増加
	キャッシングの活用	・ElastiCache、DynamoDB Accelerator (DAX) によるデータのキャッシング
ネットワーク	低レイテンシーなネットワークソリューションの活用	・EC2 におけるプレイスメントグループの有効化 ・VPN から Direct Connect への切り替え ・CloudFront エッジロケーション経由でのコンテンツの配信 ・エンドユーザーとアプリケーションの間に Global Accelerator を配置

パフォーマンス効率に関するベストプラクティスについても、AWS Well-Architected フレームワークの「パフォーマンス効率の柱」に関するドキュメントが公開されていますので、以下の学習リソースをもとに、十分に理解するようにしてください。

- **Performance efficiency - AWS Well-Architected Framework**
  https://docs.aws.amazon.com/wellarchitected/latest/framework/performance-efficiency.html
- **Performance Efficiency Pillar - AWS Well-Architected Framework**
  https://docs.aws.amazon.com/wellarchitected/latest/performance-efficiency-pillar/welcome.html

ソリューションの目標と目的を達成するためのコスト最適化戦略を決定するシナリオ

コスト効率を最適化するためには、どのサービスに、どれだけの料金が発生しているかを正しく把握する必要があります。もしコンピューティングやストレージの不必要な利用や、過剰な利用を発見した場合は、可能な限り自動的に是正するコスト管理方法が必要になります。「コスト管理」分野では、このようなコストの現状を把握し、管理するためのシナリオが問われます。

コストの現状を把握

AWSでは、コストの利用状況を把握するためのさまざまなサービスが提供されています。マネジメントコンソールのBilling and Cost Management Dashboardでは、**Cost Explorer**を活用して、過去にどのサービスに、どの程度の課金が発生していたかをGUIで確認することができます。また、**AWS Budgets**を利用すれば、あらかじめAWSの課金額の上限を設定しておき、上限を超過しそうな場合、または超過した場合に、CloudWatchを通じてユーザーに通知することができます。

さらに、Compute OptimizerやS3 Storage Lensを参照することで、コンピューティングリソースやS3リソースをどの程度削減できるかを確認できます。

コストの利用を管理

大規模なエンタープライズ企業では、社内で多くのAWSアカウントが利用されており、それらAWSアカウントの支払処理を一元化したいという要件もあるでしょう。この場合、社内のどの部門やプロジェクトが、どのAWSアカウントを使い、どの程度の課金が発生したかを識別する必要があります。このために用意されている機能が**コスト配分タグ(Cost Allocation Tags)**です。これは、マネジメントコンソールのBilling and Cost Management Dashboardから有効化できます。コスト配分タグには、AWS側で自動的に付与されるものと、ユーザー側で定義できるものがあります。これらのタグをAWSリソースに付与することで、料金がどこで発生したかを特定することができます。

3.4 「既存のソリューションの継続的な改善」分野で問われるシナリオ

既存のソリューションの継続的な改善には、AWS Well-Architected フレームワークの「6つの柱」に含まれるベストプラクティスに沿った設計になっているか？という視点で考えることが非常に有効です。問題文から現在のソリューションの状態を正しく把握し、信頼性、セキュリティ、パフォーマンス、コスト、運用性、継続性の観点から、ベストプラクティスに照らし合わせて改善点を識別するようにしてください。また、AWS Well-Architected フレームワークの「6つの柱」を単一の視点で考えるのではなく、複数の組み合わせから最適なソリューションを設計することが重要です。具体的には、「コストを下げたいのか」、「信頼性やセキュリティ、パフォーマンスを改善したいのか」、「コストも最適化しつつ、ソリューションも改善したいのか」によって、正解は異なります。問題文を注意深く読み、「何が最も重視されるポイントなのか」を常に意識するようにしてください。

全体的な運用上の優秀性を高めるための戦略を作成するシナリオ

Site Reliability Engineering（SRE）という方法論があります。もともとはGoogleが提唱し、同社が提供するサービスのバックエンドのシステムの管理やサービス管理を継続的に改善するための方法論でしたが、Google 以外の企業でも自社の運用と運用改善に取り入れる動きが広がっています。

AWS も、AWS Well-Architected フレームワークに「Operational Excellence（優れた運用効率）」の柱を含めており、システムの初期構築時に定めた運用をそのまま実行し続けるのではなく、システムの成長やアプリケーションの変更にともない、継続的に運用を最適化し続けることを推奨しています。

運用の正常性の確認

運用の正常性を確認するには、前提として「何が達成できていれば、運用は正常な状態といえるのか」を明確に定義し、定量的に測定できるようにメトリクスレベルまで落とし込むことが必要です。その上で、CloudWatch を活用してシステムの状態を監視する、CloudTrailやAWS Config、VPC Flow Logsといったログ情報を監視するなどにより、運用の正常性を確認します。

優れた運用効率に関するベストプラクティスについては、AWS Well-Architectedフレームワークの「優れた運用効率の柱」に関するドキュメントが公開されていますので、以下の学習リソースをもとに、十分に理解するようにしてください。

- Operational excellence - AWS Well-Architected Framework
  https://docs.aws.amazon.com/wellarchitected/latest/framework/operational-excellence.html
- Operational Excellence Pillar - AWS Well-Architected Framework
  https://docs.aws.amazon.com/wellarchitected/latest/operational-excellence-pillar/welcome.html

セキュリティを向上させるための戦略を決定するシナリオ

システムの稼働時には、決められたとおりに安全に稼働しているかを把握することが重要になります。機密データへのアクセスや、データベースの認証、認証方式のルール設定など、セキュアな状態を維持するために必要な決めごとがあります。AWSでは、システムの稼働環境を安全に維持するためのパッチ適用やモニタリングの仕組み、システムの動作に最低限必要な権限だけを付与するサービスが提供されています。システムの運用において、これらのサービスを組み合わせて利用することで、システム全体のセキュリティを向上させます。

▶機密データの扱い

AWS上で稼働しているシステムは、個人情報や認証情報など、機密性の高いデータを扱うことがあります。意図しない操作による機密データの漏洩や、認証情報の不正利用によるデータベースからのデータ流出を防ぐために、機密情報を安全に管理する必要があります。

データの保護には、AWS KMSによる暗号化が利用されます。データやバックアップデータの暗号化による保護に加えて、作業者の操作に最低限必要な権限をIAMロールやIAMポリシーで付与することが重要です。また、シークレットや認証情報を安全に管理するためにAWS Secrets Managerが利用されます。これらのサービスでは、システムを長期間セキュアに保つために、ローテーション機能などを活用します。

パフォーマンスを改善するための戦略を決定するシナリオ

システムを長期間稼働させていると、初期段階では発生しなかったパフォーマンス劣化に遭遇することがあります。トランザクション量が急激に増えたときの拡張や、キャッシュの利用による処理の分散が、パフォーマンス向上の手段として挙げられます。AWSは、Auto Scalingのように負荷に応じて拡張・縮退できるサービスや、エッジで処理して負荷を分散させるサービスを提供しています。

一般に公開されているWebシステムにおいては、ユーザーがストレスなく利用できるように、Webシステムのサービス形態に応じて、適切な対応を施す必要があります。また、インターネットに公開しているWebシステムでは、ユーザーのアクセス元となる場所によって、ネットワークによるレイテンシーが性能に影響を与えます。このような場合、Global AcceleratorやCloudFront、Lambda@Edgeなどのサービスを利用して、よりユーザーに近いエッジ側で処理させることで、パフォーマンスの改善を図ります。

信頼性を向上させるための戦略を決定するシナリオ

システムの高可用性を実現するには、AZやリージョン間での冗長化構成が不可欠です。障害が発生した際には、スタンバイ機を起動したり、別リージョンにあるバックアップからシステムを復旧したりすることで、サービスを再開させることができます。冗長化構成のレベルはサービスの要件やSLAによって異なりますが、信頼性の高いシステムを構築するには、システムの要件にもとづいて適切にAWSサービスを組み合わせて利用します。

▶ データのレプリケーション

AWS上で、複数のAZやリージョンにまたがったシステムを構成する場合、データベースやバックアップによるデータのレプリケーション方法を検討する必要があります。RTOやRPOの値にもとづいて、システムを他のリージョンで素早く復旧させる必要がある場合は、データベースのレプリケーション機能を使います。一方、復旧に時間がかかってもよい場合は、バックアップからデータを戻して復旧します。具体的には、事前に取得しておいたデータベースやEBSのスナップショット、S3にあるバックアップデータからシステムを復旧します。

試験では、SLAに定義された要件に従って適切なソリューションを選択させる問題が出題されるため、データやデータベースのレプリケーション方法を正しく理解することが重要です。

コスト最適化の機会を特定するシナリオ

AWSでシステムを長期間稼働させていると、当初の計画よりも多くのコストがかかることがあります。その原因として、「トランザクション量が増えた」、「仮想サーバーのインスタンスサイズを処理ボリュームに合わせて拡張した」、「ストレージを高速なものに変更した」などが挙げられます。

予期せぬコスト増を防ぐために、AWSサービスの使用状況のレポートを作成して、どのサービスにコストがかかっているかを把握し、より安くサービスを利用する方法を検討します。たとえば、今後スケールする予定がなく、数年間使い続ける仮想サーバーであれば、リザーブドインスタンスを活用します。また、無駄に起動しているインスタンスやサービスがあれば、利用料金を下げるために、定期的にそれらのインスタンスやサービスを停止したり、別の従量課金のサービスに置き換えることを検討します。

コスト削減、コスト効率化

AWS上で、最初は小規模なシステム構成でサービスを展開していたものの、トランザクションの増加によってシステムを拡張した結果、コストが増大していた、ということがよくあります。一般的に、システムの中で最もコストがかかるのがコンピューティングです。AWSでは、前述のリザーブドインスタンスや、Savings Plansといったコスト削減のための価格モデルのサービスを提供しています。AWS Cost and Usage Reportを見て、計画時よりもコストがかかっている箇所を特定できれば、低コストのサービスや、サーバーレスのサービスへの切り替えを検討します。

3.5 「ワークロードの移行とモダナイゼーションの加速」分野で問われるシナリオ

ワークロードの移行とモダナイゼーションの加速を実現するためには、「既存環境で正常に稼働しているワークロードを、いかにビジネスを止めずにAWS上に移行するか」と、「AWS上に移行したワークロードを、いかにクラウドに最適化する形で継続的に改善できるか」という、大きく分けて2つの課題に取り組む必要があります。

ワークロードの移行とモダナイゼーションの加速に活用できるAWSサービスの選択肢は、非常に多岐にわたります。各種AWSサービスの特性を理解することは、もちろん重要です。加えて、問題文の要件を正しく理解することと、AWS Well-Architectedフレームワークの内容を踏まえて総合的に判断することに留意した上で、適切なアーキテクチャを選択するようにしてください。

移行が可能な既存のワークロードとプロセスを選択するシナリオ

すでにオンプレミス環境で運用しているアプリケーションをAWSに移行する場合、各アプリケーションの業務上の重要性や、アプリケーションが稼働しているインフラの種別（物理サーバー、仮想化環境、メインフレーム等）、そしてアプリケーション自体のアーキテクチャによって、とるべき移行戦略は異なります。また、オンプレミス環境にあるアプリケーションの規模によっても、一度のタイミングで移行するビッグバン型をとるのか、それとも移行失敗のリスクを軽減するために複数のステップに分けて段階的に移行するのか、といったように移行戦略は異なります。

AWSの定義によれば、クラウド移行戦略は、次ページの表3.5-1のように7つに分類されます[※5]。7つの戦略のうち、大規模な移行ケースの場合に最もよく採用される戦略が「リホスト」戦略です。これは、アプリケーション自体は修正しないため、クラウド移行時の移行失敗リスクが比較的低く、移行期間も他の戦略と比べて短い

※5 AWSへの大規模移行のための戦略とベストプラクティス
https://pages.awscloud.com/rs/112-TZM-766/images/AWS-Black-Belt_2024_Large-Migration-Best-Practice_0229_v1.pdf

という利点があります。

また、「リプラットフォーム」のように、アプリケーションの変更は最小限とし、アーキテクチャの一部をAWSのマネージドサービスに差し替える（例：バックアップストレージをS3に変更、データベースをRDSに変更）のも、クラウド移行によるメリットを享受しやすい戦略といえます。

オンプレミス環境には、AWSが単純移行をサポートしないUNIXやメインフレームプラットフォーム上のアプリケーションも存在するため、プラットフォームやアプリケーションの特性に応じて、最適な戦略を選択することが重要です。

表3.5-1　AWSの定義による7つのクラウド移行戦略

No.	移行戦略	戦略の概要	移行の難しさ
1	リロケート (RELOCATE)	オンプレミス環境のVMware上で稼働する仮想マシンをVMware Cloud on AWSに移行する。	易しい (コストは高い)
2	リホスト (REHOST)	「リフト・アンド・シフト」とも呼ばれる。アプリケーション自体は修正しないため、大規模な台数を比較的短い期間で移行するケースに向く。	比較的易しい
3	リプラットフォーム (REPLATFORM)	「リフト・手直し・シフト」とも呼ばれる。アプリケーションのコアな機能は変更しないものの、アーキテクチャの一部（データベースをRDSに変更、等）をクラウドに最適化する。	中
4	リファクタリング／再設計 (REFACTOR/ RE-ARCHITECT)	アプリケーションを再設計するとともに開発の方法を変更し、クラウドネイティブな実装に作り替える。	難しい
5	再購入 (REPURCHASE)	「使用廃止と購入」とも呼ばれる。既存のアプリケーションを捨て、SaaS等の代替手段によって要件を実現する。	中
6	保持（RETAIN）	何もせず、オンプレミス環境で利用し続ける。	－ (移行しないため)
7	廃止（RETIRE）	ITポートフォリオの見直しを行い、不必要な機能やアプリケーション自体を廃止またはアーカイブする。	－ (移行しないため)

既存ワークロードの最適な移行アプローチを決定するシナリオ

クラウド移行戦略の1つに「保持」が含まれることからわかるように、オンプレミス環境のすべてのワークロードを一度にAWS環境に移行することは、コストや技術的な制約により難しいケースが大半です。よって、現実的な選択肢として、オンプレミス環境とAWS環境を共存させるハイブリッドアーキテクチャも検討する必要があります。

オンプレミス環境とAWS環境をシームレスに接続するためには、Direct Connectによる安定したネットワーク接続が重要です。また、**CloudFrontのオリジンサーバーとしてオンプレミス環境のサーバーを指定する**（つまりキャッシングにより、オンプレミス環境のサーバーの負荷を下げつつ、クライアントへのレスポンスタイムを短縮する）、**Storage Gatewayを使用して、オンプレミス環境のデータのバックアップ先としてS3を活用する**など、AWSの優れたサービスをオンプレミス環境で利用するアーキテクチャの選択が求められます。

アプリケーションやデータの移行を支援する各種サービス

AWSは、オンプレミス環境のワークロードをAWSに移行するためのさまざまな支援サービスを提供しています。

仮想化された環境をAWS上にエクスポート／インポートするための**Application Migration Service（MGN）**、データベースのスキーマの変更とAWS上のデータベースへのデータ移行を支援する**Schema Conversion Tool（SCT）**および**Database Migration Service（DMS）**、物理的なデバイスにデータを保存し、AWSのデータセンターにデバイスを配送・インポートするための**Snowball**など、さまざまな手段が用意されています。

ただし、実務に即したシナリオは、単一のソリューションだけで完結するほど単純ではありません。たとえば、オンプレミス環境とAWS間のネットワーク回線の帯域幅が限られる場合、オンプレミス環境のデータベースからエクスポートしたデータをSnowballでAWS側に送り、S3経由でAWS側のRDSにインポートした後、DMSを利用してRDSとオンプレミス側のデータベースのデータ断面をそろえる、といった複合的な対応が求められます。

ユーザーディレクトリの管理

エンタープライズ企業においては、PCや社内システムのアカウントを管理するため、AWSの利用を開始する前からActive Directory等のユーザーディレクトリをすでに使用しているケースがあります。複数の社内システムにアカウントが散在し、セキュリティポリシーの適用が困難になる事態を避けるためにユーザーディレクトリを導入したのですから、AWS環境を利用するにあたっても、同様に既存のユーザーディレクトリと連携させてアカウントを管理する要件が発生します。

AWSには、**Simple AD**、**AD Connector**、**AWS Directory Service for Microsoft Active Directory**といった、さまざまなマネージド型のディレクトリサービスやディレクトリ連携サービスが用意されており、これらの中から要件に応じた最適なサービスを選択します。

既存ワークロードの新しいアーキテクチャを決定するシナリオ

既存ワークロードの移行先となるAWSサービスは、採用されたクラウド移行戦略と業務要件にもとづいて選択します。通常、単一のAWSサービスのみで業務要件を満たせるケースは、ほとんどないでしょう。よって、新しいアーキテクチャは、コンピューティングサービス、コンテナ、ストレージサービス、データベース等のレイヤーにおける、複数のAWSサービスの組み合わせとして構成する必要があります。

新しいアーキテクチャで利用するAWSサービスの選択

オンプレミス環境のワークロードを「リホスト」戦略にもとづいて移行する場合、移行先のAWSサービスとしては、まずEC2が考えられます。しかし、「アプリケーションコードは一切変更したくない」かつ「コンピューティングサービスの運用負荷は減らしたい」という要件がある場合は、**Elastic Beanstalk**を選択するケースもあり得ます。

次に、オンプレミス環境で利用しているファイルサーバーをAWSに移行するケースを考えてみましょう。AWSは、ファイルサーバー用途に利用できる複数のストレージサービスを展開しています。もし「エンドユーザーが業務で利用しているWindows PCから、AWS上のファイルサーバーをネットワーク共有ドライブとしてマウントしたい」という要件がある場合は、NFS接続をサポートするEFSではなく、SMB共有をサポートする**FSx for Windows File Server**を選択する必要があります。

モダナイゼーションと機能強化の機会を決定するシナリオ

実務において、「リホスト」戦略にもとづいてオンプレミス環境のワークロードをAWSに移行したものの、そこで取り組みが停滞してしまい、その先の「クラウドに最適化する形でワークロードを改善する」状態に到達できていない、という課題感を持つAWSユーザーは少なくありません。

クラウドのメリットを最大限活用するためには、AWSの設計原則に則り、継続的にアプリケーションやインフラストラクチャを改修していく必要があります。

マネージドサービスの活用と、使い捨て可能なリソースの使用

AWSの設計原則に、「Services, Not Servers」（サーバーではなくサービスを使用する）というものがあります。また、「Disposable Resources Instead of Fixed Servers」（使い捨て可能なリソースを使用する）という設計原則も有名です。

これらの設計原則を最も体現しているAWSサービスの1つが、サーバーレスコンピューティングサービスである**Lambda**です。AWS上で発生したイベントをトリガーにLambda関数が実行され、処理が完了するとコンピューティングリソースの使用は終了します。

Lambdaは広く利用されていますが、Lambda関数の1回の最大実行時間は15分という制限があります。そのため、15分間を超える長時間の処理を実行するユースケースでは、コンテナを活用し、コンテナの管理のために**ECS**、**EKS**、**App Runner**といったサービスの採用を検討します。

疎結合

AWSの設計原則に、「Loose Coupling」（コンポーネントを疎結合にする）というものがあります。Lambdaやコンテナは、通常、複数のAWSサービスと連携して業務要件を実現します。このとき、AWSサービス間の結びつきや互いの依存関係を弱くするために、**SQS**、**SNS**、**EventBridge**、**Step Functions**といったアプリケーションサービスが頻繁に利用されます。

目的別データベースの使用

「Databases」（適切なデータベースソリューションを選択する）も、AWSの設計原則です。アプリケーションは、多くのケースでデータベースと連携し、処理を行い

ます。第 2 章で紹介したとおり、AWS は非常に多様なマネージド型のデータベースサービスを提供しています。各データベースサービスの特性とよく利用されるユースケースを理解した上で、実務や試験において、要件を満たす適切なデータベースサービスを選択してください。

第4章

「複雑な組織に対応するソリューションの設計」分野におけるケース問題

大規模な組織でAWSを利用する際には、さまざまな部門で複数のAWSアカウントが用いられます。「複雑な組織に対応するソリューションの設計」分野では、このようなケースにおける複数のAWSアカウントの管理、ガバナンス、AWSアカウントをまたいだセキュリティコントロール、ネットワーク設計、コスト最適化の考え方が問われます。

本章では、ケース問題を通じて、組織で必要となるセキュリティ、コンプライアンス、大規模な組織でのAWS利用のポイント、アカウント分割のパターン、およびアカウント分割時に必要なリソースや権限の管理、ネットワークの構成、コスト管理に関する演習を行います。

【AWSのサービス名の表記について】

AWSの各サービスの正式名称には、「Amazon」もしくは「AWS」という文言が付記されていますが、本書に掲載している演習問題（模擬試験を含む）とその解説では、一部を除き概ね、これらの文言の記載を省略しています。（例）「Amazon S3」の場合、「S3」と表記。

4.1 ネットワーク接続戦略を設計する

問 1

あなたの企業は、オンプレミスで個人情報を扱うアプリケーションを運用しています。VPC の業務用アプリケーションからオンプレミスのアプリケーションに接続して個人情報データを受領する必要があります。VPC のアプリケーションからオンプレミスのエンドポイント名 app.example.com にアクセスして個人情報データを受領します。app.example.com ドメインはオンプレミスのプライベート DNS サーバーで管理しています。

どれを組み合わせると、最も管理の手間が少なくセキュアで拡張性のあるソリューションになりますか。(3つ選択してください)

- **A.** Route 53 Resolver アウトバウンドエンドポイントを作成する。
- **B.** Route 53 Resolver インバウンドエンドポイントを作成する。
- **C.** Route 53 Resolver 転送ルールを作成する。app.example.com の DNS クエリをオンプレミス DNS サーバーに転送する。
- **D.** app.example.com の DNS クエリを Route 53 Resolver インバウンドエンドポイントに転送する設定を、オンプレミスの DNS サーバーに追加する。
- **E.** オンプレミスと VPC を Direct Connect で接続する。
- **F.** オンプレミスと VPC を Transit Gateway で接続する。

解説

VPC からオンプレミスで管理しているドメイン名の名前解決をする仕組みを検討する必要があります。Route 53 Resolver は、VPC 内の DNS クエリの再帰的問い合わせ機能と転送機能を提供する DNS サービスです。Resolver アウトバウンドエンドポイントと app.example.com の DNS クエリをオンプレミス DNS サーバーに転送する Resolver 転送ルールを作成することで、VPC 側からオンプレミス側に DNS クエリを転送することが可能になります。アウトバウンドエンドポイントは Direct Connect、

VPN、NAT ゲートウェイのいずれかでオンプレミスと接続する必要があります。Direct Connect による閉域接続で個人情報データをセキュアに受領することができます。したがって、A、C、E が正解です。

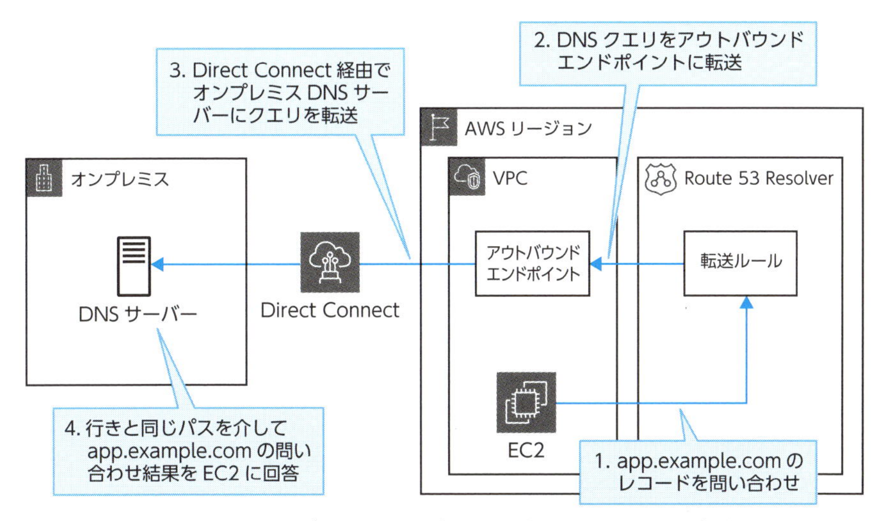

図 4.1-1　アウトバウンドエンドポイントを介した DNS クエリの転送

B、D. Route 53 Resolver インバウンドエンドポイントは、VPC 側へ DNS クエリを転送するためのエンドポイントです。

F. Transit Gateway は、VPC とオンプレミスを接続するためのハブ機能を提供するサービスです。

［答］A、C、E

問2

あなたの企業は、オンプレミスで社内向けアプリケーションをデプロイしています。また、VPCに社外向けのアプリケーションをデプロイしています。オンプレミスとVPCアプリケーションの連携を前提とした機能追加を予定しています。オンプレミスとVPCのアプリケーションはS3に業務データをアップロードする必要があります。セキュリティ要件として、インターネットを経由しない閉域での接続が求められています。

最も管理の手間が少なく要件を満たすソリューションはどれですか。(2つ選択してください)

A. オンプレミスとVPC間でSite-to-Site VPN接続を確立する。
B. オンプレミスとVPC間でDirect Connect接続を確立する。
C. オンプレミスとVPC間でClient VPN接続を確立する。
D. S3のゲートウェイエンドポイントを作成する。
E. S3のインターフェイスエンドポイントを作成する。

解説

まず、オンプレミスとVPCの接続経路を確保する必要があります。セキュリティ要件からインターネットを経由しない閉域での接続が必須です。Direct Connectは、オンプレミスとVPCを専用線で接続するサービスです。オンプレミスとVPCを専用線で接続することで、インターネットを経由しない閉域接続の要件を満たすことができます。

インターフェイスエンドポイントは、PrivateLinkに対応したAWSサービスへの接続を提供するVPCエンドポイントです。インターフェイスエンドポイントを経由した通信は、インターネットを経由せずにAWSネットワーク内で完結します。VPCにS3のインターフェイスエンドポイントを作成することで、インターネットを経由せずにオンプレミスとVPCからS3にプライベート接続することが可能になります。

したがって、BとEが正解です。

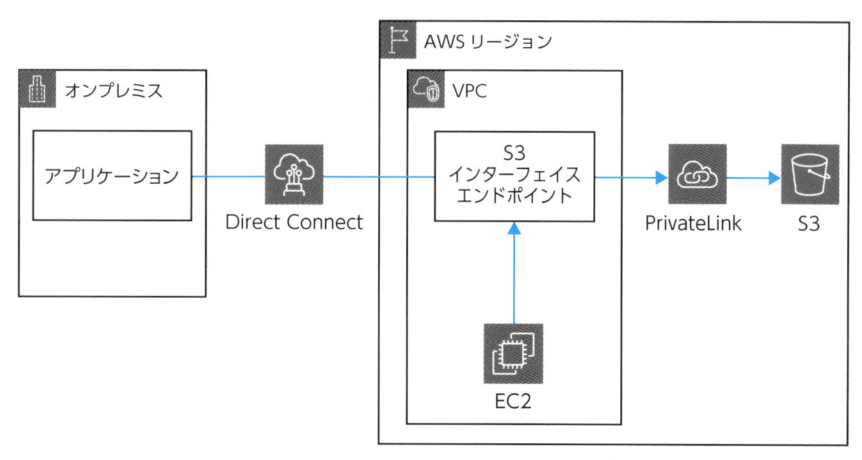

図 4.1-2 インターフェイスエンドポイント経由で S3 にプライベート接続

A、C. インターネット経由でのアクセスになるため、要件を満たしません。

D. オンプレミスから Direct Connect 経由で直接 S3 ゲートウェイエンドポイントにアクセスすることはできないため、要件を満たしません。

[答] B、E

4

問3

あなたの企業は、複数AWSアカウントのVPCで多数のEC2アプリケーションを稼働しています。アプリケーションは複数アカウントのEC2間で通信をしています。VPC間の通信はTransit Gatewayで制御しています。今後も新たなアプリケーションの追加が予想されています。

ネットワークエンジニアは、増加が予想されるアプリケーションによるトラブルに備えてネットワークトラフィック情報を収集したいと考えています。情報には送信元と送信先のIPアドレス、ポート番号、VPC ID、ENI、TCPフラグ、Transit Gateway Attachmentを特定するための情報を含める必要があります。

最も安価で管理の手間が少なく、パフォーマンスに影響を与えることなく実装可能なソリューションはどれですか。(1つ選択してください)

A. 各VPCとTransit GatewayのFlow Logsを取得する。ログレコード形式はデフォルトの形式を選択する。ログをS3に保存する。

B. 各VPCとTransit GatewayのFlow Logsを取得する。ログレコード形式はカスタム形式で必要なトラフィック情報を選択する。ログをS3に保存する。

C. 各VPCとTransit GatewayのFlow Logsを取得する。ログレコード形式はデフォルトの形式を選択する。ログをCloudWatch Logsに保存する。

D. 各VPCとTransit GatewayのFlow Logsを取得する。ログレコード形式はカスタム形式で必要なトラフィック情報を選択する。ログをCloudWatch Logsに保存する。

解説

VPC Flow Logsは、VPCのENI（ネットワークインターフェイス）の間で行き来するIPトラフィックの情報を収集する機能です。Flow Logsを有効にすることでVPC内、Transit Gateway間のネットワークトラフィック情報を収集することができます。VPC Flow Logsを取得してもネットワークパフォーマンスに影響を与えません。

VPC Flow Logsでは、ログに記載する情報（レコード）を任意に選択することが可能です。必要な情報（レコード）に絞ることで、ログを保存するための料金を必要最低限に抑えることができます。なお、ログの出力先はCloudWatch Logs、S3、Data Firehoseから選択できます。取り込み時と保存されたログデータ量に対して課金されます。また、CloudWatch LogsよりもS3のほうが安価です。したがって、B

が正解です。

- **A、C.** デフォルトの形式ではVPC IDやTCPフラグといったレコードを取得することができません。また、不要なレコードを取得してしまい、ログデータ量が増加して課金が増える可能性があります。
- **D.** CloudWatch Logsは、S3と比較して取り込み時と保存されたログに対する料金が高価です。この点については、選択肢Cも同じです。

4

[答] B

4.2 セキュリティコントロールを規定する

問1

あなたは、金融機関の顧客行動分析基盤構築プロジェクトにソリューションアーキテクトとしてアサインされました。金融機関は、分析基盤に顧客の重要データを格納するにあたり、サードパーティーベンダーがAWS上に展開しており、すでにたくさんの顧客に導入されているSaaSセキュリティソリューションによってAWS環境のセキュリティが担保されることを要件としています。

SaaSソリューションの導入にあたっては、SaaSソリューションから、金融機関が持つAWSリソースへのアクセスを実現する必要があります。また、サードパーティーベンダーのSaaSソリューションを使っている他のユーザーから、金融機関のAWSリソースに不正にアクセスされないようにする必要があります。サードパーティーベンダーのSaaSソリューションが最も安全に金融機関のAWSリソースにアクセスするための要件を満たすものはどれですか。(1つ選択してください)

A. 1. サードパーティーベンダーがSaaSソリューションを展開しているAWSアカウントのAWSアカウントIDと、SaaSソリューションがアクセスに使用する一意の外部IDを入手する。
2. 新しいIAMロールを作成する。作成する際にエンティティの種類として「別のAWSアカウント」を選択し、サードパーティーベンダーのAWSアカウントIDを指定する。
3. SaaSセキュリティソリューションの実行に必要なアクションのみを許可するIAMポリシーを作成し、IAMロールにアタッチする。
4. 提供された外部IDを、IAMロールの信頼ポリシーの条件として追加する。
5. 作成したIAMロールのAmazonリソースネーム(ARN)をサードパーティーベンダーに提供する。

B. 1. 新しいIAMユーザーを作成する。
2. SaaSソリューションの実行に必要なアクションのみを許可するIAMポリシーを作成し、IAMユーザーにアタッチする。

3. IAMユーザーの長期認証情報を作成する。
4. 認証情報をサードパーティーベンダーに提供する。

C. 1. サードパーティーベンダーがSaaSソリューションを展開しているAWSアカウントのAWSアカウントIDを入手する。
2. 新しいIAMロールを作成する。作成する際、エンティティの種類として「別のAWSアカウント」を選択し、サードパーティーベンダーのAWSアカウントIDを指定する。
3. SaaSセキュリティソリューションの実行に必要なアクションのみを許可するIAMポリシーを作成し、IAMロールにアタッチする。
4. 作成したIAMロールのAmazonリソースネーム（ARN）をサードパーティーベンダーに提供する。

D. 1. サードパーティーベンダーがSaaSソリューションを展開しているAWSアカウントのAWSアカウントIDを入手する。
2. 新しいIAMロールを作成する。作成する際にエンティティの種類として「別のAWSアカウント」を選択し、サードパーティーベンダーのAWSアカウントIDを指定する。
3. SaaSセキュリティソリューションの実行に必要なアクションのみを許可するIAMポリシーを作成し、IAMロールにアタッチする。
4. 外部IDを採番し、IAMロールの信頼ポリシーの条件として追加する。
5. 作成したIAMロールのAmazonリソースネーム（ARN）と設定した外部IDをサードパーティーベンダーに提供する。

解説

AWS上でアカウントをまたいだリソースアクセスを実現する際には、IAMロールを使用した権限の委任が利用できます。

外部からのリソースアクセスを実現するだけならIAMユーザーの認証情報の共有でも可能ですが、認証情報の提供は大きなセキュリティリスクとなり得ます。特に、この設問のように自社の組織外からアクセスする際には、セキュリティリスクも大きくなります。したがって、認証情報の共有は避けるべきです。

一方、IAMロールを使用すると、AWS認証情報を共有することなく、アカウントをまたいだリソースアクセス許可が実現できます。この設問のケースでは、作成されたロールをサードパーティーベンダーが引き受ける（AssumeRoleする）ことで、自組織の所有するAWSアカウントのリソースへアクセスできます。

サードパーティーベンダーに対してIAMロールによる権限委任を実現するには、以下の情報が必要です。

- **サードパーティーベンダー側のAWSアカウントのアカウントID**

  信頼ポリシーの作成時に、アクセス権限を委任する対象のAWSアカウントのアカウントIDを、プリンシパルとして設定します。

- **ロールに紐付ける外部ID**

  ロールには外部ID（External ID）の紐付けが可能です。外部IDはアクセス権を与える先のサードパーティーベンダー側で発行し、自組織とサードパーティーベンダーだけが知っている任意の識別子を設定します。外部IDは秘匿情報ではありませんが、アクセス先に固有のIDとなっている必要があります。

  委任するアカウント側で、委任するロールの信頼ポリシーの設定時に、この識別子を条件として指定します。委任されるサードパーティーベンダー側では、ロールを引き受ける際に、このIDを指定する必要があります。外部IDによって、サードパーティー側で発生しうる「混乱した代理問題※1」を防ぐことができます。

- **サードパーティーベンダーがAWSリソースを操作するために必要なアクセス許可**

  ロールの許可ポリシーとして指定します。このポリシーは、サードパーティーベンダーが実行可能なアクションとアクセスできるリソースを定義します。

  委任するIAMロールを作成した後は、ロールのAmazonリソースネーム（ARN）を、作成されたロールを使用する側（この設問ではサードパーティーベンダー）に教える必要があります。サードパーティーベンダー側では、外部ID、ARNを指定して、AssumeRoleを実行することで、指定したロールに設定されたポリシーに従って、AWSリソースへのアクセスが可能になります。

以上より、Aが正解です。

※1　外部IDと「混乱した代理問題」については、下記をご参照ください。
https://docs.aws.amazon.com/IAM/latest/UserGuide/id_roles_create_for-user_externalid.html

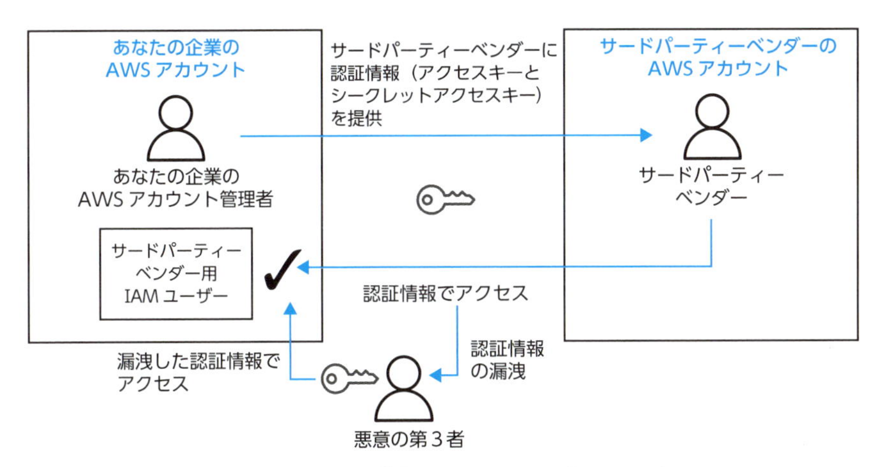

図 4.2-1　認証情報の共有によるクロスアカウントアクセス

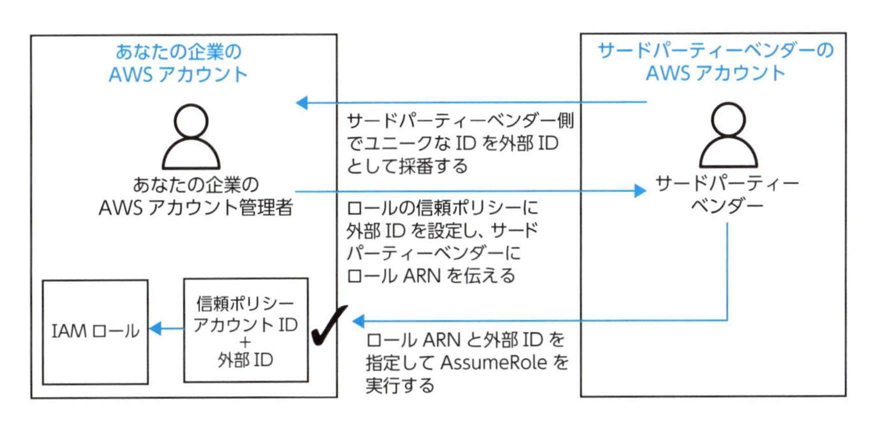

図 4.2-2　ロールと外部 ID によるクロスアカウントアクセス

B. 必要な権限を持つ IAM ユーザーを作成し、そのユーザーの長期認証情報をサードパーティーベンダーに提供することはセキュリティリスクとなり、AWS におけるベストプラクティスではありません。

C. サードパーティーベンダーが使用するロールを作成する場合には、外部 ID の設定が必要です。外部 ID が設定されていなければ、「混乱した代理問題」により、第三者が組織の情報にアクセスできてしまう可能性があるため、セキュリティ要件を満たしません。

D. 本設問の解説で述べたとおり、外部 ID は委任されるサードパーティーベンダー側で一意になるよう採番する必要があります。

［答］A

問 2

あなたの会社では、AWS を大規模に使用してワークロードを展開しています。あなたの会社には多数の部門があり、それぞれの部門用にすでに AWS アカウントが作成され、すべての AWS アカウントは Organizations 配下で管理されています。

今後の各部門で行われる新規アプリケーションの開発で、各部門間で特定のデータを共有して利用する必要が出てきました。対象のデータは、組織内の 1 つのアカウントの S3 バケットに格納されています。

セキュリティ担当者からは、対象のバケットには組織内のアカウントのみがアクセスできるように設定すること、対象のバケットは暗号化される必要があり暗号化に使用される暗号化キーの利用状況がトレースできること、AWS でのセキュリティのベストプラクティスに則ることが要件として挙がってきています。また、開発担当者からは、新しいアカウントが追加された場合にも最小限の作業で対象データにアクセスできることが要件として求められています。

あなたはソリューションアーキテクトとして、セキュリティ部門の要件を満たしつつ、新しいアカウントの追加時にも最小限の作業で新しいアカウントからのデータアクセスを可能にするという要件をどのように実現しますか。(1つ選択してください)

A. S3 バケットのオブジェクトを SSE-S3 で暗号化する。共有データを所有するアカウントに S3 データを参照する権限を持つ IAM ユーザーを作成する。IAM ユーザーの永続的な認証情報を作成し、各アカウントの業務ユーザーに共有する。

B. S3 バケットのオブジェクトを KMS 管理のカスタマーマネージドキーで暗号化する。共有データを所有するアカウントに、S3 データを参照する権限とカスタマーマネージドキーを利用する権限を持つ IAM ロールを作成する。各アカウントに共有アカウントのデータ参照用の IAM ロールを作成し、S3 データ参照用の IAM ロールに AssumeRole する権限を付与する。共有データを所有するアカウントの IAM ロールの信頼ポリシーに、各アカウントのデータ参照用の IAM ロールの ARN を信頼された Principal として設定する。

C. S3 バケットのオブジェクトを KMS 管理の AWS マネージドキーで暗号化する。共有データを格納した S3 のバケットポリシーで、Principal に各アカウントのアカウント ID を設定してオブジェクトの読み取りを許可する。各アカウントで、共有データの格納された S3 の読み込み権限と暗号化キーの使用権限を持つIAMロールを作成する。AWSマネージドキーのキーポリシーで、各アカウントに作成したIAMロールにキーの使用を許可する。

D. S3バケットのオブジェクトをKMS管理のカスタマーマネージドキーで暗号化する。共有データを格納したS3のバケットポリシーでPrincipalを“*”とし、ポリシーの条件として“aws:PrincipalOrgID”が組織のOrganizationsのIDと等しいという文字列一致の条件を設定して、オブジェクトの読み取りを許可する。KMSカスタマーマネージドキーのキーポリシーでも同様に、Principalを“*”とし、ポリシーの条件として“aws:PrincipalOrgID”が組織のOrganizationsのIDと等しいという文字列一致の条件を設定して、暗号化キーの使用を許可する。各アカウントで、共有データの格納されたS3の読み込み権限とカスタマーマネージドキーの使用権限を持つIAMロールを作成する。

解説

AWSを大規模に利用する場合、特定のアカウントが所有するAWSリソースを組織内で共有したいケースが発生することがあります。本設問では、S3バケットの共有が要件であり、そこに暗号化の要件も組み合わさっているため、S3バケットと暗号化キーという2種類のリソースについて、アカウントをまたいだ共有を考える必要があります。

AWSでは、アカウントをまたいだリソースアクセスを可能にする複数の手段が提供されていますが、特にOrganizationsで管理された組織内におけるリソース共有の場合には、“aws:PrincipalOrgID”という条件キーをポリシーで使用することで、アクセス許可をOrganizationsに所属するAWSアカウントに限定して付与することができます。Organizationsからのアクセスの場合、この“aws:PrincipalOrgID”にOrganizations固有のIDが設定されるので、条件文で「“aws:PrincipalOrgID”=“自組織のOrganizationsID”」を設定して許可することで、「Organizationsに属するAWSアカウント」に限定したアクセス許可が実現できます。

さらに本設問では、このOrganizationsのキーを使用して2つのリソースを共有する必要があります。

1つはS3バケットです。S3バケットでは、バケットポリシーでaws:PrincipalOrgIDの条件を設定できます。

もう1つはKMSキーです。KMSキーのキーポリシーでaws:PrincipalOrgIDの条件を設定します。KMSの場合は、ここでさらなる注意点があります。KMSで管理できる暗号化キーにはAWSマネージドキーとカスタマーマネージドキーがありますが、キーポリシーでアカウントをまたいだアクセス権の設定が可能なのは「カスタマーマネージドキー」のみです。AWSマネージドキーはそもそもキーポリシーの設定ができないため、アカウントをまたいだ権限付与ができません。よって、他のアカウントや組織アカウントからの許可設定をしなければならない場合には、「カスタマーマネージドキー」を用いて暗号化を実施することが必要です。

また、共有元となるアカウント側で、S3バケットと暗号化キーに対して、選択肢Dにあるように Organizations に属する AWS アカウントからの許可ポリシーを設定すれば、共有先となるアカウントが Organizations に追加されたときでも、追加したアカウント側の IAM ロールの作成と設定の作業だけでデータ参照が可能になります。作業自体がなくなることはありませんが、他の選択肢より作業量は少なくて済みます。

したがって、Dが正解です。

A. IAMユーザーとその永続的なIAM認証情報を用いてバケットと暗号化キーへのアクセスを可能にすれば、新規アカウントの追加時の作業を少なくすることはできますが、AWSのセキュリティのベストプラクティスではありません。また、SSE-S3での暗号化は暗号化キーの利用状況をトレースできません。

B. ロールを使ったクロスアカウントでのリソースアクセスは、AWSにおけるベストプラクティスです。また、AssumeRoleする先のロールがS3およびKMSの権限を持っているので、この選択肢Bはセキュリティ部門の要件を満たすことができます。しかし、この選択肢のように、「共有データを所有するアカウントのIAMロールの信頼ポリシーに、各アカウントのデータ参照用のIAMロールのARNを信頼されたPrincipalとして設定する」ことでクロスアカウントでのリソースアクセスを実現する場合には、AWSアカウントが追加されるたびに、共有データを保有するアカウント側でもIAMポリシー変更の作業が発生します。よって、「最小限の作業」という要件を満たしません。

C. 本設問の解説で述べたとおり、AWSマネージドキーはキーポリシーの設定ができないため、「AWSマネージドキーのキーポリシーで、各アカウントに作成したIAMロールにキーの使用を許可する」ことはできません。さらに、この選択肢Cは、Bと同様、新規アカウント追加のたびにバケットポリシーの変更が発生するため、「最小限の作業」という要件を満たしません。

［答］D

問3

ある企業は、自社で使用中の多数のAWSアカウントのセキュリティを強化したいと考えています。企業はOrganizationsを使用しており、管理対象のAWSアカウント（AWSメンバーアカウント）はOrganizationsの組織に登録済みです。

企業は複数のAWSリージョンを使用しており、CISベンチマークなどのセキュリティ標準への遵守状況を一元的に確認する方法について検討しています。

運用のオーバーヘッドを最小にしつつ、要件を実現するための手順として、適切な組み合わせはどれですか。（3つ選択してください）

A. Organizations と Security Hub を統合する。

B. 使用中の各 AWS アカウントで Security Hub を有効化する。

C. 使用中の各 AWS アカウントの Security Hub の設定でクロスリージョン集約を設定する。

D. Organizations の管理アカウントの Security Hub の設定でクロスリージョン集約を設定する。

E. Organizations の管理アカウントの Security Hub の設定で CIS ベンチマークなどのセキュリティ標準を有効化し、セキュリティチェックが実行されるようにする。

F. 管理アカウントから委任された AWS アカウントの Security Hub の設定で、CIS ベンチマークなどのセキュリティ標準を有効化し、セキュリティチェックが1時間ごとに実行されるようにする。

解説

正解はA、D、Eです。OrganizationsとSecurity Hubを連携させることで、以下のメリットが得られます。

- メンバーアカウントごとの個別設定が不要となり、一括でセキュリティ評価を実施できます。
- 組織全体のセキュリティ状況を一元的に把握できます。
- クロスリージョン集約機能により、複数のAWSリージョンのセキュリティ状況を統合して確認できます。

また、Security Hubで、CIS（Center for Internet Security）AWS Foundations

Benchmark などのセキュリティ標準を有効化すると、セキュリティチェックが可能になり、AWS リソースのセキュリティ設定がこれらの標準にもとづいた推奨事項に準拠しているかを重要度別に確認できます。

B、C. 各 AWS アカウントで Security Hub を有効化し、クロスリージョン集約を設定することは、運用効率の観点で最適な案ではありません。

F. Organizations の管理アカウントから、他の AWS アカウントに Security Hub の管理を委任することができますが、Security Hub のセキュリティチェックを 1 時間ごとなど時間を指定して実行することはできないため不正解です。

[答] A、D、E

4.3 信頼性と耐障害性に優れたアーキテクチャを設計する

問 1

あるソリューションアーキテクトが、オンプレミスで稼働するシステムの DR 環境として AWS を使用することを検討しています。オンプレミスのシステムでは、アプリケーション実行環境として Windows Server が 300 台稼働しています。すべてのサーバーは、同一のファイルサーバーの共有をマウントしています。

企業の RTO 要件は 20 分、RPO 要件は 60 分です。サードパーティーの製品を使うことなくフェイルオーバー、フェイルバックすることができ、企業の RTO および RPO 要件を満たすことができるソリューションはどれですか。（1つ選択してください）

A. Elastic Disaster Recovery を使用してオンプレミスの Windows Server をレプリケーションする。DataSync を使用して FSx for Windows File Server ファイルシステムにオンプレミスのファイルサーバーのデータをレプリケーションする。ファイルシステムを EC2 の Windows Server にマウントする。災害時にはオンプレミスのサーバーを EC2 にフェイルオーバーする。Elastic Disaster Recovery を使用してフェイルバックする。

B. Storage Gateway ファイルゲートウェイを構築する。Windows Server のバックアップを日次でスケジュールする。データを S3 に保存する。災害時にはオンプレミスのサーバーをバックアップから復元する。フェイルバック時にはオンプレミスのサーバーを EC2 インスタンスで実行する。

C. CloudFormation テンプレートを作成して、AWS 上にオンプレミスと同様のインフラストラクチャを構築する。DataSync を使用して、FSx for Windows File Server ファイルシステムにオンプレミスのファイルサーバーのデータをレプリケーションする。災害時には CodePipeline を使用して CloudFormation テンプレートをデプロイし、オンプレミスのシステムを AWS 上に復元する。FSx for Windows File Server のファイルシステムを EC2 の Windows Server にマウントする。

（選択肢は次ページに続きます。）

D. CDK Pipelines を使用してマルチサイトのアクティブ / アクティブ環境を AWS に構築する。オンプレミスのデータを s3 sync コマンドを使用して同期する。災害時には DNS エンドポイントが AWS を指すように変更する。

解説

災害対策（DR）は事業継続計画の重要な部分であり、災害発生時にワークロードをどのように復旧させるかを、ビジネス目標に照らして策定する必要があります※2。

目標復旧時間（RTO）とは、災害発生時にワークロードを使用できない時間（ダウンタイム）をどれだけ許容するのかを示す指標です。一方、目標復旧時点（RPO）とは、災害発生によるデータ損失をどれだけ許容するのかを示す指標です。

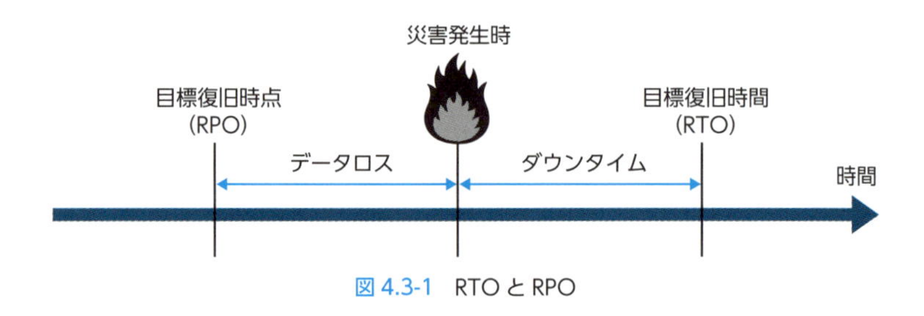

図 4.3-1　RTO と RPO

フェイルオーバーとは、サーバーやシステムに障害が発生したときに待機系サーバーやシステムに自動で切り替えることでサービスを自動継続する仕組みです。また、フェイルバックとは、障害から復旧してサービス稼働場所を元のサーバーやシステムに戻すことをいいます。

さて、Elastic Disaster Recovery でオンプレミスのサーバーを AWS にレプリケーションし、DataSync でオンプレミスのデータを FSx for Windows File Server にレプリケーションする選択肢は、RTO と RPO の要件を満たします。また、災害発生時には Elastic Disaster Recovery を使用してオンプレミスから AWS へフェイルオーバーすることができ、災害復旧後も、Elastic Disaster Recovery を使うと既存または新しいサーバーにフェイルバックすることができます。その際、サードパーティー製品は不要です。したがって、A が正解です。

※2　AWS でのワークロードの災害対策：クラウド内での復旧 - AWS ホワイトペーパー
https://docs.aws.amazon.com/ja_jp/whitepapers/latest/disaster-recovery-workloads-on-aws/business-continuity-plan-bcp.html

B. Windows Server のバックアップを日次でスケジュールしており、60 分以内の RPO 要件を満たしません。

C. 災害からの復旧時に、CodePipeline から CloudFormation テンプレートをデプロイして AWS 上に環境を復元するために必要な時間は 20 分を超えるので、RTO 要件を満たしません。

D. マルチサイトのアクティブ / アクティブ環境は、データ消失がほとんど許容されず、止められない、ミッションクリティカルなシステムの災害対策オプションです。これは、非常にコストがかかる構成になります。RTO および RPO 要件を踏まえると、マルチサイトのアクティブ / アクティブ環境の構築は必須ではありません。また、s3 sync は CLI コマンドであり、手動実行またはスケジュール実行が必要です。Windows Server の共有ファイルサーバーとして使用するには、FSx for Windows File Server など他のサービスの利用を検討する必要があります。

[答] A

問2

ある企業のソリューションアーキテクトは、多層Webアプリケーションの災害対策（DR）ソリューションを設計する必要があります。

アプリケーションは現在、単一のAWSリージョンで実行されています。アプリケーションはコンテナで実行されるマイクロサービスで、ECSのFargate上で稼働しています。このアプリケーションはRDS for PostgreSQLをデータベースとして使用し、名前解決にはRoute 53を用います。アプリケーションに障害が発生すると、CloudWatchアラームがEventBridgeルールを呼び出す仕組みになっています。

ソリューションアーキテクトは、大規模災害によりリージョン障害が発生した場合に別のリージョンでアプリケーションを実行できるようなDRソリューションを設計します。DRソリューションは、障害からの復旧時間を最小限にする必要があります。

上記を実現する最も適切なソリューションはどれですか。（1つ選択してください）

A. 2番目のリージョンのFargateに2番目のECSクラスターとECSサービスを設定する。1番目のリージョンのRDS DBインスタンスのスナップショットを取得するLambda関数、スナップショットを2番目のリージョンにコピーするLambda関数、2番目のリージョンにコピーされたスナップショットから新しいRDS DBインスタンスを作成するLambda関数、およびRoute 53を更新してトラフィックを2番目のECSクラスターにルーティングするLambda関数を作成する。EventBridgeルールを作成し、Lambda関数を呼び出すようにターゲットを設定する。

B. 2番目のリージョンのFargateに2番目のECSクラスターとECSサービスを設定する。2番目のリージョンにRDS DBインスタンスのクロスリージョンリードレプリカを作成するLambda関数、リードレプリカをプライマリDBに昇格させるLambda関数、およびRoute 53を更新してトラフィックを2番目のECSクラスターにルーティングするLambda関数を作成する。EventBridgeルールを作成し、Lambda関数を呼び出すようにターゲットを設定する。

C. 2番目のリージョンのFargateに2番目のECSクラスターとECSサービスを作成するLambda関数、RDS DBインスタンスのスナップショットを取得するLambda関数、スナップショットを別のリージョンにコピーするLambda関数、スナップショットから新しいRDS DBインスタンスを作成する Lambda 関数、および Route 53 を更新してトラフィックを 2 番目の ECS クラスターにルーティングする Lambda 関数を作成する。EventBridge ルールを作成し、Lambda 関数を呼び出すようにターゲットを設定する。

D. ECS クラスターと ECS サービスの設定および RDS DB インスタンスのスナップショットを、AWS Backup で高頻度で取得するように設定する。スナップショットを 2 番目のリージョンの S3 にコピーし、スナップショットを使って 2 番目の ECS クラスターと ECS サービスを作成し、Route 53 を更新してトラフィックを 2 番目の ECS クラスターにルーティングする Lambda 関数を作成する。EventBridge ルールを作成し、Lambda 関数を呼び出すようにターゲットを設定する。

解説

2 番目のリージョンの Fargate に 2 番目の ECS クラスターと ECS サービスを設定し、RDS DB インスタンスのクロスリージョンリードレプリカを作成する方法は、障害からの復旧時間を最小化できるソリューションです。したがって、B が正解です。

RDS を利用する場合、災害復旧のために自動バックアップ、手動スナップショット、リードレプリカ機能を選択できますが、機能を選択する際は、RTO 要件と RPO 要件への適合、かけられるコスト、およびスコープを加味します。

大規模災害によるリージョン障害への対策が可能なソリューションは手動スナップショットまたはリードレプリカが該当しますが、復旧時間を最も短くできるのはリードレプリカです。

表 4.3-1 RDS の災害対策機能を選択する際の指標※3

機能	RTO	RPO	コスト	スコープ
自動バックアップ	良い	より良い	低	単一リージョン内
手動スナップショット	より良い	良い	中	異なるリージョン間
リードレプリカ	最高	最高	高	異なるリージョン間

A. RDS スナップショットを使用した復旧戦略は、障害からの復旧時間を最小化するものではないため不正解です。一般的に、RDS スナップショットを使用して別リージョンにデータを復元するには複数のステップが必要となるため、障害からの迅速な回復が求められるケースには不向きです。特にデータ量が

※3 Amazon RDS を使った災害復旧戦略の実装
https://aws.amazon.com/jp/blogs/news/implementing-a-disaster-recovery-strategy-with-amazon-rds/

多い場合は、リージョン間でのデータ転送にも時間がかかります。

C. Lambda関数で2番目のECSクラスターおよびECSサービスを作成することは、復旧時間の観点だけでなく実現性の観点においても適切なソリューションとはいえません。また、Aの解説で述べたように、RDSスナップショットを使用した復旧戦略は、障害からの復旧時間を最小化するものではないため不正解です。

D. AWS BackupでECSクラスターおよびECSサービスの設定のスナップショットを取得することはできません。実現可能性の観点で問題があり、また障害からの復旧時間を最小化するものではないため不正解です。

[答] B

問3

ある企業が最近、AWS に新しいアプリケーションをホストしました。新しいアプリケーションは、EC2 インスタンス、EFS ファイルシステム、および RDS DB インスタンスを使用しています。

企業は、法規制とビジネス要件の両方を満たすために、データのバックアップに対して以下の変更を加えなければならなくなりました。

- バックアップは日次、週次、月次の任意の要件にもとづいて保管する必要がある
- バックアップは取得後、即時に他の AWS リージョンにレプリケーションする必要がある
- バックアップのステータスを AWS 環境全体で一元的に確認できるソリューションが必要である
- データのバックアップに失敗した場合、すぐにオペレータに通知する必要がある

オペレーションのオーバーヘッドを最小限に抑えながら、これらの要件を満たす手順として、適切な組み合わせはどれですか。(3つ選択してください)

A. 各 RDS DB インスタンスに RDS スナップショットを設定する。

B. AWS Backup のバックアッププランに Amazon SNS を追加し、BACKUP_JOB_COMPLETED または COPY_JOB_SUCCESSFUL 以外のステータスで終了したジョブがある場合、通知を送信する。

C. Amazon Data Lifecycle Manager (Amazon DLM) スナップショットライフサイクルのポリシーをバックアップ保管要件への対応のために使用する。

D. バックアップを他のリージョンにレプリケーションし、障害が発生した場合に通知を送信する Lambda 関数を作成する。

E. データ保管要件のバックアップルールのために AWS Backup のバックアッププランを作成する。

F. バックアップを他のリージョンにレプリケーションするために AWS Backup のバックアッププランを作成する。

解説

AWS Backupは、EC2、EFS、RDSなどのAWSサービスや、VMware Cloud on AWSなどのハイブリッドワークロードのデータバックアップを自動化し、集中管理することができるフルマネージドサービスです[※4]。AWS Backupを使うと大規模なデータ保護を簡素化できます。このため、AWS Backupは、オペレーションのオーバーヘッドを抑えながら、法規制およびビジネス要件を満たすバックアップ管理ソリューションとして最適です。したがって、B、E、Fが正解です。

A. 各データベースにRDSスナップショットを設定すると、バックアップのステータスをAWS環境全体で一元的に確認することができません。

C. Amazon DLMは、EBSスナップショットとEBS-backed AMIの作成、保持、削除を自動化するソリューションです。EC2、EFS、RDSのバックアップのステータスをAWS環境全体で一元的に確認することはできません。

D. バックアップを他のリージョンにレプリケーションし、障害が発生した際に通知を送信するLambda関数を作成することは、マネージドサービスに任せる場合に比べ、オペレーションのオーバーヘッドが増すため適切ではありません。

[答] B、E、F

※4 AWS Backupとは何ですか？ - AWS Backupのよくある質問
https://aws.amazon.com/jp/backup/faqs/

4.4 マルチアカウント AWS 環境を設計する

問 1

あなたの会社では、検証を目的として AWS を一部の部門で使用しています。今後、AWS を全社的に大規模に使用してワークロードを展開していくことを計画しています。あなたの会社には多数の部門があり、それぞれの部門用に AWS アカウントを作成する予定です。さらに今後の新規アプリケーションの開発で、アカウントも順次増えていく予定です。あなたの会社の IT 管理者は、今後のアカウント追加作業をできる限り自動化したいと考えています。

セキュリティ担当者からは、すべてのアカウントと、すべてのリージョンで CloudTrail の証跡を取得し、さらに、各アカウントの管理者権限を持つユーザーであっても CloudTrail の証跡設定を無効にできないようにする必要がある、という要求を受けています。また、昨今のセキュリティインシデントの多発を鑑み、企業内のすべてのアカウントで企業のセキュリティ部門の求めるセキュリティ基準に適合したセキュリティポリシーを設定し、集中管理していきたいという要件もあります。

あなたは、今後のアカウントの作成をできる限り自動化し、ログを確実に取得し、すべての新規アカウントに必要なセキュリティポリシーを適用するという要件をどのように実現しますか。(1つ選択してください)

A. Organizations を使用して、企業が所有する複数のアカウントを統合し、今後必要な新規アカウントの作成を行う。Organizations の「組織の証跡」を使用して各アカウントの CloudTrail のログを取得する。CloudFormation を使用して、新規アカウントの初期設定を自動化する。Organizations の SCP を使用して、企業のセキュリティ基準に適合したセキュリティポリシーを開発し、適用する。

B. Control Tower を使用して、企業が所有する複数のアカウントを統合し、今後必要な新規アカウントの作成を行う。CloudFormation を使用して、新規アカウントの初期設定を自動化する。初期設定において、CloudTrail の設定、IAM ユーザーの作成、CloudTrail の操作を禁止する IAM ポリシーの作成、

IAMユーザーへのポリシー割り当て、セキュリティ基準に適合したポリシーを実現するIAMポリシー割り当てを実施する。

C. Control Towerを使用して、企業が所有する複数のアカウントを統合し、今後必要な新規アカウントの作成と初期設定を自動化する。さらに、企業のセキュリティ部門が要求するセキュリティ基準を満たすためのSCPのポリシー、Configルール、CloudFormationテンプレートを開発し、適用する。

D. Control Towerを使用して、企業が所有する複数のアカウントを統合し、今後必要な新規アカウントの作成と初期設定を自動化する。Control Towerが提供するコントロールから、企業のセキュリティ部門が要求するセキュリティ基準に適合するルールを適用する。

解説

AWSを大規模に利用する際の複数アカウントの管理とセキュリティ統制のベストプラクティスは、Control Towerの「ランディングゾーン」と呼ばれる、AWSのベストプラクティスにもとづいたセキュアなマルチアカウントAWS環境を使用することです。Control Towerは、ベストプラクティスにもとづいたマルチアカウント環境のセットアップを自動化し、さらにマルチアカウント構成では複雑になりがちな、AWS環境の管理・運用を支援し、セキュリティ統制を保って運用することを可能にするマネージドサービスです。

Control Towerの主要な機能は、以下の5つです。

- 組織のすべてのアカウントのログを収集する
- 統制ルールであるコントロールを適用する
- ポリシーへの準拠チェックと通知を可能にする
- AWSへのログインIDの一元管理を可能にする
- AWSアカウントの作成を自動化する

各機能は、Organizations/SCP（Service Control Policy）、CloudFormation、Service Catalog、AWS IAM Identity Center、Amazon SNS、AWS Configなど複数のサービスが連携することで実装されています。

Control Towerでランディングゾーンを作成すると、Organizations組織が作成されます。そして、Organizations配下に、Control Towerの管理用途である監査用AWSアカウントおよびログ収集用AWSアカウント、それらを格納するOU（デフォルト名：Security）と、実際のワークロードを配置するアカウントを格納するOU（デフォルト名：Sandbox）が作成されます。各アカウントのConfig/CloudTrailのログが、ログ収集用アカウントに収集されるよう自動設定されます。このログ収集の設定は、CloudTrailでは「組織の証跡」を使用することで、またConfigではSCPによる制御によって、どちらもメンバーアカウントでは変更できないように設定されます。

さらに、Control Towerによって定義されている、AWSを利用する上でのセキュリティ、オペレーション、コンプライアンス向けベストプラクティスであるコントロール（ガードレールとも呼ばれます）を組織のセキュリティ基準に沿って追加設定することで、組織全体での運用効率の最適化を図ることが可能です。なお、セキュリティ基準に準拠していないリソースがあった場合には、管理者は監査アカウントのSNSから通知を受けることができます。

新規アカウントの作成では、Control Towerで提供されるアカウントファクトリー（Service Catalogで実装）を使用することで、ログ収集などの初期設定や必要なコントロールが適用済みのAWSアカウントを作成することができます。そして、AWS IAM Identity Centerによって各アカウントへのログインID管理が一元化されます。

OrganizationsとControl Towerは互いに無関係のサービスというわけではなく、Organizationsと他のサービスを組み合わせ、複数組織の管理を抽象化して、まとめて提供したものがControl Towerであるといえます。

上記説明のとおり、Control Towerのランディングゾーンを使用することで、設問にあるアカウント追加作業の自動化、複数アカウントにわたったCloudTrail証跡の取得と変更の禁止、セキュリティポリシーの適用と集中管理を実現できます。したがって、Dが正解です。

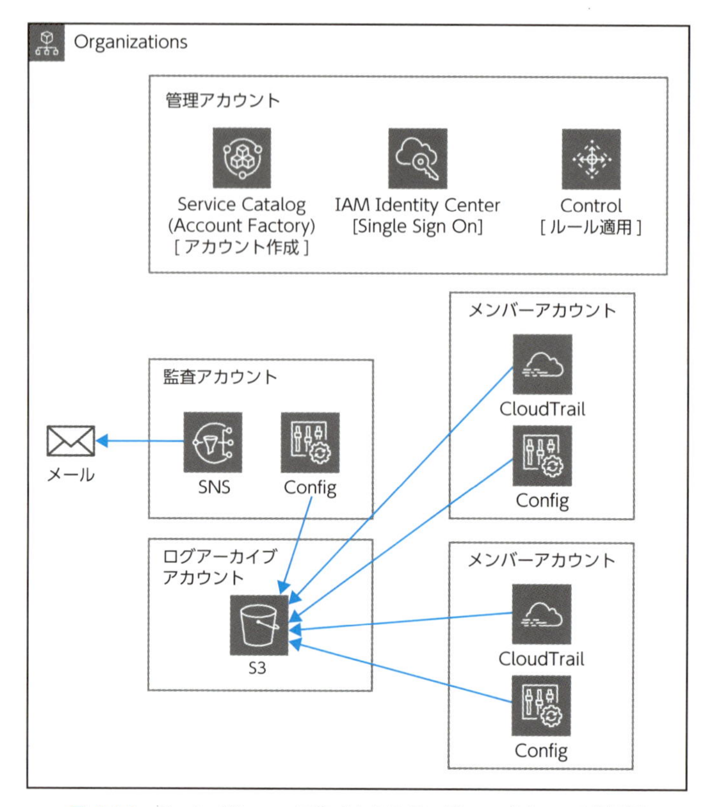

図 4.4-1 Control Tower で作成されるランディングゾーンの概要図

A. Organizationsにより組織のアカウントを統合し、CloudFormationで共通設定を自動化することと、SCPにより共通設定項目を各アカウントで変更できないようにすることは、推奨されるアーキテクチャです。しかし、より簡便で包括的な管理が可能なControl Towerの使用を検討することが、ベストプラクティスとなります。

B. AWS上の自動化にCloudFormationを使用することは、ベストプラクティスです。しかし、Control Towerを使用する場合は、設問で求められている、「すべてのアカウントと、すべてのリージョンでCloudTrailの証跡を取得し、さらに、各アカウントの管理者権限を持つユーザーであってもCloudTrailの証跡設定を無効にできないようにする」という設定はControl Towerの機能で充足されます。また、各AWSアカウントのIAMで付与した権限は、各AWSアカウントの管理者権限で変更が可能です。よって、IAMポリシーでの設定は、「管理者権限を持つユーザーであっても、CloudTrailの証跡設定を無効にできないようにする」という要件に合いません。

C. 設問の要件のうち、アカウント追加作業の自動化、組織全体の CloudTrail 証跡の取得、そして各アカウントのルート管理者であっても CloudTrail の証跡設定を無効にできないようにするという要件は、マルチアカウント管理のベストプラクティスである Control Tower で充足されます。しかし、セキュリティ基準の適用については、Control Tower の配下では、まず Control Tower が提供するコントロールを適用して実現することがベストプラクティスです。もちろん特殊な要件があれば SCP や Config ルールでの実現も考える必要がありますが、この設問ではセキュリティ基準の詳細が記載されていないため、一般的なベストプラクティスとして、Control Tower が提供するコントロールでの実現を正解としています。

[答] D

問2

あなたは、食料品会社のITチームのリードソリューションアーキテクトです。あなたの会社ではAWSを大規模に使用しています。さまざまなチームや部門が各々のAWSアカウントを運用しており、それらをOrganizationsに統合し、さらに複数の組織単位（OU）にグループ化して管理しています。

ITチームのセキュリティ部門から、組織内のあるAWSアカウント環境でセキュリティ侵害が疑われるという報告を受けました。調査した結果、セキュリティ部門の承認なしに作成されたIAMユーザーが永続的な認証情報を持っており、かつ、このIAMユーザーが、組織の所有するアカウントに対して高レベルのアクセス権限を持っていることがわかりました。一方、幸いなことに機密情報の漏洩や破壊行為など、有害なアクションは実行されていないことがわかりました。

このようなマルチアカウント環境で、セキュリティ侵害につながりかねない構成変更が行われる可能性に備え、AWS上のアクティビティのモニタリングシステムを適切にセットアップするには、どうすればよいですか。（1つ選択してください）

A. Systems Managerを使用して組織に対するすべての変更を監視し、保存する。EventBridgeルールを使用して、アカウントに対する新しいアクティビティを通知する。

B. 各AWSアカウントでCloudTrailの証跡を作成する。各AWSアカウントでCloudTrail証跡のCloudWatch Logs連携を有効化し、CloudWatch Logsのメトリクスフィルターと Amazon SNSを使用し、管理者が有害と指定したAPIアクションが発生したときに管理者に通知を送信する。

C. Organizationsで組織の証跡を作成し、Organizationsに参加しているAWSアカウントのすべてのAPI呼び出しをキャプチャし保管する。CloudTrail証跡のCloudWatch Logs連携を有効化する。CloudWatch Logsのメトリクスフィルターと Amazon SNSを使用し、管理者が有害と指定したAPIアクションが発生したときに管理者に通知を送信する。

D. Organizationsで組織の証跡を作成し、Organizationsに参加しているAWSアカウントのすべてのAPI呼び出しをキャプチャし保管する。GuardDutyを使用して違反行為を分析し、Amazon SNSを使用して管理者に通知する。

解説

マルチアカウント環境で、複数のAWSアカウントにわたってセキュリティを担保する設計を行うことは重要です。一般的に推奨されるセキュリティ対策として、すべてのアカウントにわたってCloudTrailで証跡の保存を有効化し、ログをS3へ格納するという設定があります。Organizationsで管理されているAWSアカウントでは、CloudTrailの「組織の証跡」を使用することで、Organizationsの全AWSアカウントに対して自動的にCloudTrailの証跡の保存を有効にし、かつ、すべてのアカウントの証跡を1か所に集めることができます。組織の証跡は、Organizationsに新しいAWSアカウントが参加した場合にもその新しいアカウントに対して自動的に証跡の保管が有効になり、かつ、子アカウントから無効にすることはできないため、組織全体に対する監査を行うのに有効な機能です。これにより、組織の全AWS環境で実行されたAPIコールの履歴が保存されるため、セキュリティ問題が発生した場合のトレーサビリティが担保されます。

しかし、この設問のように随時モニタリングが必要な場合は、証跡による事後のトレースだけでは不十分なため、追加の設定が必要になります。

CloudTrail、CloudWatch Logs、CloudWatchアラーム、Amazon SNSを使用することで、組織内の各AWSアカウントで指定したアクションが発生したときに、管理者へ通知を行うことができます。具体的には、まず、CloudTrailからCloudWatch Logsにログを連携します。そして、CloudWatch Logsのメトリクスフィルターを使用し、通知対象とするアクションを指定します。さらに、メトリクスフィルターで発行されたメトリクスに対してCloudWatchアラームを作成し、アラームのアクションとして、管理者のメールアドレスを設定したSNSトピックへの通知を設定します。

この設問のケースを検知するためには、IAMユーザーの作成とIAMユーザーでの永続的な認証情報の作成のアクションをフィルター条件として、メトリクスフィルターを作成します。これにより、同様のアクションが再度起こった場合にも通知を受け取ることができます。

以上より、Cが正解です。

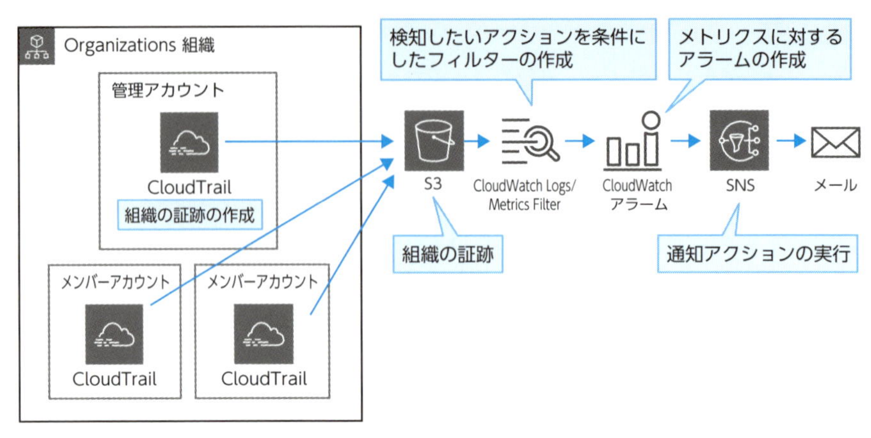

図 4.4-2 組織の証跡を使用した、組織での AWS API アクションに対する通知

A. Systems Manager は、EC2 インスタンス、オンプレミスサーバー、仮想マシンなどの大量のリソースを設定および管理するための機能です。Systems Manager を使用して、AWS 組織に対する変更を監視することはできません。

B. Organizations の全アカウントで証跡を取得するには、各アカウントで CloudTrail の証跡を作成するのではなく、組織の証跡を使用することが推奨されます。

D. 組織の証跡を取得することは推奨される対応です。しかし GuardDuty は、組織内で認証されたユーザーによってセキュリティ部門が問題視する操作が実行された場合に、「発生したインシデントに問題がある」という判断をしないことがあるため、要件に適合しません。ただし、GuardDuty 自体は、セキュリティ対策としてすべてのアカウントおよびリージョンで有効化することが推奨されます。

[答] C

問 3

あなたの会社では、AWS を全社的に大規模に使用してワークロードを展開する予定があります。あなたの会社には多数の部門があり、それぞれの部門用に AWS アカウントを作成し、かつ、すべての AWS アカウントは Organizations 配下で管理される予定です。

あなたは会社の CTO から、今後作成する AWS 環境について、組織の AWS 上のネットワーク構成を新規組成するネットワークチームで集中管理する方針とし、ネットワークチームのみが VPC とサブネットを作成できるように制限をして運用することを求められています。また、社内で利用しているプライベート IP アドレスが枯渇しつつあるため IP アドレスをできるだけ有効活用すること、さらに AWS 上の通信に関わるコストをできるだけ抑えることを求められました。

一方、各部門の AWS アカウントのユーザーからは、それぞれの AWS アカウント内では各部門の業務を実装する EC2 を AWS の環境に自由に展開できること、および他アカウントの EC2 と自部門の所有する EC2 の間で自由に通信できることも求められています。

あなたはソリューションアーキテクトとして、これらの要件をどのように実現しますか。(1つ選択してください)

A. 各アカウントにネットワークを構成する権限を持ったネットワーク構成用 IAM ロールを作成し、ネットワークチームの AWS アカウントの IAM ユーザーからのみ AssumeRole 可能なポリシーを付与する。ネットワークチームのメンバーは、ネットワークチームの AWS アカウントにログイン後、各アカウントのネットワーク構成用 IAM ロールにスイッチロールして各アカウントで VPC とサブネットを作成する。すべてのアカウントの VPC をネットワークアカウントに作成した Transit Gateway で相互に接続する。各アカウントのユーザーは、自アカウントに作成された VPC とサブネットに EC2 をデプロイする。

B. Organizations で AWS Resource Access Manager (RAM) によるリソース共有を有効にする。RAM を使用し、ネットワーク管理アカウントから Organizations のアカウントに対して VPC とサブネットを作成する。各アカウントのユーザーは、自アカウントに作成された VPC とサブネットに EC2 をデプロイする。

C. Organizations で AWS Resource Access Manager (RAM) によるリソー

ス共有を有効にする。ネットワーク管理アカウントでVPCとサブネットを作成する。RAMを使用して、ネットワーク管理アカウントのサブネットを選択し、Organizationsの各アカウントにサブネットを共有する。各アカウントのユーザーは、自アカウントに共有されたサブネットにEC2をデプロイする。

D. 各アカウントにネットワークを構成する権限を持ったネットワーク構成用IAMユーザーを作成する。ネットワークチームのメンバーは、各アカウントのネットワーク構成用IAMユーザーにログインして、それぞれのアカウントでVPCとサブネットを作成する。すべてのアカウントのVPCをネットワークアカウントに作成したTransit Gatewayで相互に接続する。各アカウントのユーザーは、自アカウントに作成されたネットワークにEC2をデプロイする。

解説

AWSを大規模に利用する際、「特定のアカウントが所有するAWSリソースを組織内で共有したい」というケースが発生することがあります。AWSでは、アカウントをまたいだリソース共有を可能にするAWS Resource Access Manager（RAM）というサービスが提供されています。AWS Resource Access Managerでは、Organizationsで管理された組織内におけるリソース共有を簡単に実現できます。ただし、すべてのリソースが共有可能なわけではありません。

本設問では、サブネットを共有の対象としています。サブネットは、AWS Resource Access Managerを用いたリソース共有に対応したAWSリソースです。

AWSを大規模に使用する場合、組織全体で一貫したネットワークセキュリティを担保したい、組織全体でIPアドレスが重複しないようにネットワークを構成する必要がある、組織全体でネットワークアーキテクチャを最適化したい、といった理由により、組織全体でAWS上のネットワークを単一のネットワークチームが一元的に構築し、管理することが多いです。

このようなケースにおいて、AWS Resource Access Managerによるリソース共有を用いると、ネットワーク管理用アカウントで作成したサブネットをOrganizations内のアカウントで共有可能となります。また、Transit Gatewayで相互接続をしなくてもEC2間の通信が可能となるため、通信コストを削減できる上、簡便に要件を満たすことができます。さらに、共有するVPCに割り当てたIPレンジを複数のアカウントで共有できるため、IPアドレスの効率的な利用も実現できます。

一方、この設問のケースには当てはまりませんが、複数のAWSアカウントを使用する環境で、VPCレベルでワークロードの分離を厳密に行うケースや、設計や通信にかかるコストは不問であり、IPアドレスも潤沢に使用できるというケースであれば、各アカウントに VPC とサブネットを作成し、Transit Gateway で接続するというアーキテクチャもスケーラビリティという観点では適している場合もあります。

また、VPC/ サブネットの共有、各アカウントでの VPC 作成、Transit Gateway での相互接続は排他的な関係ではないので、これらを組み合わせて使用することも可能です。いずれにしても、求められる要件に適したアーキテクチャを選択する必要があります。

本設問では、コストを削減し、IP アドレスの利用効率を上げる、という要件がある一方で、アカウント間の分離に関わる要件はないため、RAM によるリソース共有が適しているユースケースと考えられます。

以上より、C が正解です。

A. ネットワークチームのアカウントから各アカウントのネットワークロールにスイッチして、各アカウントに VPC とサブネットを作成していくのは、一般的な用途であればベストプラクティスです。しかし、一元的なネットワーク管理が目的であれば、RAM を用いたリソース共有のほうがより容易な手段となります。

B. RAM はリソースを作成するサービスではなく、作成したリソースを共有するサービスです。よって、「RAM を使用し、ネットワーク管理アカウントから Organizations のアカウントに対して VPC とサブネットを作成する」という記述は誤りです。

D. 各アカウントにネットワーク管理用のユーザーを作成すると、管理すべき認証情報が増えるため、ベストプラクティスではありません。また、A の解説で述べたとおり、各アカウントに作成するのではなく、RAM を用いたリソース共有を使用するべきです。

[答] C

4.5 コスト最適化と可視化の戦略を決定する

問1

あなたは、企業のシステム基盤を管理しています。AWS 上で稼働しているシステムのコストを適切に管理するため、定期的にコスト分析を行う必要があります。

先週、EC2 のコストが急激に増加しました。コストは、日によって変動し、急増する日もあります。あなたは、マネージャーから、直近 2 週間の EC2 インスタンスの使用状況とコストを 1 時間単位で確認して分析するよう指示を受けました。スパイクの原因となっているインスタンスを特定し、報告する必要があります。

これらの要件を満たす最も手軽なコスト分析方法はどれですか。(1つ選択してください)

A. Cost Explorer を使用して、直近 2 週間の EC2 のコストと使用量を 1 時間単位で確認する。

B. Billing and Cost Management のマネジメントコンソールからレポートをエクスポートし、スプレッドシートで分析する。

C. AWS CLI を使って Cost Explorer のデータを取得し、自前のスクリプトで集計する。

D. AWS Cost and Usage Report (CUR) を有効化し、出力されたレポートを QuickSight を使用して可視化し分析する。

解説

AWS のコスト管理に欠かせない Cost Explorer に関する設問です。Cost Explorer を使うと、特定期間の AWS 利用料をグラフィカルに表示でき、実際の費用と使用状況が想定どおりになっているか簡単に確認できます。また、さまざまなフィルターが用意されており、サービス、リージョン、インスタンスタイプごとの AWS 利用料など細かい分析も可能です。

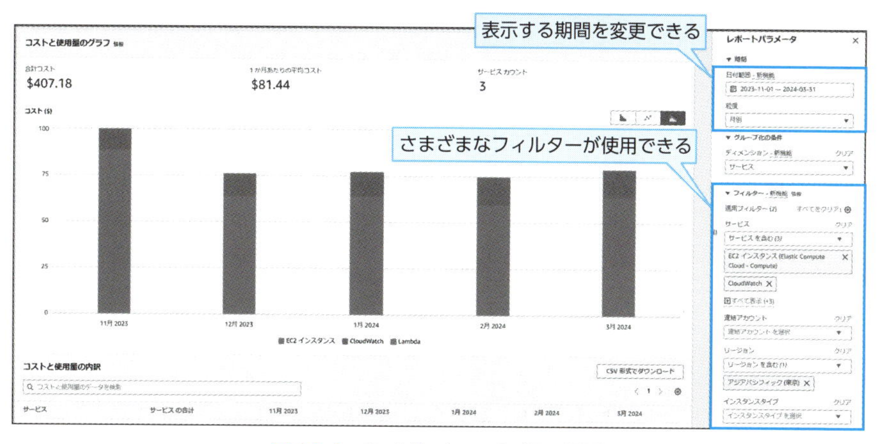

図 4.5-1　Cost Explorer のグラフ画面

Cost Explorer では、デフォルトで月別、日別のコストと使用量をグラフ表示できます。EC2 に関しては、マネジメントコンソールからリソースレベルのデータ集計設定を有効化することで、1 時間単位で利用料の集計が可能です。これにより、インスタンス単位のコストを細かく把握できます。ただし、集計対象のデータには制限があり、直近 14 日間のデータのみが対象となります。14 日より前のデータを分析するには、AWS Cost and Usage Report（CUR）を使用する必要があります。

以上より、A が正解です。Cost Explorer は、マネジメントコンソールから有効化するだけで使用できるため、最も手軽に設問の要件を満たせます。

B. Billing and Cost Management のマネジメントコンソールからダウンロードできるレポートには、各サービスごとの AWS 利用料は記載されますが、EC2 インスタンス単位の細かい情報は記載されません。

C. AWS CLI を使って Cost Explorer のデータを取得できますが、自前のスクリプトを作成する必要があり、正解の選択肢 A に比べて手軽さの面で劣ります。

D. AWS Cost and Usage Report（CUR）を有効化することで、EC2 インスタンス単位のコストが出力されたレポートを取得できます。また、そのレポートを使って、QuickSight でダッシュボードとして可視化・分析できます。しかし、ダッシュボードの作り込みなどが必要になるため、A に比べて手軽さの面で劣ります。

[答] A

問 2

あなたは、大手 IT 企業の責任者として、最近クラウド化を進めたインフラにおけるコストと使用量の監視体制を整備する必要があります。複雑な料金設定が適用される AWS の利用状況を適切に把握することが難しくなっています。AWS 上のコスト管理を強化するために、リソース単位のコストやネットワーク転送コストなどについて詳細な分析を実施する必要があります。

あなたにはコスト管理ツールを選定する責任があります。選択肢として、Cost Explorer を用いる方法と、QuickSight で自前のダッシュボードを作り込む方法の 2 つがあります。後者のダッシュボードの導入にあたっては、AWS Cost and Usage Report（CUR）を有効化し、出力されたレポートから Athena でテーブルを作成し、さらにテーブルデータを QuickSight でダッシュボードに取り込む必要があります。

Cost Explorer では実施できず、CUR と QuickSight を使った自前のダッシュボードを導入する方法でしか実現できないコスト分析はどれですか。（2つ選択してください）

A. 1 年前の月額利用料の確認

B. リソースのタグごとの利用料の確認

C. 特定の AWS リソースのネットワーク転送に関する料金だけの集計

D. （Organizations で Savings Plans/リザーブドインスタンス（RI）を共有している場合）インスタンスごとに適用された Savings Plans/リザーブドインスタンス（RI）の購入元アカウントの確認

E. Savings Plans/リザーブドインスタンス（RI）の推奨金額

解説

Cost Explorer と CUR の分析項目の違いを問う設問です。Cost Explorer はマネジメントコンソールからすぐに使えるため、簡単に各サービスの利用状況を確認できる点がメリットです。一方、CUR を使えば、Cost Explorer では出力できない細かい情報を取得できます。たとえば、リソース ID ごとの時間単位の利用料や、Savings Plans やリザーブドインスタンス（RI）のインスタンスごとの割引適用金額などを確認できます。

ただし、CUR はコストレポートの出力（S3 上に作成）しかできません。そのため、出力されたデータをRedshiftやQuickSightなどのBIツールを使ってユーザー側で可視化する必要があります。CURとQuickSightなどのBIツールを組み合わせることで、検索結果に対して、より詳細なフィルタリングを行ったり、複雑な計算処理を行うなどして高度な可視化を実現できます。

さて、Cost Explorerでは、EC2インスタンスを除いてリソース単位でのフィルタリングはできません。一方、CURの出力データにはリソースIDを含めることができます。そのため、CURを使って、特定のAWSリソースのネットワーク転送利用料だけを集計できます。

また、OrganizationsにおいてSavings Plans/RIの共有設定※5をした場合、インスタンスごとに適用されたSavings Plans/RIがどのアカウントで購入されたかをCURから特定することができます。これらの情報はCost Explorerからは確認できません。

したがって、CとDが正解です。

A. Cost Explorerを使うことで、最大で過去13か月前のAWS利用料を確認できます。したがって、1年前の月額利用料を確認できます。一方、CURは有効化した月以降のデータしか出力されないため、1年前にCURを有効化していない場合は、その時点（つまり1年前）のデータを確認することができません。

B. Cost Explorerのフィルターにより、コスト配分タグで有効化したタグごとに利用料を分類して表示することができます。一方、CURの出力データにもコスト配分タグの情報は含まれているため、CURはタグごとの利用料分析に対応しています。

E. Cost Explorerを有効化することで、Savings Plans/RIの推奨金額を表示できます。一方、CURには、この推奨金額は表示されないため、QuickSightでは対応できません。

[答] C、D

※5　Savings Plans/RIの共有設定を有効化すると、個々のアカウントが持っているSavings Plans/RIをOrganizations配下のアカウント間で共有できます。これにより、割引が適用されず余ったSavings Plans/RIを他のアカウントに適用できるため、Organizations全体で効率的に割引を適用できます。

問 3

あなたの会社では、事業拡大にともない AWS リソースの使用量が急増しています。さまざまな事業部門がクラウドリソースを利用しているため、適切なコスト管理と予算配分が課題となっています。ソリューションアーキテクトであるあなたは、経営陣から、プロジェクトごとの AWS 利用料の可視性を高め、より詳細な分析を実施するよう指示を受けました。そのため、効果的なタグ付け戦略を策定し、リソースとコストを事業単位でマッピングする必要があります。

あなたの会社では、事業部門ごとに別々の AWS アカウントを管理しており、複数の事業部門のアカウントをまとめた Organizations が存在します。

プロジェクトごとのコストを把握するためには、次の 2 つのことが必要です。

- AWS の利用料金をタグごとに分けて分析できるようにすること
- 必ずタグを付けるよう事業部門に強制すること

これらの要件を満たすための適切な方法はどれですか。(2つ選択してください)

A. コスト配分タグを有効化し、Project タグをリソースに付与する。
B. AWS Config を使って、タグ付けルールを作成し施行する。
C. Organizations でタグポリシーを作成し、組織単位で適用する。
D. Cost Explorer でタグベースのコスト分析レポートを作成する。
E. AWS Budgets を利用し、タグベースで予算アラームを設定する。

解説

AWS の複数のアカウントを管理する組織において、プロジェクト単位でのコスト分析を実現するためのタグ付け戦略と、タグ付けの強制方法を問う設問です。

Organizations の管理アカウント上でコスト配分タグを有効化することで、Cost Explorer や CUR を使用したタグベースのコスト分析が可能になります。コスト配分タグを有効化し、たとえば、Project タグをリソースに付与することで、プロジェクト単位でのコスト分析が実現できます。

また、各事業部門に対して、プロジェクトごとにタグ付けを強制するには、コスト配分タグを有効化して Project タグをリソースに付与し Organizations でタグポリシーを作成し、組織単位で適用します。なお、設問の選択肢にはありませんが、

IAM ポリシーや SCP でもタグ付けを強制することができます。

したがって、A と C が正解です。

B. AWS Config によりタグ付けルールを作成し施行（マネージドルールの「required-tags」を有効化）することで、タグ付けされていないリソースを発見することはできますが、組織全体にタグ付けを強制するのには適していません。強制できる C のほうが適切です。

D. Cost Explorer でタグベースのコスト分析レポートを作成することは可能ですが、まずはコスト配分タグの有効化が必要なため、A のほうがより適切な方法になります。

E. AWS Budgets を利用してタグベースで予算アラームを設定することは、コスト管理の一環として有効ですが、タグ付けの強制とは直接関連していません。

［答］A、C

問 4

あなたは、グローバルに展開するゲーム会社の AWS 環境を管理するソリューションアーキテクトです。同社は、複数の開発拠点を持ち、それぞれの拠点で AWS を使用しています。現在、各開発拠点がそれぞれ独自の AWS アカウントを持ち、コストの管理と最適化が困難な状況です。また、一部の開発者が不必要なリソースを作成しているという問題も発生しています。さらに、各開発拠点では、独自のセキュリティ設定やネットワーク構成を適用しており、全社的なガバナンスとコンプライアンスの確保が課題となっています。

あなたは、経営陣から、AWS のコストを全社的に可視化し、効率的に管理するための戦略の立案を求められています。また、ワークロードに不必要なリソースを作成することを防ぐ施策と、全社的なセキュリティとコンプライアンスの強化もあわせて実施することを検討しています。

以下の要件を満たす、コストの管理と最適化のための最も適切な戦略はどれですか。(1つ選択してください)

- 全社的な AWS のコストと使用状況を一元的に把握できること
- 開発拠点ごとの AWS のコストと使用状況を明確に区別できること
- ボリューム割引や Savings Plans による割引を最大限に活用できること
- 不必要なリソースの作成を防ぐための制御が可能であること
- 全社的なセキュリティとコンプライアンスを確保できること

A. Organizations を使用して、管理アカウントと開発拠点ごとのメンバーアカウントを作成する。一括請求を有効にし、コストと使用状況を管理アカウントで一元管理する。Cost Explorer を使用して、コスト削減の機会を特定する。IAM ポリシーを使用して、不必要なリソースの作成を制限する。

B. 全社で単一の AWS アカウントを使用し、Organizations の組織単位 (OU) を使って開発拠点ごとにリソースを分離する。Cost Explorer でタグ別のコスト分析を行う。IAM ポリシーと SCP を使用して、不必要なリソースの作成を制限する。

C. Organizations を使用して、管理アカウントと開発拠点ごとのメンバーアカウントを作成する。AWS Budgets を使用して、開発拠点ごとの予算を設定し、予算超過アラートを設定する。Trusted Advisor を使用して、コスト最適化の推奨事項を確認する。IAM ポリシーを使用して、不必要なリソースの作成を制限する。

D. Organizationsを使用して、管理アカウントと開発拠点ごとのメンバーアカウントを作成する。一括請求を有効にし、コストと使用状況を管理アカウントで一元管理する。Control Towerを使用して、ガバナンスと制御を適用する。IAMポリシーとSCPを使用して、不必要なリソースの作成を制限する。

解説

この設問では、AWSのコストを全社的に可視化し、セキュリティを確保しつつ、効率的にリソースを管理するための戦略が問われています。さらに、不必要なリソースの作成を防ぐための施策も求められています。選択肢Dでは、以下の4つの観点で対策が施されています。

- Organizationsを使用して管理アカウントと開発拠点ごとのメンバーアカウントを作成し、一括請求を有効にすることで、全社的なコストの可視化と割引の活用が可能になります。
- メンバーアカウントを使用することで、開発拠点ごとのコストと使用状況を明確に区別できます。これにより、各開発拠点の自律性を維持しつつ、全社的な管理が可能になります。
- Control Towerを使用することで、複数のAWSアカウントのセットアップと構成を迅速に行い、組織の要件に適合したガバナンスを確保できます。Control Towerは、ベストプラクティスにもとづいたマルチアカウント環境の設定、監視、運用管理を自動化するサービスです。
- IAMとSCPを使用することで、AWSのリソースを作成および管理できるユーザー、作成できるリソースのタイプ、リソースを作成できる場所を制御でき、不必要なリソースの作成を防ぐための制御が可能になります。

以上より、最も適切な戦略はDです。

A. Cost Explorerを使用してコスト削減の機会を特定していますが、Control Towerによるガバナンスと制御の適用が含まれておらず、全社的なセキュリティとコンプライアンスの確保について言及されていません。また、IAMポリシーのみを利用してガバナンスの制御を行うのは、運用負荷が高くなります。

B. 単一アカウントを使用しているため、開発拠点ごとの自律性が失われるだけでなく、コストの配賦が複雑になる可能性があります。

C. AWS Budgetsを使用して予算管理を行い、Trusted Advisorを使用してコスト最適化の推奨事項を確認しています。しかし、Aと同様、Control Towerによるガバナンスと制御の適用が含まれておらず、全社的なセキュリティとコンプライアンスの確保について言及されていません。また、IAMポリシーのみを利用してガバナンスの制御を行うのは、運用負荷が高くなります。

[答] D

第5章

「新しいソリューションのための設計」分野におけるケース問題

「新しいソリューションのための設計」分野では、AWSが提供する多様なサービスを組み合わせた上で、導入戦略、事業継続性、セキュリティ、信頼性、パフォーマンス、コストといったさまざまな要件を満たすための、最適なソリューションを選択できるかが問われます。

本章では、ケース問題を通じて、ビジネス要件や非機能要件を踏まえた上で、AWS上に新しいサービスを構築する際の最適なソリューションを選択する演習を行います。

5.1 ビジネス要件を満たす導入戦略を設計する

問 1

あなたの会社は、最近、社内システムをオンプレミスから AWS の環境に移行しました。社内システムは内製化されており、社内の開発チームが運用と保守を担当しています。社内からのシステムの改善要望を実現するためのリードタイムが 3 週間程度かかっており、これを短縮したいと考えています。どのように対応すればよいですか。（1つ選択してください）

A. ソースコードを CodeArtifact で管理し、CodeArtifact への Push を CodePipeline で検知するように設定する。Push を検知した CodePipeline は CodeDeploy へソースコードのビルドを要求し、ビルドされた成果物を S3 に保存させる。正常にビルドされた場合、CodeCommit によって成果物を EC2 にデプロイする。

B. ソースコードを CodeCommit で管理し、CodeCommit への Push を CodePipeline で検知するように設定する。Push を検知した CodePipeline は CodeBuild へソースコードのビルドを要求し、ビルドされた成果物を S3 に保存させる。正常にビルドされた場合、CodeDeploy によって成果物を EC2 にデプロイする。

C. ソースコードを CodeArtifact で管理し、CodeArtifact への Push を CodePipeline で検知するように設定する。Push を検知した CodePipeline は CodeBuild へソースコードのビルドを要求し、ビルドされた成果物を S3 に保存させる。正常にビルドされた場合、CodeDeploy によって成果物を EC2 にデプロイする。

D. ソースコードを CodeCommit で管理し、CodeCommit への Push を CodeCatalyst で検知するように設定する。Push を検知した CodeCatalyst は CodeBuild へソースコードのビルドを要求し、ビルドされた成果物を S3 に保存させる。正常にビルドされた場合、CodeDeploy によって成果物を EC2 にデプロイする。

解説

AWSでは、「Code ○○」というサービスが複数提供されています。それらはすべてCI/CDに関連するサービスであり、それぞれのサービスがどのような機能を持っており、何のために使われるのかを把握しておく必要があります。

ソースコード管理はCodeCommit、CI/CDの流れの制御はCodePipeline、ビルド・単体テストはCodeBuild、デプロイはCodeDeployが行うため、Bが正解です。それぞれのサービスの関係性は図5.1-1のとおりです。

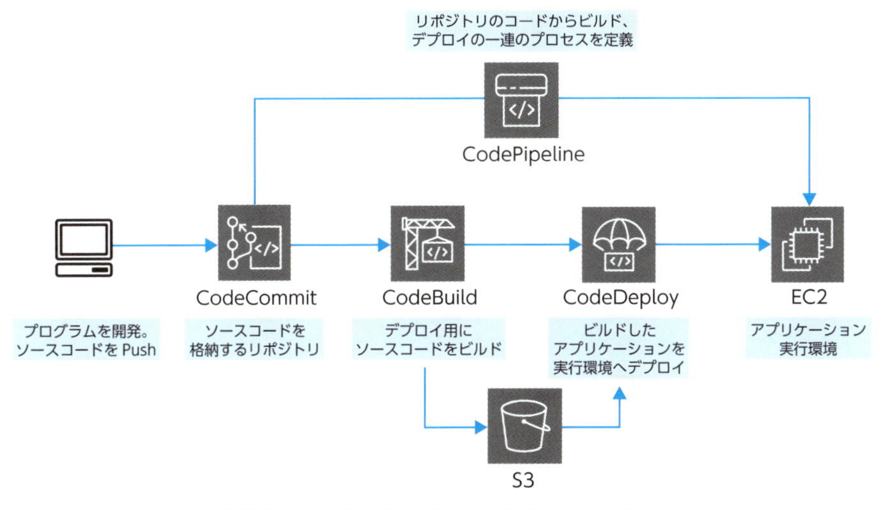

図5.1-1 Codeシリーズによるデプロイまでの流れ

A、C. Codeシリーズでの一連のパイプラインにおいて、ソースコードの管理には、CodeArtifactではなく、CodeCommitを利用します。CodeArtifactは、MavenやGradleなどのパッケージマネージャーツールを使用して、ビルド処理で生成されたソフトウェアパッケージを保存、公開、共有するサービスです。ソースコードの管理には適していません。

D. CodeCatalystは、コードリポジトリやプルリクエスト、CI/CDのワークフローなど、AWSへサービスをデプロイするために必要な機能を備えた統合開発サービスです。CodeCatalystには、CI/CDに含まれるリポジトリ、ビルド、デプロイの機能があり、CodeCommitなどのサービスと連携する必要がありません。

[答] B

問2

ある企業は、24時間稼働のオンラインショッピングサイトをAWS上で構築しています。EC2上でアプリケーションを動作させており、それぞれのEC2はALBによって負荷分散されています。アプリケーションにアップデートがあった場合のリリース作業について、無停止でかつ問題があった場合にすぐに切り戻すことができ、本番環境のデータベースを利用してリリース後の動作確認を行う必要があります。また、リリース作業中にも利用者が多く存在するため、利用可能なEC2を減らしたくありません。これらの要件を実現するには、どのようなソリューションにすればよいですか。(1つ選択してください)

A. 現在利用されているALBとは別にALBを追加し、社内からのアクセスのみを許可する。このALBに新しく起動したEC2を接続し、新しいバージョンのアプリケーションをデプロイする。社内から新しいバージョンのアプリケーションをテストし、問題がなければRoute 53のCNAMEを新しく追加したALBに変更する。

B. 1台のEC2をALBから切り離し、アプリケーションをアップデートする。アップデートが終わったら、そのEC2をALBに接続し、別のEC2を切り離してアプリケーションをアップデートする。これを繰り返してすべてのEC2をアップデートする。

C. 現在利用されているALBとは別にALBを追加する。このALBに新しく起動したEC2を接続し、新しいバージョンのアプリケーションをデプロイする。Route 53の加重ラウンドロビンを利用して1割のアクセスを新しいALBに振り分ける。社内から新しいバージョンのアプリケーションをテストし、問題がなければRoute 53から古いALBへのアクセスを削除する。

D. CodeDeployを利用してすべてのEC2のアプリケーションを同時にアップデートする。

解説

デプロイメントについて考えるために、無停止でのデプロイメント方法であるブルーグリーンデプロイメントとローリングデプロイメント（ローリングアップデート）について解説します。

●ブルーグリーンデプロイメント

ブルーグリーンデプロイメントは、以下の手順でデプロイを行います。

1. 稼働中の環境とは別に新しい環境を立ち上げる（このとき、新しい環境にはエンドユーザーはアクセスできないようにし、プライベートな環境としておく）
2. 新しいバージョンのアプリケーションを新しい環境にデプロイする
3. 新しい環境でテストを行う
4. テストの結果に問題があった場合は、アプリケーションを修正し、手順2に戻ってアプリケーションを再度デプロイする。そして、問題がなければ新しい環境をエンドユーザーに開放し、古い環境にはアクセスできないようにする（環境自体は残しておく）
5. エンドユーザーの利用中にアプリケーションの問題が発見された場合は、再度古い環境を開放し、新しい環境にアクセスできないようにして切り戻しを行う

1. 新しく環境を追加する

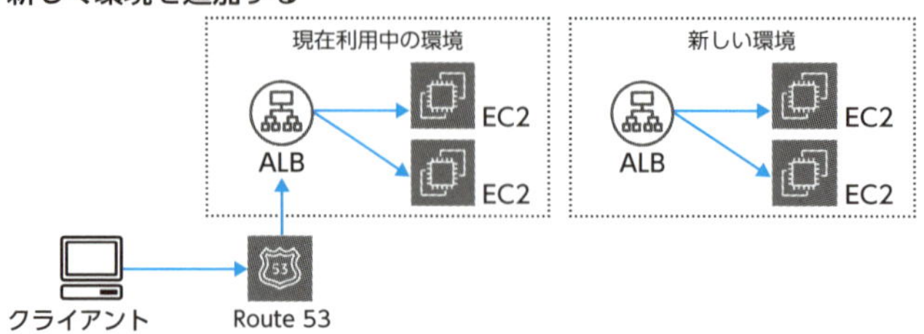

2. 新しいバージョンのアプリケーションをデプロイする

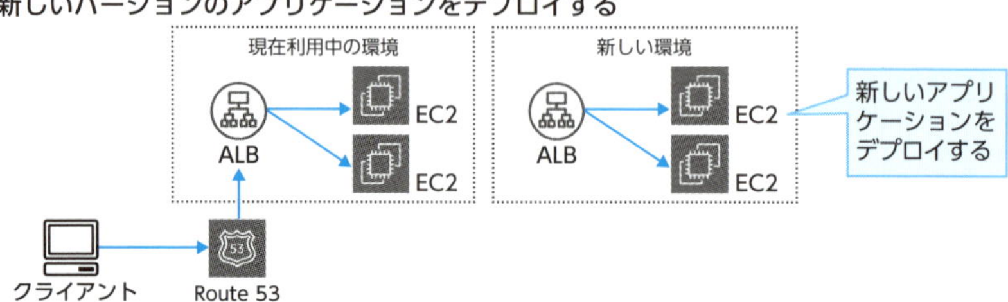

3. 新しい環境でテストする

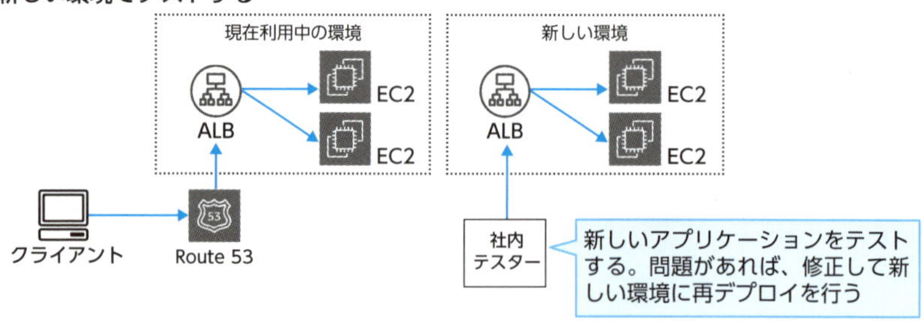

4. 新しい環境に切り替える

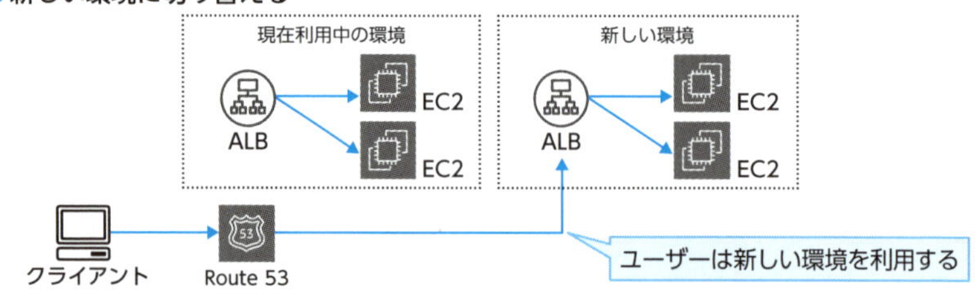

5. 切り戻す

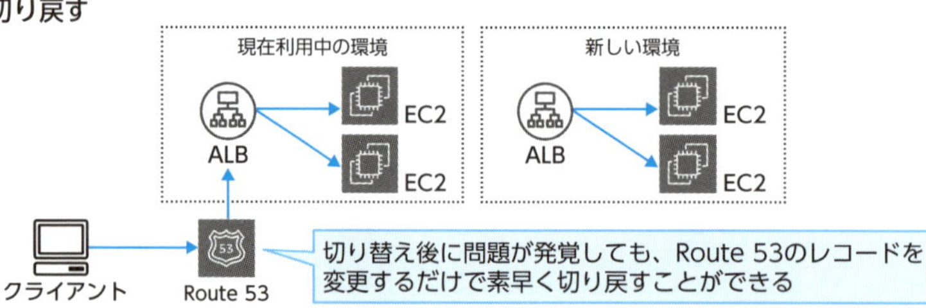

図 5.1-2 ブルーグリーンデプロイメント

●ローリングデプロイメント

ローリングデプロイメントは、以下の手順でデプロイを行います。

1. 稼働中の環境が、ALBに複数台のインスタンスが接続されているという前提で、1台もしくは複数台のインスタンスをALBから切り離してから、切り離したインスタンスに対して新しいアプリケーションをデプロイする
2. 新しいアプリケーションのテストを行い、問題があればアプリケーションを修正し、再度デプロイを行う。問題がなければインスタンスをALBに接続する
3. デプロイを行っていないインスタンスに対しても、順次切り離しとデプロイを繰り返す

1. 一部のインスタンスをALBから切り離してデプロイする

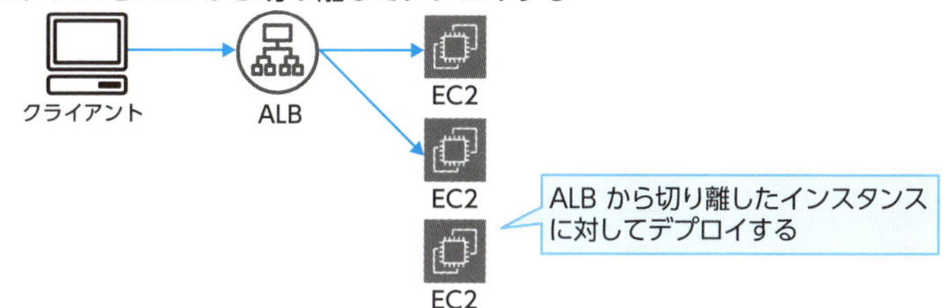

2. デプロイしたアプリケーションをテスト後、接続する

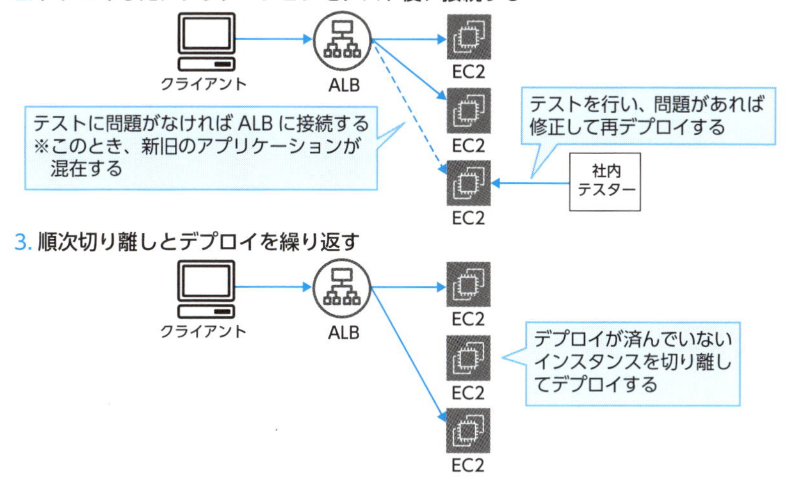

図5.1-3 ローリングデプロイメント

ブルーグリーンデプロイメントとローリングデプロイメントのメリット、デメリットを表5.1-1に示します。

表5.1-1 デプロイ方式のメリットとデメリット

デプロイ方式	メリット	デメリット
ブルーグリーン	・無停止 ・本番環境でテストが行える ・切り戻しにかかる時間が短い ・デプロイ時に縮退しない	・一時的に通常の2倍リソースが必要になる ・ブルーグリーンの切り替えのため容易にアクセス制御が可能なネットワーク設備が必要
ローリング	・無停止 ・本番環境でテストが行える ・デプロイ時にリソースを増やす必要がない	・デプロイ時に縮退する ・新しいアプリケーションと古いアプリケーションが混在するタイミングがある

この設問では、デプロイメントについて以下の要件があります。

- 無停止であること
- すぐに切り戻せること
- 本番環境でテストが行えること
- 縮退しないこと（サービスを提供するEC2を減らさないこと）

これらの要件を満たすデプロイ方式はブルーグリーンデプロイメントが適しているので、Aが正解です。

B. これはローリングデプロイメントです。縮退が発生するため不適切です。

C. 加重ラウンドロビンを利用して1割のアクセスを新しい環境に振り分けてしまうと、社内テストが終わる前にエンドユーザーが新しい環境にアクセスできてしまうため、不適切です。

D. すべてのインスタンスのアプリケーションを一度にアップデートしてしまうと停止時間が発生してしまうため、不適切です。

［答］A

問3

ある企業では、24時間稼働の社内システムをAWS上で構築しています。EC2上でアプリケーションを動作させており、それぞれのEC2はALBによって負荷分散されています。アプリケーションにアップデートがあった場合のリリース作業について、無停止でかつ本番環境のデータベースを利用してリリース後の動作確認を行うためにはどのようにすればよいでしょうか。予算の都合上、現在稼働中のEC2よりもインスタンスを増やすことはできません。(1つ選択してください)

A. 社内システムなので、停止アナウンスを行ってメンテナンス時間中にアプリケーションのデプロイを行う。

B. 新しくEC2インスタンスを立ち上げ、CodeDeployを利用して自動的に新しいアプリケーションをデプロイする。アプリケーションに問題がないことを確認し、ALBに接続する。

C. ALBに接続されているEC2の半分をALBから切り離し、切り離したEC2に対して新しいアプリケーションをデプロイする。新しいアプリケーションに問題がないことを確認した後、ALBに接続する。残り半分のEC2についても、切り離しを行った後にデプロイとテストを行い、ALBに接続する。

D. 新しく環境を立ち上げ、新しいアプリケーションをデプロイする。問題がないことを確認した後に古い環境へのアクセスを遮断し、新しい環境へのアクセスを開放する。

解説

先ほどの問2と同様に、無停止でのデプロイメントの方法について問われています。この設問では、デプロイメントについて以下の要件があります。

- 無停止であること
- 本番環境でテストが行えること
- デプロイ時にEC2を増やさないこと

これらの要件を満たすデプロイ方式はローリングデプロイメントが適しているので、Cが正解です。ローリングデプロイメントについては問2の解説をご参照ください。

A. 社内システムではありますが、設問の要件として無停止でデプロイを行うことが明記されています。停止アナウンスを行ったとしてもメンテナンスを行うと停止期間が発生するため不適切です。

B. 新しくEC2が追加されているため、稼働中のEC2を増やさないという要件を満たしません。

D. これはブルーグリーンデプロイメントであり、デプロイ時にEC2を増やしているため不適切です。

[答] C

5.2 事業継続性を確保するソリューションを設計する

問 1

ある日本のゲーム会社が ap-northeast-1 リージョンにてオンラインゲームを運営しています。このゲームは世界中にプレイヤーがおり、多人数で同時にプレイすることができますが、最近、ゲームプレイ中に遅延が多発するとクレームがありました。あなたはソリューションアーキテクトとして、世界中のプレイヤー体験を向上させるアーキテクチャを提案する必要があります。また経営層からは、リージョン障害に備え、ユーザーID に紐付く重要な課金情報の災害対策を求められています。どのアーキテクチャを提案しますか。(1つ選択してください)

A. Global Accelerator を作成し、ap-northeast-1 リージョンのオンラインゲームサーバーをリスナーに設定する。重要な課金情報は ap-northeast-1 リージョンに作成した Aurora DB クラスターに保存し、有事の際は Aurora レプリカをプライマリに昇格し復旧させる。

B. CloudFront を作成し、ap-northeast-1 リージョンのオンラインゲームサーバーをオリジンに設定する。重要な課金情報は ap-northeast-1 リージョンに作成した Aurora DB クラスターに保存し、有事の際は Aurora レプリカをプライマリに昇格し復旧させる。

C. Global Accelerator を作成し、ap-northeast-1 リージョンのオンラインゲームサーバーをリスナーに設定する。重要な課金情報は ap-northeast-1 リージョンに作成した Aurora Global Database に保存し、有事の際はセカンダリリージョンの Aurora レプリカをプライマリに昇格し復旧させる。

D. CloudFront を作成し、ap-northeast-1 リージョンのオンラインゲームサーバーをオリジンに設定する。重要な課金情報は ap-northeast-1 リージョンに作成した Aurora Global Database に保存し、有事の際はセカンダリリージョンの Aurora レプリカをプライマリに昇格し復旧させる。

解説

Global Acceleratorを使用すると、世界中の各ユーザーにとって最も近いリージョンへアクセスさせることができ、アプリケーションのグローバルな可用性とパフォーマンスを向上させることができます。また、CloudFrontではHTTP(S)のプロトコルのみ使用可能ですが、Global Acceleratorは、HTTP(S)だけでなくTCP/UDPのプロトコルにも対応しているため、オンラインゲームや動画ストリーミング、FTPを利用したアプリケーションでも活用できます。

Aurora Global Databaseは、複数のリージョンにまたがるAuroraクラスターを作成できる機能です。これにより、複数リージョンを活用したデータベースの災害対策を実現することが可能です。したがって、Cが正解です。

A. ap-northeast-1リージョンに作成したAurora DBクラスターでは、リージョン障害を想定した災害対策とはなりません。

B. 多人数で同時対戦が可能なオンラインゲームでは主にUDPを使用していますが、CloudFrontはUDPに対応していません。また、ap-northeast-1リージョンに作成したAurora DBクラスターでは、リージョン障害を想定した災害対策とはなりません。

D. 前述のように、多人数で同時対戦が可能なオンラインゲームでは主にUDPを使用していますが、CloudFrontはUDPに対応していません。

[答] C

問 2

ある会社は、AWS を使用してオークションサイトを運営しています。ソリューションアーキテクトであるあなたは、最近、CTO から事業継続性を担保するための災害対策ソリューションを設計するように指示されました。CTO からは、復旧まで数十分かかることは許容できるが、取引データは災害発生時点と同一の状態にすることと、平常時にかかるコストをなるべく抑えることを要望されています。どのアーキテクチャの組み合わせを提案しますか。(2 つ選択してください)

A. 本番サイトと同規模の構成を DR サイトにデプロイする。Route 53 ヘルスチェックを構成し、本番サイトに障害が発生した際は Route 53 により自動でトラフィックが DR サイトに切り替わる。

B. 本番サイトより規模の小さい構成を DR サイトにデプロイする。Auto Scaling を構成し、本番サイトに障害が発生した際は DR サイトの規模を 2 倍にした上で DNS フェイルオーバーを行い、トラフィックを DR サイトに切り替える。

C. 本番サイトと同じ CloudFormation テンプレートを構成する。本番サイトに障害が発生した際は DR サイトに CloudFormation テンプレートを適用し、本番サイトと同規模の構成をデプロイする。DNS フェイルオーバーを行い、トラフィックを DR サイトに切り替える。

D. 取引データを格納している本番サイトのデータベースと同規模のデータベースを DR サイトに構築する。Database Migration Service (DMS) を使い、本番サイトのデータを DR サイトにレプリケーションする。

E. AWS Backup を利用し、取引データを格納している本番サイトのデータベースのスナップショットを 5 分おきに取得する。スナップショットを DR サイトの S3 バケットにコピーする。

解説

パイロットライト戦略をとると、平常時のコストを抑えつつ、有事の際に迅速にワークロードを復旧させることができます。具体的には、CloudFormation テンプレートを事前に準備しておき、有事の際に DR サイトに適用することで、数分～数十分で本番ワークロードを再現できます。

また、DMS を利用することで、本番サイトのデータを DR サイトのデータベースにレプリケーションすることができ、本番ワークロードの再現後、すぐにシステムを復旧させることが可能です。したがって、CとDが正解です。

- **A.** 本番サイトと同規模の構成をDRサイトにデプロイし起動しておく（アクティブスタンバイ）ことで、数秒～数十秒での復旧が見込めますが、平常時に2倍のコストがかかることと、今回は数十分のダウンタイムが許容できることから最適ではありません。
- **B.** 本番サイトより規模の小さい構成をDRサイトにデプロイし起動しておく（ウォームスタンバイ）ことで、アクティブスタンバイよりコストを抑えつつ数十秒～数分の復旧を見込めます。しかし、DRサイトにシステムを起動しておくため、パイロットライト戦略に比べるとコストが高くなります。
- **E.** 5分おきのスナップショットでは、災害発生時点と同一のデータを再現するという要件を満たせません。

[答] C、D

問 3

ある会社は、全従業員が使用するWindowsファイルサーバーをオンプレミスで運用しています。最近、経営会議にて、有事に備えた社内情報資産の災害対策（DR）を制定する決定が行われました。あなたはソリューションアーキテクトとして、Windowsファイルサーバーのデータを AWS にバックアップするアーキテクチャを提案しようとしています。最も費用対効果の高いソリューションはどれですか。（1つ選択してください）

A. FSx for Windows File Serverをデプロイする。Site-to-Site VPNを設定し、オンプレミスとAWSを接続する。DataSyncでロケーションタイプにサーバーメッセージブロック（SMB）を選択し、ロケーションを作成する。DataSyncエージェントを経由してオンプレミスWindowsファイルサーバーのデータをFSx for Windows File Serverにコピーする。

B. FSx for Windows File Serverをデプロイする。Direct Connectを設定し、オンプレミスとAWSを接続する。DataSyncでロケーションタイプにFSxを選択し、ロケーションを作成する。オンプレミスWindowsファイルサーバーのデータをFSx for Windows File Serverにコピーする。

C. S3ファイルゲートウェイをデプロイする。Site-to-Site VPNを設定し、オンプレミスとAWSを接続する。DataSyncでロケーションタイプにサーバーメッセージブロック（SMB）を選択し、ロケーションを作成する。DataSyncエージェントを経由してオンプレミスWindowsファイルサーバーのデータをS3ファイルゲートウェイにコピーする。

D. S3バケットをデプロイする。Direct Connectを設定し、オンプレミスとAWSを接続する。Public VIFを使用して、オンプレミスWindowsファイルサーバーのデータをS3バケットにコピーする。

解説

DataSyncを使用すると、インターネットまたはDirect Connectを経由して既存のファイルデータをAWSに転送することができます。DataSyncを使用するには、移行元となるロケーションの設定と、DataSyncエージェントの作成が必要となります。

また、この設問では、最も費用対効果が高く、WindowsファイルサーバーのデータをAWSにバックアップする方法が求められています。したがって、フルマネージドでデータの重複排除も行えるFSx for Windows File Serverと安価なインターネットVPNを採用しているAが正解です。

B. FSx for Windows File Serverを選択している点はよいのですが、オンプレミスとの接続にDirect Connectを採用しているので、正解の選択肢Aよりもコストがかかります。また、ロケーションタイプのFSxは、FSxからデータを転送する場合に選択するものです。
C. S3ファイルゲートウェイには比較的高スペックなゲートウェイサーバーを用意する必要があり、FSx for Windows File Serverを使用する場合と比較してコストがかかります。
D. オンプレミスとの接続にDirect Connectを採用しており、Aよりもコストがかかります。また、Windowsファイルシステムを S3でそのまま再現することはできません。

[答] A

5.3 要件にもとづいてセキュリティコントロールを決定する

問 1

あなたは、アパレルメーカー向けのWebサイト構築プロジェクトにソリューションアーキテクトとしてアサインされました。アパレルメーカーは、Webサイトを新しく構築するにあたり、極力AWSのサービスや機能を活用したいと考えています。

アパレルメーカーは、1つのVPC上に、2つのWebサイトを配置することを検討しています。Webサイトは、「www.ricawssapro.com」および「www.ricawssaa.com」の2つのドメインをホストします。エンドユーザーからWebサイトへの通信は暗号化する必要がありますが、通信の暗号化に関わる運用負荷を極力下げたいと考えています。コストおよび運用負荷を下げつつ、安定したサービスを提供するための最適なソリューションはどれですか。（1つ選択してください）

A. VPC上に2つのNLBを構築する。各NLBには、それぞれ1つのフロントエンドリスナーを設定する。また、各フロントエンドリスナーには、サードパーティーの認証機関により発行されたSSL/TLSサーバー証明書をインポートする。VPC上に2つのEC2インスタンスを起動し、1つのEC2インスタンスで「www.ricawssapro.com」を、もう1つのEC2インスタンスで「www.ricawssaa.com」をホストする。

B. VPC上に1つのNLBを構築する。NLBには、2つのフロントエンドリスナーを設定する。また、各フロントエンドリスナーには、ACM（AWS Certificate Manager）により発行されたSSL/TLSサーバー証明書をインポートする。VPC上に4つのEC2インスタンスを起動し、2つのEC2インスタンスで「www.ricawssapro.com」を、残りの2つのEC2インスタンスで「www.ricawssaa.com」のサイトをホストする。

C. VPC上に2つのALBを構築する。各ALBには、それぞれ1つのフロントエンドリスナーを設定する。また、各フロントエンドリスナーには、サードパーティーの認証機関により発行されたSSL/TLSサーバー証明書をインポートする。VPC上に2つのEC2インスタンスを起動し、1つのEC2インスタンスで「www.ricawssapro.com」を、もう 1 つの EC2 インスタンスで「www.ricawssaa.com」をホストする。

D. VPC 上に 1 つの ALB を構築する。ALB には、2 つのフロントエンドリスナーを設定する。また、各フロントエンドリスナーには、ACM（AWS Certificate Manager）により発行された SSL/TLS サーバー証明書をインポートする。VPC 上に 4 つの EC2 インスタンスを起動し、2 つの EC2 インスタンスで「www.ricawssapro.com」を、残りの 2 つの EC2 インスタンスで「www.ricawssaa.com」のサイトをホストする。

解説

ACM により発行された SSL/TLS サーバー証明書を ALB で終端すれば、サーバー証明書のコストはかかりません。また、ACM で発行したサーバー証明書は有効期限に到達すると自動的に更新されるので、運用負荷を抑えることができます。さらに、ALB のホストベースのルーティング機能を活用して、1 つの ALB で、ドメイン名に応じて振り分け先の EC2 インスタンスを制御できます。これにより、1 つのサイトあたり 2 つの EC2 インスタンスでホストすることができ、サービスの信頼性の向上につながります。したがって、D が正解です。

A. NLB を 2 つ作成し、それぞれのリスナーに SSL/TLS サーバー証明書をインポートすることで、通信の暗号化要件を満たすことができます。ただし、サードパーティーの認証機関により発行されたサーバー証明書を利用しているため、ACM を利用する場合とは異なり、サーバー証明書の購入コストが必要になります。また、サーバー証明書には有効期限があるので、有効期限が近づくたびにサーバー証明書を更新するための運用作業が発生します。

B. 1 つの NLB で 2 つのフロントエンドリスナーを設定すると記述されていますが、1 つの NLB で同じポート番号（今回の場合はポート番号 443）をターゲットとしたフロントエンドリスナーを作成することはできません。

C. A と同様、サードパーティーの認証機関により発行されたサーバー証明書を利用しているため、ACM を利用する場合とは異なり、サーバー証明書の購入コストやサーバー証明書更新の運用作業が必要となるので、コスト面、運用負荷の面で要件を満たしません。

[答] D

問 2

ある消費財メーカーは、インターネットに公開する新たなWebアプリケーションをAWS上に構築します。Webアプリケーションは、単一のEC2インスタンス上にアプリケーションサーバーとデータベースサーバーをインストールしています。会社のセキュリティポリシー上、EC2インスタンスのOSやOS上のミドルウェアのパッチレベルは常に最新の状態に保つ必要があります。また、データベースサーバーへのインターネットからのインバウンドのアクセスは防ぐ必要があります。アプリケーションサーバー用のソフトウェアは、80番ポート、443番ポートを使用します。データベースサーバー用のソフトウェアは、3700番ポートを使用します。どのような構成にすれば、新たなWebアプリケーションのセキュリティリスクを低減できますか。（1つ選択してください）

A. パブリックサブネット上のEC2インスタンスにアプリケーションサーバーとデータベースサーバーをインストールする。セキュリティグループにおいて、0.0.0.0/0からの80番ポート、443番ポートのインバウンドアクセスのみを許可する。パブリックサブネットのNACLにおいて、すべてのインバウンドアクセスを拒否する。

B. パブリックサブネット上のEC2インスタンスにアプリケーションサーバーをインストールする。セキュリティグループにおいて、0.0.0.0/0からの80番ポート、443番ポートのインバウンドアクセスのみを許可する。プライベートサブネット上の別のEC2インスタンスにデータベースサーバーをインストールする。セキュリティグループにおいて、アプリケーションサーバー用のEC2インスタンスからの3700番ポートへのインバウンドアクセスのみを許可する。パブリックサブネット上にNATゲートウェイをセットアップする。プライベートサブネットのルートテーブルで、0.0.0.0/0に対するルートをNATゲートウェイに設定する。

C. プライベートサブネット上のEC2インスタンスにアプリケーションサーバーとデータベースサーバーをインストールする。パブリックサブネットのNACLにおいて、0.0.0.0/0からの80番ポート、443番ポートのインバウンドアクセスのみを許可する。パブリックサブネット上にNATゲートウェイをセットアップする。プライベートサブネットのルートテーブルで、0.0.0.0/0に対するルートをNATゲートウェイに設定する。

（選択肢は次ページに続きます。）

D. パブリックサブネット上のEC2インスタンスにアプリケーションサーバーをインストールする。セキュリティグループにおいて、0.0.0.0/0からの80番ポート、443番ポートのインバウンドアクセスのみを許可する。プライベートサブネット上の別のEC2インスタンスにデータベースサーバーをインストールする。セキュリティグループにおいて、アプリケーションサーバー用のEC2インスタンスからの3700番ポートへのインバウンドアクセスのみを許可する。さらに、プライベートサブネットのNACLにおいて、すべてのインバウンドアクセスを拒否する。パブリックサブネット上にNATゲートウェイをセットアップする。プライベートサブネットのルートテーブルで、0.0.0.0/0に対するルートをNATゲートウェイに設定する。

解説

データベースサーバーのセキュリティを保護するためには、インターネットから直接アクセスできないプライベートサブネットを作成し、配置すべきです。その場合、パッチをダウンロードするための、プライベートサブネットからインターネットへのアウトバウンドのアクセスの経路が必要になります。そこで、パブリックサブネットにNATゲートウェイを設定し、データベースサーバーからNATゲートウェイへのルーティング設定をすることで、インターネットからのセキュリティパッチのダウンロードを可能にします。したがって、Bが正解です。

VPC内の構成イメージを図5.3-1に示します。

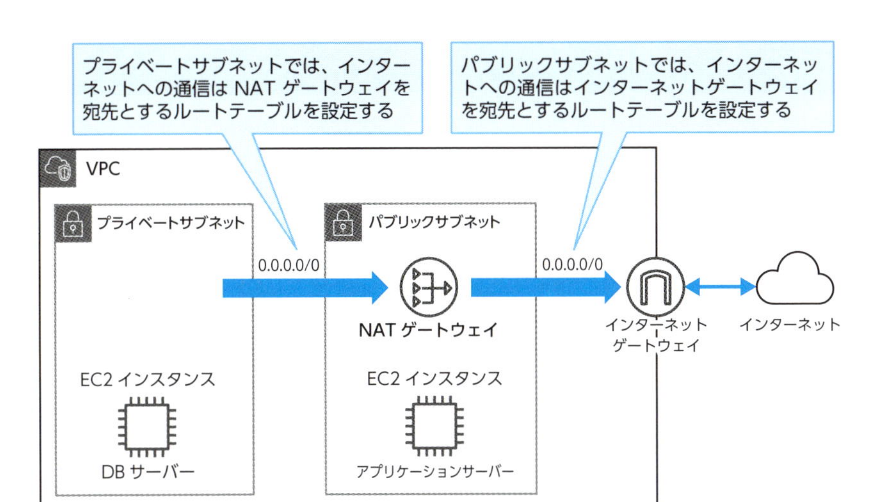

DB サーバー用セキュリティグループ
(インバウンドルール)

ソース	ポート番号
アプリケーションサーバー	3700
⋮	⋮

アプリケーションサーバー用セキュリティグループ
(インバウンドルール)

ソース	ポート番号
0.0.0.0/0	80
0.0.0.0/0	443
⋮	⋮

図 5.3-1　VPC 内の構成イメージ

A. セキュリティグループでは、0.0.0.0/0 からの 80 番ポート、443 番ポートのインバウンドアクセスが許可されていますが、パブリックサブネットの NACL において、すべてのインバウンドアクセスが拒否されています。アクセス制御では拒否設定が優先されるので、この構成では Web アプリケーションをインターネットに公開できません。

C. EC2 インスタンスがプライベートサブネット上に配置され、インターネットからのインバウンドのアクセスを受け付ける経路がないため、Web アプリケーションをインターネットに公開できません。

D. プライベートサブネットの NACL において、すべてのインバウンドアクセスが拒否されています。この場合、パブリックサブネット上のアプリケーションサーバーからのアクセスも拒否されてしまうため、アプリケーションが動作しません。

[答] B

問3

あなたは、クライアント企業から、AWS上に構築されたWebサイトへのDDoS攻撃への対策方法について助言を求められています。どのような対策を提案しますか。(1つ選択してください)

A. NLBを作成し、Webサイトをターゲットグループに含めたリスナーを設定する。AWS WAFを有効化し、NLBと関連付ける。AWS Shield Advancedを有効化する。

B. CloudFrontディストリビューションを作成し、Webサイトをオリジンとして関連付ける。AWS WAFを有効化し、CloudFrontと関連付ける。AWS Shield Advancedを有効化する。

C. Gateway Load Balancer (GLB) を作成し、Webサイトをターゲットグループに含めたリスナーを設定する。AWS WAFを有効化し、GLBと関連付ける。AWS Shield Advancedを有効化する。

D. NLBを作成し、Webサイトをターゲットグループに含めたリスナーを設定する。CloudTrailとAmazon Inspectorを有効化する。

解説

CloudFrontの有効化は、コンテンツの配信を高速化できるだけでなく、DDoS攻撃の影響を全世界のエッジロケーションに分散できるため、DDoS対策としても有効です。また、CloudFrontはAWS WAFとAWS Shieldを連携させ、DDoS対策とすることができます。したがって、Bが正解です。

A. Webサイトの前段にELBを配置すると、DDoS攻撃の際にELBが自動的にスケールすることで、DDoS攻撃の影響を緩和する効果があります。ただし、NLBはAWS WAFと連携できません。

C. Gateway Load Balancerは、ファイアウォールやIPS/IDSといった仮想アプライアンスをスケーリングする際に用いるサービスです。Webサイトのフロントに配置するようなサービスではないので適していません。

D. CloudTrailとAmazon Inspectorは、DDoS攻撃への対策として適切なサービスではありません。

[答] B

5.4 信頼性の要件を満たす戦略を策定する

問 1

グローバルにニュースを配信するメディア企業では、新たにAWSを使った配信方法を検討しています。多くのニュースは静的コンテンツですが、一部動的なコンテンツもあるため、リレーショナルデータベースを使用して動的データを管理する必要があります。また、動的コンテンツは1か月に数回、瞬間的なスパイクアクセスがあり、度々サイトダウンに見舞われています。最もコスト効率が高く、このサイトの信頼性を高めるアーキテクチャはどれですか。（1つ選択してください）

A. 静的コンテンツはS3に配置する。動的コンテンツはAuroraに保存し、CloudFrontを経由してマルチAZのEC2インスタンスから配信する。

B. 静的コンテンツはS3に配置する。動的コンテンツはAurora Serverlessに保存し、CloudFrontを経由してLambdaから配信する。

C. 静的コンテンツはS3に配置する。動的コンテンツはElastiCacheに保存し、Route 53のレイテンシーベースルーティングを使用してマルチAZ構成のEC2インスタンスから配信する。

D. 静的コンテンツはS3に配置する。動的コンテンツはDynamoDBに保存し、CloudFrontを経由してLambda@Edgeから配信する。

解説

この設問では、静的コンテンツの配信方法と動的コンテンツの配信方法についてそれぞれ検討します。ニュースの配信であるため、どちらのコンテンツも参照系の処理がメインになります。

CloudFrontは、ニュースなどの静的コンテンツ等を配信するCDNサービスです。S3バケットなどに配置した静的コンテンツをオリジンとして、世界中に分散配置したCloudFrontのエッジロケーションにコンテンツをキャッシングし、ユーザーを一番近いロケーションへ誘導することで高速にコンテンツを配信します。静的コンテンツの負荷をエッジロケーションにオフロードするため、システム全体の耐久性を高めることができます。

一方、動的コンテンツは Aurora Serverless に保存することで、予測不可能なアクセスの増減にも対応することができます。また、Lambda 関数 URL を使用して CloudFront と関連付けることで、EC2 を使用する場合よりもコスト効率よくコンテンツを配信できます。したがって、B が正解です。

A. Aurora にもオートスケール機能がありますが、Aurora Serverless と比較してスケールに時間を要するため、瞬間的なスパイクアクセスには適していません。また、マルチ AZ の EC2 は、Lambda と比較してコスト効率がよいとはいえません。

C. ElastiCache はデータのキャッシュを主としたサービスであり、ニュースの動的コンテンツデータの保存には適していません。

D. DynamoDB はリレーショナルデータベースではないため、このメディア企業のニュース配信には適していません。

[答] B

問2

あなたは、アパレルメーカーに勤務するITアーキテクトです。会社が新規ブランド立ち上げにともない、複数の国でECサイトを立ち上げることになりました。ECサイトはリージョン障害時にもサービスを提供できるようにする必要があります。また、コンバージョン率を上げるため、ECサイトの利用者は近いロケーションのホストへ接続できるようにするよう求められています。最適なアーキテクチャはどれですか。(1つ選択してください)

A. 必要なリージョンにALBとEC2インスタンスを使い、アプリケーションをデプロイする。各リージョンのALBエンドポイントにRoute 53ヘルスチェックを設定し、プライマリフェイルオーバーレコードを登録する。セカンダリフェイルオーバーレコードにS3エンドポイントを指定し、フェイルオーバー時にはS3のコンテンツを表示するようにする。

B. 必要なリージョンにALBとEC2インスタンスを使い、アプリケーションをデプロイする。各リージョンのALBエンドポイントにRoute 53ヘルスチェックを設定し、Evaluate Target Healthを有効にしたレイテンシーレコードを登録することで、リージョン障害時に別のリージョンへのルーティングを実現する。

C. 2つのリージョンにALBとEC2インスタンスを使い、アプリケーションをデプロイする。CloudFrontディストリビューションを作成し、2つのALBエンドポイントをそれぞれオリジンに登録することで、リージョン障害時にもう片方のリージョンへのルーティングを実現する。

D. 2つのリージョンにALBとEC2インスタンスを使い、アプリケーションをデプロイする。各リージョンのALBエンドポイントにRoute 53ヘルスチェックを設定し、片方のALBエンドポイントでプライマリフェイルオーバーレコードを登録し、もう片方のALBエンドポイントでセカンダリフェイルオーバーレコードを登録することで、リージョン障害時にもう片方のリージョンへのルーティングを実現する。

解説

この設問では、リージョン障害が発生してもサービスを通常通り利用でき、利用者のロケーションに応じたリージョンへリクエストをルーティングすることが求められています。選択肢Bでは、複数のリージョンでサービスを提供できるようにアプリケーションをデプロイしており、利用者のリクエストのレイテンシーが最小になるエンドポイントをルーティングするRoute 53のレイテンシーベースルーティングと、正常なエンドポイントのみにルーティングするEvaluate Target Healthを有効にすることで要件を満たせます。したがって、Bが正解です。

Route 53によるレイテンシーベースルーティングと、Evaluate Target Healthを有効にした構成イメージを、図5.4-1に示します。

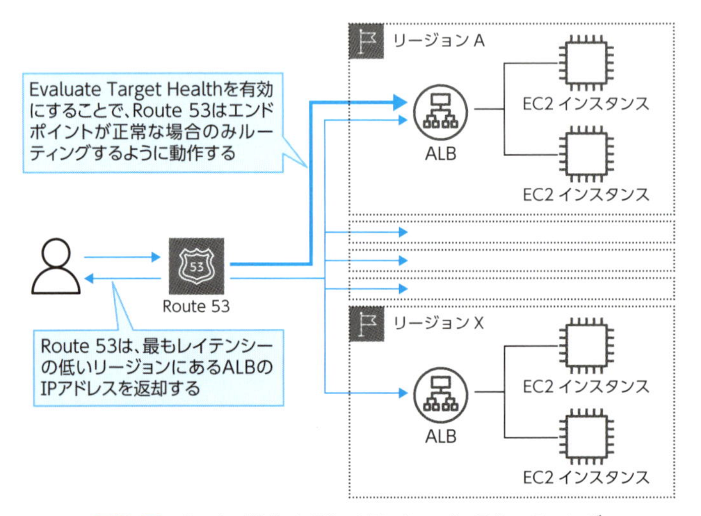

図5.4-1　Route 53によるレイテンシーベースルーティング

A. 各リージョンのALBエンドポイントについてプライマリフェイルオーバーレコードを作成することはできますが、それぞれ一意のFQDNとなってしまい、リージョンの数だけサイトが分かれてしまうので、本設問のケースに適しているとはいえません。また、S3のエンドポイントをセカンダリフェイルオーバーレコードとして登録すると、フェイルオーバー時にS3の静的コンテンツが表示されてしまい、障害前と同等のサービスを提供できなくなります。

C. CloudFrontディストリビューションのオリジンに複数のALBを指定することは可能ですが、ビヘイビア（URLパス）を分ける必要があり、要件に合いません。

D. リージョン障害に対する可用性はありますが、利用者に近いロケーションへの接続という要件を満たせません。

[答] B

問3

あなたは、大手IT企業に勤めるソリューションアーキテクトです。社内では毎日多数のEC2を利用した新規アプリケーション開発が行われています。ある日、アプリケーション開発者から、EC2の作成が失敗するという問い合わせを受けました。調査すると、EC2のvCPU数がサービスクォータを超えていることがわかりました。

アプリケーションに影響を与えず、今後このエラーに自動的に対処するにはどうすればよいですか。(1つ選択してください)

A. Trusted Advisorでサービスクォータの状態をチェックするLambda関数を作成する。サービスクォータの80%を超えた場合にAWS Support APIにクォータ上限緩和申請を送信する、Lambda関数を作成する。

B. 最終起動日時が一番古いEC2を削除するLambda関数を作成する。IAMロールを作成し、ec2:TerminateInstancesアクションを許可したIAMポリシーをアタッチする。Lambda関数にIAMロールをアタッチする。EC2の作成に失敗した場合、このLambda関数を実行する。

C. Service QuotasからEC2のvCPU数についてのサービスクォータを監視するCloudWatchアラームを作成する。アラームをトリガーにRest API経由でService Quotas APIに上限緩和申請を実行するLambda関数を作成する。

D. EC2の作成に失敗した場合、自動的に同じEC2の作成を実行するCloudFormationテンプレートを作成し、アプリケーション開発者に共有する。

解説

Service Quotasは、サービスクォータ値や上限緩和申請など、各AWSサービスのクォータについて一元的に管理できるサービスです。これに対応している一部のサービス(EC2やDynamoDBなど)では、Service QuotasからCloudWatchアラームを設定することができ、気づかないうちにリソースの上限に達してスケーリングができなくなるといった事態を未然に防げます。

また、AWS SDKなどを使用して、Service Quotas APIを使って自動化を行うことも可能です。したがって、Cが正解です。

A. Trusted Advisor でサービスクォータの状態を確認することはできますが、AWS Support API は上限緩和申請に対応していないため不正解です。

B. EC2 を削除すると新しい EC2 を作ることができますが、アプリケーションがダウンするおそれがあります。

D. サービスクォータに達している状態でリトライしても EC2 の作成はできません。

[答] C

5.5 パフォーマンス目標を満たすソリューションを設計する

問1

あるスポーツイベントがテレビで中継され、視聴者がリアルタイムに結果の予想を投稿するシステムを構築します。結果の予想は、SPA (Single Page Application) の Web アプリケーションとスマートフォンのネイティブアプリケーションから投稿されます。投稿はテレビ中継が始まった時点から急激に増えます。テレビ番組の視聴者は国内に大量にいます。番組の放送中に予想の途中集計がほぼリアルタイムで SPA/ ネイティブアプリケーションで配信されますが、集計結果は厳密である必要はありません。ただし、番組終了後に予想結果の投稿を締め切った後は厳密な集計結果を表示する必要があります。投稿が急激に増加しても遅延なく投稿を完了させるには、どのようなアーキテクチャで構成すればよいですか。(1つ選択してください)

A. ALB にパブリックドメインを割り当て、インターネットからアクセス可能にする。ALB には Auto Scaling 可能な EC2 を紐付けたターゲットグループを設定し、予想投稿を S3 に保存する。

B. ALB にパブリックドメインを割り当て、インターネットからアクセス可能にする。ALB には Auto Scaling 可能な EC2 を紐付けたターゲットグループを設定し、予想投稿を Redshift に保存する。

C. SPA/ ネイティブアプリケーションに SDK を組み込み、クライアントの端末から直接 DynamoDB に予想投稿を保存する。

D. SPA/ ネイティブアプリケーションに SDK を組み込み、クライアントの端末から直接 RDS for MySQL に予想投稿を保存する。

解説

この設問では、性能要件を満たすための適切なマネージドサービスを選択することが求められています。具体的には、以下の3点を満たす組み合わせを選択する必要があります。

1. 番組開始時の急激なアクセス増加（スパイク）に対応できること
2. 予想の投稿（書き込み処理）に対するレスポンスが高速であること
3. 番組終了後の予想結果集計は厳密であること（少なくとも結果整合性がとれること）

1.のスパイクへの対応ですが、AやBのようなALB + EC2（Auto Scaling）の組み合わせでは急激なスパイクに対応できません。なぜなら、Auto ScalingはCloudWatchがメトリクスを収集した値によってスケールアウトを実行するからです。CloudWatchのメトリクス収集間隔は最短でも1分あり、また、スケールアウト実行後のEC2の起動処理は数分程度かかるため、スパイク発生からスケールアウト完了までしばらく時間が必要です。

一方、CおよびDのデータベースサービスへ直接書き込む方式は、CloudWatchのメトリクス収集間隔やEC2の起動時間とは無関係です。しかし、DのRDS for MySQLは、データベースからの読み出し負荷が高い場合、リードレプリカによってスケールアウトを実現できますが、データベースへの書き込みに対してはスケールアウトする機能がありません。このためDの方式の場合、データベースに対する書き込み負荷がボトルネックとなり、投稿のレスポンスは遅延することが予想されます。したがって、CのDynamoDBへのデータ保存が正解です。なお、問題文には記載されていませんが、DynamoDBのAuto Scaling機能もEC2のAuto Scaling機能と同じく、CloudWatchのメトリクスを読み取ってスケーリングを行います。このため、DynamoDBはAuto Scalingではなく、オンデマンドキャパシティ設定とします。

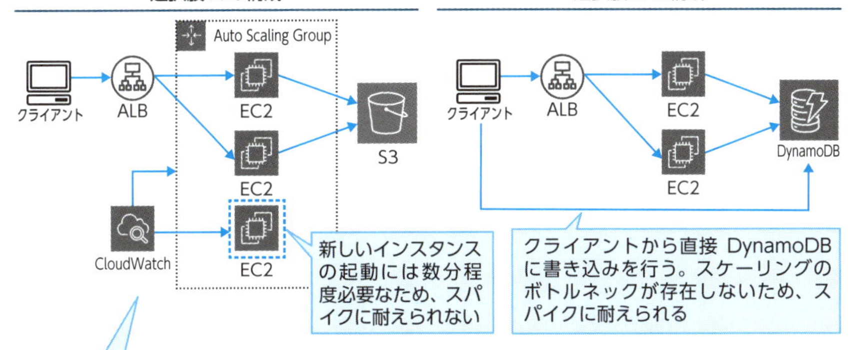

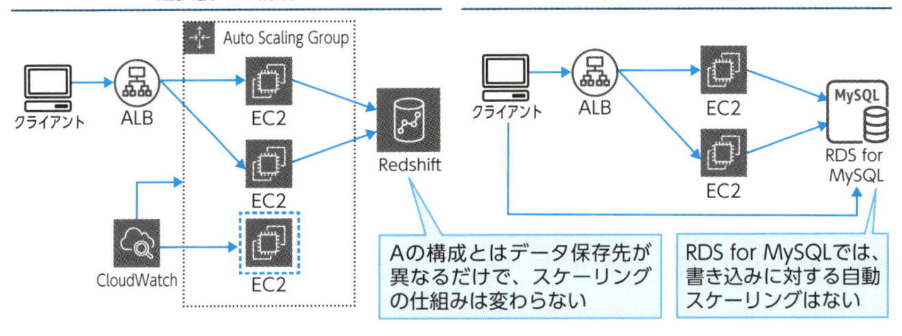

図 5.5-1 スケーリング

A. S3は、充実した冗長化オプションや容量無制限といった特性を持ち、大容量データの保存やWebサイトの静的コンテンツ配信の用途に向いています。しかし、RDBMSやNoSQLに比べるとデータ保存速度は速くないため、この設問のようなクイックなデータ保存先には向いていません。

B. Redshiftは、DWHとして利用されるために開発されており、集計対象のデータを保存してBIツールからアクセスする用途に向いています。集計に特化しており、保存速度は速くないため、この設問のようなクイックなデータ保存先には向いていません。

D. RDSは、RDBMSのマネージドサービスであり、トランザクション機能が必要なOLTPなどの用途に向いています。この設問の要件の場合、自動的なスケーリングが行えないため不適切です。

［答］C

問2

あなたの会社では、現在、Webアプリケーションを開発しており、ELB、EC2、RDSを利用しています。パフォーマンステストをしたところ、データベースへの読み込みアクセスが非常に多く、データベースへの負荷が高いためにWebアプリケーションのレスポンスが非常に遅くなることがわかりました。できるだけ安価に性能を改善するには、どうすればよいですか。（複数選択してください）

A. ElastiCacheを追加し、RDSへのデータ保存時にはElastiCacheにもデータを保存する。ElastiCacheにキャッシュが乗っている場合は、RDSへアクセスせずにキャッシュの情報を返す。

B. EC2を追加し、ELBからのアクセスを均等に振り分ける。

C. Alexa Skillを追加し、人工知能によって素早い計算を行う。

D. EC2のインスタンスタイプをスケールアップしてネットワーク帯域を拡張する。また、EBS最適化オプションとプロビジョンドIOPSを有効にし、ブロックストレージへのアクセスを高速化する。

E. S3バケットを追加し、RDSから取得したデータを保存する。S3バケットにキャッシュが乗っている場合は、RDSへアクセスせずにキャッシュの情報を返す。

F. RDSにリードレプリカを追加し、読み込みアクセスはリードレプリカを参照する。

解説

性能改善を検討する際には、まず、ボトルネックがどこにあるかを考えることが重要です。この設問では、データベースへの負荷が高いことが性能のボトルネックになっています。そのため、データベースへの負荷を抑えるソリューションを検討します。

問題文に、読み込みアクセスが非常に多いと記載されているので、データベースへの読み込み負荷を分散させればよいことがわかります。このような場合には、リードレプリカもしくはキャッシュレイヤーを作成して負荷を分散させます。よって、A、E、Fを検討します。

まず、キャッシュレイヤーを採用するケースを検討します。AではElastiCache、また、EではS3を利用しています。S3はElastiCacheと比べると読み込み速度が遅く、キャッシュ用途には向いていません。次に、リードレプリカがこのケースで利用可能かを検討します。問題文から、現在の構成では読み込み負荷が高く、読み込みの負荷分散を行うことができれば性能改善が見込まれることがわかります。そこで、RDS にリードレプリカを追加し、読み込みアクセスのみリードレプリカに振り分けます。これにより負荷が分散され、性能が改善されます。したがって、A と F が正解です。

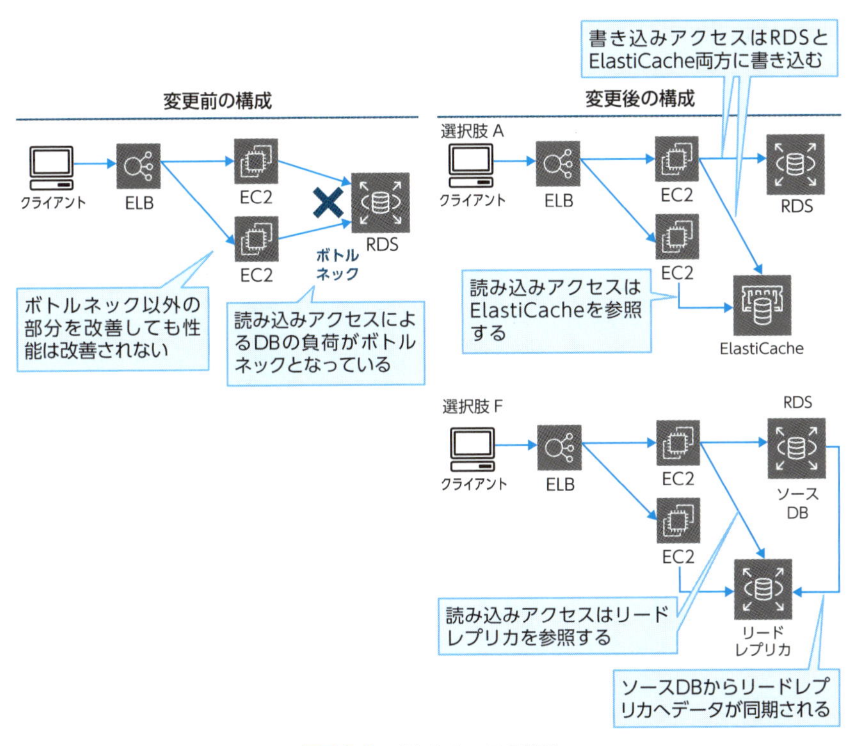

図 5.5-2　ボトルネックの改善

B. EC2 へのアクセス負荷が高いことがボトルネックになっている場合は有効な対応策ですが、今回はデータベースにボトルネックがあります。このため、EC2 の負荷分散をしてもシステム全体の性能は上がりません。

C. Alexa Skill は、Amazon Echo のような Alexa 対応製品とシステムのインターフェイスを構築するものであり、人工知能の機能は持っていません。

D. EC2 のネットワーク速度や EBS 利用時の I/O にボトルネックがある場合は有効な対応策ですが、今回はデータベースにボトルネックがあります。このため、EC2 の性能を上げてもシステム全体の性能は上がりません。

E. S3 はキャッシュ用途のサービスではありません。

[答] A、F

問3

あなたの会社では、突発的なアクセス増加はなく、毎年30%程度ずつ利用者が増えていくようなWebサイトを運用しています。このシステムは現在、オンプレミスで稼働していますが、AWSにマイグレーションすることにしました。システム構成を変えたくないのでロードバランサーをELBに、アプリケーションサーバーとデータベースサーバーをEC2にしました。データベースサーバーにはOracleデータベースをインストールして利用します。システムは24時間稼働でできるだけ停止させたくありません。利用者の増加に対してどのような対策をすればよいですか。(1つ選択してください)

A. CloudWatchを設定し、EC2のメモリ使用量、CPU使用率などを監視する。メモリ使用量とCPU使用率が一定の値を超えた場合にインスタンスサイズを1段階大きいものに変更する。

B. CloudWatchを設定し、EC2のメモリ使用量、CPU使用率などを監視する。メモリ使用量とCPU使用率が一定の値を超えた場合にWorkSpacesを起動して一時的に負荷を分散させる。

C. CloudWatchを設定し、EC2のメモリ使用量、CPU使用率などを監視する。メモリ使用量とCPU使用率が一定の値を超えた場合にEC2を追加するようにAuto Scalingを設定する。

D. CloudWatchを設定し、EC2のメモリ使用量、CPU使用率などを監視する。メモリ使用量とCPU使用率が一定の値を超えた場合にデータをS3に退避し、EBSの容量を空ける。

解説

オンプレミス環境とクラウド環境では、インスタンスの調達に関して大きな違いがあります。オンプレミス環境ではデータセンターの床面積に限りがあり、メンテナンス対象の物理サーバーの数を少なくしたいという理由で、高いスペックのサーバーを少数買うケースが多いです。これに対してクラウド環境では簡単にインスタンスを追加できるため、初めから高いスペックのインスタンスを立てるよりも低いスペックのインスタンスを立てておき、利用者の増加にともなってインスタンスの数を増やしていくほうが経済的です。以上のような理由から、クラウド環境ではスケールアップ(性能の増強)よりもスケールアウト(台数の増強)のほうが適しています。

スケールアップでは、インスタンスタイプのうち最も性能の高いもので頭打ちになり、それ以上のスケールは実現できなくなりますが、スケールアウトの場合はAWSのハードリミットにかかるまでスケーリング可能であり、性能が頭打ちになることはほぼありません。万が一ハードリミットにかかるまでスケーリングしたとしても、その後でスケールアップという手段がとれるため、頭打ちにはなりません。

また、1台のインスタンスをスケールアップで対応していく方式の場合、スケーリングの際に必ずダウンタイムが発生してしまいます。

このため、クラウド環境でシステムを構築する場合には、スケールアウトが可能なアーキテクチャ構成にすることが望ましいといえます。したがって、EC2の台数を増やしていくCが正解です。

A. この方式はスケールアップであり、ダウンタイムが発生してしまいます。できるだけ停止させたくないという本設問の要件に合いません。

B. WorkSpacesは、個人のPCとして利用することを想定したサービスであり、サーバーとして運用する用途には向いていません。また、ELBにつなぐことができないため、負荷分散もできません。

D. EBSの空きストレージ容量は、性能とは関係がありません。

[答] C

5.6 ソリューションの目標と目的を達成するためのコスト最適化戦略を決定する

問1

あなたの会社では、EC2インスタンスを使用したシステムからECSのFargateに移行し、1年が経過しました。システムは、Webアプリケーションをホストする複数のFargateタスクと、バックエンドのデータベースで構成されています。

移行後、当初の予想よりもコストが30%以上高くなっており、原因の特定とコスト最適化が急務となっています。Fargateのタスクには、構築時の試算をもとに十分なリソースを割り当てていますが、実際のリソース使用率は低めに推移しているようです。なお、アプリケーションの性能要件は満たされており、ユーザーから性能不足の指摘はありません。

コスト最適化の一環として適切な施策はどれですか。(1つ選択してください)

A. Compute Optimizerを使用して、現在のFargateリソースが最適かどうかを確認し、Fargateタスクのサイズを見直す。

B. Cost Explorerを使用して、Fargateだけでなく他のサービスも含めたコスト削減の機会を特定する。その上で、サービス全体の使用状況を見直す。

C. Fargateのタスクにリザーブドキャパシティを購入し、コストを削減する。

D. Trusted Advisorを使用して、コスト最適化の推奨事項を確認する。

解説

この設問では、Fargateのコストが予想以上に高くなっている原因が不明確ですが、Fargateのタスクに割り当てられたリソースに対して、実際のリソース使用率が低めに推移していることがポイントです。

Compute Optimizerは、過去のリソース使用状況を分析し、コンピューティングリソースの最適化に関する推奨事項を提示してくれるツールです。今回のケースのようにコスト増大の原因が明確でない場合、Compute Optimizerを使用して現在のFargateリソースが最適かどうかを確認し、その結果をもとにタスクのサイズを見直すことが、最も適切なコスト最適化の施策といえます。したがって、A が正解です。

B. Cost Explorer は、AWS の使用状況とコストを可視化するためのツールであり、コスト削減の機会を特定するのに役立ちます。ただし、Fargate のリソース使用状況が最適ではない可能性がある場合は、まず、Compute Optimizer を使用して最適化を図ることが推奨されます。

C. Fargate のリザーブドキャパシティは、一定期間の使用を確約することで割引を受けられる料金モデルですが、リソースが過剰な状態でリザーブドキャパシティを購入しても、コスト最適化の効果は限定的です。

D. Trusted Advisor は、コスト最適化を含むさまざまなベストプラクティスについて推奨事項を提供してくれるツールですが、Fargate のリソースサイズの最適化については、Compute Optimizer を使用したほうが、より直接的かつ具体的な推奨事項を得られます。

[答] A

問2

あなたは、大手モバイルゲーム会社のAWS環境を管理するソリューションアーキテクトです。同社は、ユーザー数が急増しているモバイルゲームを運営しており、ゲームサーバーはECSクラスター上で動作し、パブリックサブネットに配置されています。ゲームデータはDynamoDBに保存され、頻繁に読み書きが行われます。また、ユーザー認証とランキング情報はCognitoを使用して管理されており、各種の設定ファイルやログデータはS3に保存されています。

現在、AWSのデータ転送コストが予想以上に増大しています。そのため、あなたは、ゲームの安定運用を維持しつつ、データ転送コストを効果的に削減し、可能な限り管理オーバーヘッドを減らすための戦略の立案を求められています。最も適切な戦略はどれですか。(1つ選択してください)

A. ECSクラスターをプライベートサブネットに移動し、NATインスタンスを経由してインターネットにアクセスする。S3とDynamoDBへのアクセスにはVPCエンドポイントを使用する。

B. ECSクラスターをプライベートサブネットに移動し、NATゲートウェイを使用してインターネットにアクセスする。S3とDynamoDBへのアクセスにはVPCエンドポイントを使用する。

C. ECSクラスターをパブリックサブネットに維持し、S3とDynamoDBへのアクセスにはパブリックIPアドレスを使用する。API Gatewayを使用して、外部からのアクセスを制御する。

D. ECSクラスターをプライベートサブネットに移動し、S3とDynamoDBへのアクセスにはNATゲートウェイを使用する。Cognitoへのアクセスにはインターネットゲートウェイを使用する。

解説

ここでは、データ転送コストと管理オーバーヘッドを削減するための戦略が問われています。以下の3点の理由から、Bが最も適切な戦略といえます。

- ECSクラスターをプライベートサブネットに移動することで、ゲームサーバーがインターネットに直接公開されなくなります。これにより、DDoS攻撃などの外部からの膨大なトラフィックによる課金リスクを減らし、データ転送コストを削減できます。

- NAT ゲートウェイを使用してインターネットにアクセスすることで、ゲームサーバーからインターネットへの接続を安全かつ効率的に管理できます。NAT ゲートウェイは、組み込みのスケーリングと冗長性を提供し、管理オーバーヘッドを削減します。
- S3 と DynamoDB へのアクセスに VPC エンドポイントを使用することで、これらのサービスへのトラフィックがインターネットを経由せず、AWS のプライベートネットワーク内で処理されます。これにより、データ転送コストを大幅に削減できます。

以上より、ECS クラスターをプライベートサブネットに移動し、NAT ゲートウェイと VPC エンドポイントを活用することで、安全かつコスト効率のよいアーキテクチャを実現できます。したがって、B が正解です。

A. NAT インスタンスは管理オーバーヘッドが高く、スケーリングを手動で行う必要があります。

C. ECS クラスターをパブリックサブネットに維持しているため、外部からの不要なトラフィックが発生し、データ転送コストが高くなる可能性があります。

D. Cognito へのアクセスにインターネットゲートウェイを使用している点は正しいのですが、S3 と DynamoDB へのアクセスに NAT ゲートウェイを使用しているため、不正解となります。NAT ゲートウェイではなく、VPC エンドポイントを使用するのが最適です。

[答] B

問3

あなたは、大規模な小売業のITマネージャーです。新たなオンラインショッピングサイトと受発注システムを開発するプロジェクトを担当しています。これらのシステムは顧客やビジネスパートナーとの取引に直結するため、24時間365日の高可用性が求められます。

システムはEC2インスタンス上で稼働させる予定ですが、ビジネスの成長にともない、インスタンスのサイズやOSを柔軟に変更できる必要があります。また、将来的にはサーバーレスアーキテクチャへの移行も検討しています。さらに、災害対策（DR）の要件があるため、複数のリージョンでインスタンスを稼働させる必要があります。

経営陣からはAWS利用料の節約を求められており、コスト効率を最優先に考慮する必要があります。現在、あなたは、システムの利用予測など複雑な分析を実施しているところです。今後少なくとも1年間は、安定的なアクセス数と処理量が見込まれると予想されます。この分析結果をもとに、最適なインスタンスの購入オプションを決定したいと考えています。

このような状況に最適で、最もコスト効率の高い購入オプションはどれですか。（1つ選択してください）

A. スタンダードリザーブドインスタンス
B. コンバーティブルリザーブドインスタンス
C. Savings Plans
D. スポットインスタンス

解説

ミッションクリティカルなワークロードを実行するEC2インスタンスの最適な購入オプションを、コスト効率化の観点で問う設問です。

Savings Plansは、リザーブドインスタンスと同等の割引を提供しつつ、インスタンスタイプを柔軟に変更できるため、ビジネスの成長にともなう需要の変化に対応しやすいのが特徴です。Savings Plansであれば、全インスタンスタイプや全リージョンに適用されるため、インスタンスタイプの変更だけでなくDRの要件にも適しています。また、FargateやLambdaにも対応しているため、サーバーレスアーキテクチャへの移行にも対応できます。したがって、Cが正解です。

A. スタンダードリザーブドインスタンスは、長期的なコミットメントと引き換えに大幅な割引を提供しますが、インスタンスタイプやリージョンを柔軟に変更できないため不適切です。

B. コンバーティブルリザーブドインスタンスは、インスタンスタイプを柔軟に変更できますが、スタンダードリザーブドインスタンスよりも割引率が低くなります。今回はDR要件により複数のリージョンでインスタンスを稼働させる必要があるため、CのSavings Plansのほうが、より適切な選択肢になります。

D. スポットインスタンスは大幅な割引が適用されますが、中断のリスクがあるため、ミッションクリティカルなワークロードには不向きです。

[答] C

第6章

「既存のソリューションの継続的な改善」分野におけるケース問題

「既存のソリューションの継続的な改善」分野では、AWS のベストプラクティスを踏まえた上で、運用上の優秀性、セキュリティ、パフォーマンス、信頼性、コストなどの改善を行うための最適なソリューションを選択できるかが問われます。

本章では、ケース問題を通じて、どのようにソリューションを改善するか、というテーマに関して演習を行います。

6.1 全体的な運用上の優秀性を高めるための戦略を作成する

問 1

フィンテック系のスタートアップ企業 A 社は、AWS のインフラ管理のために CloudFormation を利用しています。CloudFormation テンプレートの中には、EC2 や RDS などが含まれています。ある日、A 社のエンジニアの 1 人が、誤ってステージング環境の CloudFormation スタックを削除してしまい、EC2 にアタッチされていた EBS ボリューム、RDS クラスターも削除されてしまいました。幸いなことに、データはバックアップから復元することができましたが、A 社の経営層は、本番環境で同様の事態が発生した場合でもデータを保持できるよう、あなたに対策の検討を指示しました。どのような対策を提案しますか。（1つ選択してください）

A. CloudTrail を有効化し、CloudFormation の DeleteStack API コールを検知し、管理者にメールでアラートを送信する。

B. AWS Config のマネージドルールを活用し、EBS ボリュームや RDS の削除を禁止する。

C. CloudFormation テンプレートの EBS ボリュームや RDS の属性として、DeletionPolicy を設定する。

D. IAM ポリシーを更新し、CloudFormation スタックの削除をごく限られた管理者ユーザーにのみ許可する。

解説

CloudFormation テンプレートでは DeletionPolicy という属性が利用可能です。この属性を設定することで、CloudFormation スタックが削除されても特定のリソースを保持できます。したがって、C が正解です。

A. CloudTrail で API コールを検知し、通知したとしても、EBS や RDS の削除を防げるわけではありません。

B. AWS Configのマネージドルールには、EBSやRDSの削除を禁止するルールは存在しません。

D. IAMポリシーによってCloudFormationスタックの更新・削除が可能なユーザーを制限するのは正しいアプローチです。ただし、この場合でも、権限を持ったユーザーによるオペレーションミスは防げないため、この対策だけでは不十分です。

[答] C

問2

光学機器メーカーのA社は、システムのメンテナンス用に、DMZサブネットにWindowsベースのEC2インスタンスを、踏み台サーバーとして稼働させています。A社のポリシーでは、インターネットからアクセスされるサーバーについては、セキュリティパッチのリリースから3日以内に適用することが定められています。パッチの適用は、本番サービス時間外のメンテナンスウィンドウの時間内に行う必要があります。また、踏み台サーバーは、緊急時のメンテナンス作業に備えて、常に稼働させておく必要があります。これらの要件を、管理者の負荷を最小限にして実行するにはどうすればよいですか。(1つ選択してください)

A. EC2インスタンスにSystems Managerエージェントをインストールし、Patch Managerを利用してセキュリティパッチの適用を行う。EC2インスタンスに対してAuto Scalingを有効化し、最小数を1に設定することで、インスタンス障害時にも自動復旧できるようにする。

B. Elastic Beanstalkを利用し、踏み台サーバー用のenvironmentを作成する。パッチの適用は、Elastic Beanstalkのマネージドプラットフォーム更新機能を利用する。インスタンス障害時にも自動復旧できるよう、Elastic Beanstalkのenvironmentのオプションで Auto Healingを有効化する。

C. EC2インスタンスにSystems Managerエージェントをインストールし、Run Commandを利用してセキュリティパッチの適用を行う。EC2インスタンスの自動復旧を有効化し、インスタンス障害時にも自動復旧できるようにする。

D. EC2インスタンスにSystems Managerエージェントをインストールし、Patch Managerを利用してセキュリティパッチの適用を行う。Systems ManagerのAuto Healing機能を利用し、インスタンス障害時にも自動復旧できるようにする。

解説

Systems ManagerのPatch Managerを利用することで、Microsoftのアップデート情報を取得し、適用可能なアップデートのリストを作成できます。また、パッチ適用のスケジュールについてもメンテナンスウィンドウに関連付け、スケジューリングすることができます。インスタンス障害時には、Auto Scalingに設定した最小インスタンス数1の設定にもとづき、常に1台のインスタンスは起動した状態を保つことができます。したがって、Aが正解です。

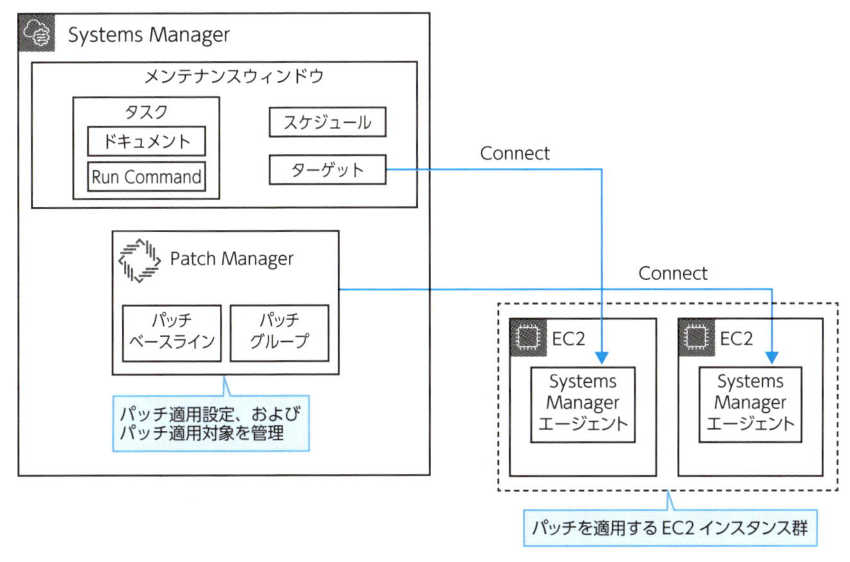

図6.1-1　Systems ManagerのPatch Managerによるパッチ適用

B. Elastic Beanstalkは、AWSが提供するPaaSサービスです。Elastic Beanstalkのマネージドプラットフォーム更新機能を利用することで、パッチ適用に係る管理者の負荷を削減できます。ただし、Elastic Beanstalkのenvironmentでは Auto Healing機能は提供されておらず、要件を満たしません。

C. パブリックドキュメントや独自に作成したドキュメントをRun Commandで実行することでパッチ適用を行うことは可能ですが、管理者の負荷を最小限にするためには、パッチ適用用途に最適化されたPatch Managerを利用するほうが適しています。なお、インスタンスの自動復旧が動作するのは、基盤となるハードウェアの問題でインスタンスに障害が発生した場合のみです。その他の障害では自動復旧が動作しないため、要件を満たしません。

D. Systems ManagerではAuto Healing機能は提供されておらず、要件を満たしません。

[答] A

問3

ある会社は、AWSアカウントでWindowsとLinux OSのEC2インスタンスを混在させています。システム管理者は、キャパシティプランニングのために、すべてのプロダクションインスタンスに対して月次でパフォーマンスチェックを実施するように依頼されました。本番環境で実行されているEC2インスタンスは300台以上あり、各インスタンスにはメモリ使用量、ディスクスペースなどのさまざまなシステムメトリクスおよびログを収集する機能が必要です。さらに、システム管理者は、ネットワークトラフィックの問題が発生した場合にトラフィックを分析するための仕組みを整備するように依頼を受けました。これらの要件を最小限の労力で満たすソリューションはどれですか。(2つ選択してください)

A. VPC Traffic Mirroringを有効にする。1台のEC2インスタンスに、ディープパケットインスペクションに対応するサードパーティーのツールをインストールし、トラフィック分析用サーバーとして構成する。VPC Traffic Mirroringのターゲットをトラフィック収集用サーバーのENIに設定し、各EC2インスタンスのENIを通過するトラフィックを集約して分析する。

B. 1台のEC2インスタンスに、ディープパケットインスペクションに対応するサードパーティーのツールをインストールし、トラフィック分析用サーバーとして構成する。Network Firewallを利用し、各EC2インスタンスを出入りするトラフィックがトラフィック分析用サーバーを透過的に経由するようにルートテーブルを構成する。トラフィック収集用サーバーでトラフィックを集約して分析する。

C. VPC Flow Logsを有効にする。フローログをCloudWatch Logsに送信するように構成する。各EC2インスタンスのENIを通過するトラフィックをCloudWatch Logs Insightsで分析する。

D. 各EC2インスタンスに統合CloudWatchエージェントをインストールして設定し、自動的にデータを収集してCloudWatch Logsにプッシュし、CloudWatch Logs Insightsでログデータを分析する。

E. 各EC2インスタンスにSystems Manager Agent (SSM Agent) を設定してインストールし、自動的にデータを収集してCloudWatch Logsにプッシュし、CloudWatch Logs Insightsでログデータを分析する。

F. 各EC2インスタンスにKinesis Agentをインストールして設定し、Data Firehoseを構成し、自動的にデータを収集してOpenSearch Serviceにプッシュする。OpenSearch Dashboardsでログデータを分析する。

解説

AWSは、EC2インスタンスとオンプレミスサーバーからログを収集するために、統合CloudWatchエージェントを提供しています。統合CloudWatchエージェントを使用すると、システムレベルのメトリクスとログを収集できます。また、CloudWatch Logs Insightsを使用すると、CloudWatch Logsに対してインタラクティブにログデータの検索および分析ができます。

VPC Flow Logsは、VPC内のネットワークインターフェイスを通過するトラフィックの情報をキャプチャする機能です。CloudWatch Logs InsightsはVPC Flow Logsのログフィールドをサポートしており、VPC Flow Logsで収集したトラフィックを分析するのに役立ちます。したがって、CとDが正解です。

A. トラフィックの詳細を分析するのに有効なソリューションですが、サードパーティーのツールを導入する必要があり、導入時の労力を最小限にすることができません。また、分析用サーバーとしてEC2インスタンスを維持管理し続ける必要があり、運用面でも継続的に労力が必要になるため適切ではありません。

B. Aと同様、最小限の労力で要件を実現するソリューションとはいえません。

E. SSM Agentの導入後、Session Managerを使用してインスタンスに手動で接続してログファイルを表示し、問題をトラブルシューティングすることはできますが、SSM Agentのみを導入して要件を実現することは現実的ではありません。

F. ログデータを詳細に分析するのに有効なソリューションですが、OpenSearchドメインやData Firehoseのセットアップが必要になり、導入時の労力を最小限にすることができません。また、OpenSearchのドメインの作成では、ノードのインスタンスやストレージを設定します。その後、データの収集に応じてノードのステータス監視やストレージの容量監視を行うなど運用面でも継続的に労力が必要となるため、適切ではありません。

[答] C、D

問 4

ある会社は、KMS を使用してカスタマーマネージドキーを管理しています。最近、そのキーの 1 つが誤って削除されました。アクセス頻度の低いデータの暗号化キーであったため、KMS キーを削除するための必須の待機期間内に誰もエラーを発見できず、その結果、暗号化対象のデータの一部を利用できなくなりました。

この会社では、CloudTrail を設定して、ログを CloudWatch Logs と S3 バケットに配信するようにしています。システム管理者は、キーの誤削除を回避するため、KMS キーの削除がリクエストされた場合に速やかに通知を受け取りたいと考えています。この要件を最小限の労力で満たすソリューションはどれですか。（1つ選択してください）

A. S3 バケット内の CloudTrail ログの中から、KMS キーの削除リクエストに該当するエントリを確認するための Athena クエリを作成し、毎日クエリを実行するようにスケジュールする。システム管理者に結果を配信するようにクエリを設定する。必要に応じて削除リクエストをキャンセルする。

B. S3 バケット内の CloudTrail ログの中から、KMS キーの削除リクエストに該当するエントリを確認するための Athena クエリを作成し、毎日クエリを実行するようにスケジュールする。クエリ実行後、Lambda 関数をターゲットとして呼び出すように設定する。Lambda 関数を設定して、削除リクエストが存在する場合にはリクエストをキャンセルする。

C. KMS キーの削除リクエストが実行されたときにアラートを生成するための EventBridge ルールを作成する。ルールを設定して、システム管理者に Amazon SNS メッセージを送信する。必要に応じて削除リクエストをキャンセルする。

D. KMS キーの削除リクエストが実行されたときにアラートを生成するための EventBridge ルールを作成する。ルールを設定して、Lambda 関数をターゲットとして呼び出す。Lambda 関数を設定して、削除リクエストが存在する場合にはリクエストをキャンセルする。

解説

KMS キーを削除すると、その KMS キーを使って暗号化されたデータを復号できなくなります。このため、KMS キーの削除は、そのキーを今後使用しないことが確実である場合にのみ行います。

KMSキーを削除することは破壊的でリスクをともなうため、必須の待機期間が終了しない限り、KMSキーは削除されません。削除の待機期間中は、KMSキーの状態が削除保留中になります。KMSキーの削除が誤ってリクエストされた場合には、待機期間の終了前にキーの削除をキャンセルします。

EventBridgeには、KMSキーの削除リクエストに対するアラートを生成するための事前構築されたルールがあります。パブリッシャーとなるEventBridgeからAmazon SNSを介してサブスクライバーへメッセージを配信することで、最小限の労力で設問の要件を実現できます。したがって、Cが正解です。

A. Athenaは、標準SQLを使用してS3内のデータを直接分析するのに役立つ対話型クエリサービスです。クエリをスケジュール実行するにはLambda等のサービスと組み合わせる必要があり、最小限の労力で要件を実現するソリューションとはいえません。

B. Aと同様、最小限の労力で要件を実現するソリューションとはいえません。

D. リクエストが誤りでない場合もあるので、Lambda関数を使用して削除リクエストをキャンセルすることは適切ではありません。システム管理者は、リクエストが誤って行われたかどうかを判断するために、リクエストをレビューする必要があります。

[答] C

6.2 セキュリティを向上させるための戦略を決定する

問 1

ある通信キャリアは、本番環境の EC2 上で複数のアプリケーションを稼働させています。アプリケーションは、複数の部門によって開発、保守、運用されています。通信キャリアは 1 つの AWS アカウントを利用しており、VPC はアプリケーションごとに分割されています。また、ステージング環境や開発環境用の VPC も同じ AWS アカウント上に存在します。この環境構成において、開発者や運用担当者が、他部門が管理する EC2 を誤って停止、削除したり、設定を変更してしまうという障害が立て続けに発生しています。あなたは、この状況を改善するために助言を求められています。同時に、通信キャリア側からは、対策にともなうサービス停止は発生させないよう指示を受けています。どうすれば、要件を満たしつつ、可用性の観点でセキュリティを改善できますか。(1つ選択してください)

A. 通信キャリアのオンプレミス環境にあるディレクトリに対してフェデレーション設定を行い、ディレクトリに登録されたアカウント／パスワードでマネジメントコンソールの認証を行う。既存の開発者や運用担当者の IAM ユーザーはすべて削除する。NACL により、各 VPC 間の通信はすべて拒否する。

B. 開発者や運用担当者の IAM ユーザーに IAM ロールをアタッチする。IAM ロールによって、自身が担当するアプリケーション用の EC2 のみ操作できるよう制御する。

C. EC2 に対して、部門を識別するタグを付与する。タグの付与忘れを検知するため、AWS Config のマネージドルールを活用してチェックを行う。IAM グループと IAM ポリシーを活用し、自身が所属している部門のタグが付与された EC2 インスタンスのみ操作できるよう制御する。

D. AWS アカウントを部門ごとに作成し、自部門の EC2 インスタンスは自部門の AWS アカウント上に移行する。IAM ユーザーは、AWS アカウント単位で必要な開発者、運用担当者に発行する。

解説

EC2にタグを付与することで、IAMポリシーを活用してタグをキーに開発者や運用担当者のアクセス制御を実現できます。タグの付与や、AWS Configのマネージドルールの追加はサービス停止をともなわないので、要件を満たします。したがって、Cが正解です。

A. IAMユーザーがディレクトリのアカウントに変更されただけであり、他部門のEC2インスタンスを操作できてしまうという状況は改善していません。また、NACLによるアクセス制御も問題の解決にはつながりません。

B. IAMロールは、EC2などのAWSのサービスや他のアカウントに対して、AWSサービスを操作する権限を付与する仕組みです。IAMユーザーにIAMロールをアタッチすることはできません。

D. AWSアカウントを部門ごとに作成することで、EC2やIAMユーザーを部門ごとに分けることが可能になり、問題の根本解決につながる「あるべきソリューション」ではありますが、EC2の移行の際にサービス停止をともなうため要件を満たしません。

[答] C

問2

ある企業A社は、自社のビジネスを展開するオンラインサイトを20サイト、us-east-1リージョンで運用しています。セキュリティ保護とSEO対策のため、すべてのオンラインサイトのFQDN（Fully Qualified Domain Names）はHTTPSでアクセスできるようになっており、オンラインサイト利用者はALBを経由してサイトにアクセスします。HTTPSを実現するサーバー証明書は、ALBに登録されています。A社は、ビジネスのさらなる拡大を目指し、eu-west-1リージョンに現行のオンラインサイトを横展開する、マルチリージョン対応を計画しています。マルチリージョン対応は、オンラインサイトのサービスを中断することなく実現する必要があります。どのように対応しますか。（1つ選択してください）

A. Certificate Managerを利用して、us-east-1リージョンで各FQDN用の証明書を発行する。発行した証明書をus-east-1リージョンとeu-west-1リージョンのALBに登録する。

B. KMSを利用して、各FQDN用の証明書を発行する。証明書は、us-east-1リージョンのALBに登録する。KMSのクロスリージョン認証機能を有効化し、eu-west-1リージョンのALBでもHTTPSアクセスを可能にする。

C. 証明書を発行するため、EC2用にKey Pairを作成する。作成したKey Pairをもとに、KMSに対して各FQDN用の証明書の発行をリクエストする。発行された証明書をus-east-1リージョンとeu-west-1リージョンのALBに登録する。

D. Certificate Managerを利用して、us-east-1リージョンとeu-west-1リージョンそれぞれで、使用する各FQDN用の証明書を発行する。発行した証明書をus-east-1リージョンとeu-west-1リージョンのALBに登録する。

解説

Certificate Managerを利用することにより、ALBやCloudFront用のサーバー証明書を無料で発行することができます。Certificate Managerはリージョン単位でサーバー証明書を発行するので、今回のケースでいえばus-east-1リージョンとeu-west-1リージョンそれぞれで証明書を発行し、各リージョンのALBに登録する必要があります。したがって、Dが正解です。

A. Certificate Manager はリージョナルサービスであるため、us-east-1 リージョンと eu-west-1 リージョンのそれぞれでサーバー証明書を発行する必要があります。

B. KMS は暗号化に利用するマスターキーの管理を行うためのマネージドサービスであり、サーバー証明書の発行機能はありません。

C. サーバー証明書の発行に、EC2 の Key Pair は必要ありません。また、KMS ではサーバー証明書を発行できません。

[答] D

問 3

あなたは、ソリューションアーキテクトとしてある企業のクラウドマイグレーションを支援しています。現行のアプリケーションはオンプレミス環境上で稼働しており、インターネットを経由してサードパーティーが公開する API にアクセスし、データを取得しています。サードパーティーの API へのアクセスには API キーが必要であり、現在はアプリケーションがホストされているサーバーのローカルディスクに API キーを保存しています。アプリケーションを AWS 環境に移行するにあたり、クライアント企業は AWS の機能を活用し、API キーをよりセキュアに管理したいと考えています。たとえば、本番環境や開発環境といったランドスケープごとに、異なる API キーを使用します。また、監査目的のため、API キーへのアクセスログも取得します。API キーは、平文で保存するのではなく、クライアント企業が生成したマスターキー(KMS キー)を使って暗号化します。そして、API キーについては、ランドスケープの種別に応じてアクセス制御を行います。これらの要件を満たす最もセキュアな対策はどれですか。(1つ選択してください)

A. アプリケーションをホストする EC2 インスタンス起動時に、userdata を利用してスクリプトを実行する。スクリプト中で API キーを暗号化し、EC2 インスタンスの EBS ボリューム上に保存する。EC2 インスタンスには、IAM ロールをアタッチし、kms:encrypt アクションと kms:decrypt アクションを許可することで、API キーの暗号化・復号に KMS 上に保存された KMS キーを利用できるようにする。

B. Systems Manager の Parameter Store にて、ランドスケープの種別ごとに API キー用の Secure String パラメータを作成する。Secure String は、KMS 上に保存された KMS キーを利用して暗号化する。ランドスケープの種別ごとに異なる EC2 インスタンスを起動し、それぞれの EC2 インスタンス用に IAM ロールを作成・アタッチする。IAM ロールに紐付ける IAM ポリシーでは、kms:decrypt アクションを許可することで、API キーの復号に KMS 上に保存された KMS キーを利用できるようにする。また、ssm:getparameter アクションのリソース指定にて、適切な環境用の Secure String パラメータにのみアクセスできるようにする。

C. Systems Manager の Parameter Store にて、ランドスケープの種別ごとに API キー用の Secure String パラメータを作成する。Secure String は、KMS 上に保存された KMS キーを利用して暗号化する。IAM ユーザーを作成し、IAM ユーザーに紐付ける IAM ポリシーでは、kms:decrypt アクションを許可することで、APIキーの復号にKMS上に保存されたKMSキーを利用できるようにする。また、ssm:getparameterアクションのリソース指定にて、適切な環境用のSecure Stringパラメータにのみアクセスできるようにする。IAMユーザー用のアクセスキー／シークレットアクセスキーは、EC2インスタンス上の設定ファイルに保存する。

D. DynamoDBテーブルを作成し、KMS上に保存されたKMSキーを利用して暗号化する。DynamoDBのアイテムとして、ランドスケープの種別ごとにAPIキーを保存する。ランドスケープの種別ごとに異なるEC2インスタンスを起動し、それぞれのEC2インスタンス用にIAMロールを作成・アタッチする。IAMロールに紐付けるIAMポリシーでは、kms:decryptアクションを許可することで、APIキーの復号にKMS上に保存されたKMSキーを利用できるようにする。また、dynamodb:getitemアクションのリソース指定にて、適切な環境用のアイテムにのみアクセスできるようにする。

解説

この設問の正解はBです。APIキーの情報は、EC2インスタンス上ではなく、Parameter Storeのような独立した環境に、Secure Stringのような形式で保存すべきです。Secure Stringの値はKMS上に保存されたKMSキーを利用して暗号化できます。また、Parameter StoreやKMSへのAPIアクセスは、CloudTrailによってログが取得されます。Parameter Store上の値へのアクセスは、IAMポリシーのリソース指定にて制御が可能です。

A. userdataは、APIキーのようなシークレット情報を取り扱うための適切な手段とはいえません。また、EC2インスタンスのEBSボリューム上にAPIキー情報を保存する点も、セキュアとはいえません。

C. APIキーの情報はParameter StoreにSecure Stringの形式で保存されますが、復号やParameter Storeからのパラメータの取り出し権限がIAMユーザーに付与されているため、アプリケーションが正常に動作しないことが予想されるので不正解です。

D. APIキーの情報がDynamoDBのアイテムとして保存されていますが、DynamoDBのgetItemアクションは、テーブル単位でしかアクセス制御ができず、すべてのランドスケープのAPIキーが取得できることになるので、要件を満たしません。

[答] B

問4

ある会社は、VPC上で、Linux OSのEC2インスタンスで動作するアプリケーションを稼働させています。この会社ではピアリングされた別のVPCで、踏み台ホストとして機能するLinux OSのEC2インスタンスを稼働させています。EC2インスタンスのセキュリティグループは、踏み台ホストのプライベートIPアドレスからTCPポート22経由のアクセスだけを許可しています。踏み台ホストのセキュリティグループは、すべてのIPアドレスからTCPポート22へのアクセスを許可しています。これにより、アプリケーション開発者はSSHを使用して、複数の拠点からEC2インスタンスにリモートでログインすることができます。アプリケーション開発者による設定変更は、SSHセッションによる変更のみ許可されています。

システム管理者が踏み台ホスト上のオペレーティングシステムログを調べたところ、世界各地からの踏み台ホストへの多数のSSHログインが失敗していたことが判明しました。システム管理者は、EC2インスタンスへのリモートアクセスを許可する方法を変更し、VPCに対するブルートフォースSSHログインの試行を排除する必要があります。また、ポート転送およびSSHセッション中に実行されるコマンドログの集約管理を常に可能にしたいと考えています。

EC2インスタンスへのリモートアクセスに関するこれらの要件を満たすには、どうすればよいですか。（1つ選択してください）

A. Systems Managerと通信できるようにEC2インスタンスを構成する。システム管理者がSystems Manager Run Commandを使用してEC2インスタンスにコマンドを発行できるように権限を付与する。踏み台ホストを終了する。

B. Systems Managerと通信できるようにEC2インスタンスを構成する。システム管理者がSession Managerを使用してEC2インスタンスとのセッションを確立できるように権限を付与する。踏み台ホストを終了する。

C. 接続元になるすべての拠点のパブリックIPアドレスからのトラフィックのみを許可するよう、踏み台ホストのセキュリティグループを更新する。

D. Client VPNエンドポイントを構成し、アプリケーションVPCへのVPN接続を確立するために必要な証明書を各システム管理者にプロビジョニングする。Client VPN IPv4 CIDRからのトラフィックのみを許可するよう、EC2インスタンスのセキュリティグループを更新する。踏み台ホストを終了する。

解説

この設問のVPCでは、インターネットから直接SSHを使用してアクセスできないようにすることが求められています。Session Managerを使用するとEC2インスタンスのインバウンドSSHポートを閉じることができ、踏み台ホストも不要となるため、セキュリティ体制の改善に役立ちます。Session Managerにはポート転送を使用できる利点があります。また、Session Managerは、セッションアクティビティのログ記録に対応しています。したがって、Bが正解です。

- **A.** Run Commandを使用すると一般的な管理タスクを自動化して、一度限りの大規模な構成変更を実施することができます。ただし、Run Commandではポート転送はできません。
- **C.** 踏み台ホストのセキュリティグループを更新しても、外部からIPスプーフィングの技術で攻撃を受けると、VPCに対するブルートフォースSSHログイン試行は完全には排除されません。
- **D.** Client VPN接続により、SSHポートでのトラフィック受信をVPC内に閉じることができます。ただし、Cの場合と同様に、コマンドログを常に集約管理するという要件に対応できません。

[答] B

6.3 パフォーマンスを改善するための戦略を決定する

問1

あなたの企業ではWebサイトを運営しており、ユーザーが投稿した画像を配信しています。投稿された画像はEBSに保存され、画像のデータである投稿者名や画像のタイトルなどはRDS for MySQLに保存されています。画像の配信では、EC2に対してリクエストされた画像をEBSから配信します。また、毎日RDSから投稿情報を取得し、レポートとして集計しています。以前は問題ありませんでしたが、Webサイトの利用者が増加するにつれて画像の閲覧とレポートの集計処理が非常に遅くなってきました。画像の閲覧とレポートの集計処理を速くするためには、どうすればよいですか。(2つ選択してください)

A. 投稿された画像をEBSではなくS3に保管し、CloudFrontを利用して配信を行う。

B. RDS for MySQLをやめ、EC2上にMySQLデータベースをインストールして画像データを保存する。

C. レポートの結果をOpenSearch Serviceに読み込ませ、OpenSearch Dashboardsを利用してレポートを閲覧する。

D. Redshiftを追加し、レポートの集計処理前にRDS for MySQLからRedshiftへデータをロードする。レポートの集計はRedshiftで行う。

E. EC2のインスタンスサイズを大きくする。

解説

この設問では、以下の2点で性能の劣化が起こっています。

1. 画像の閲覧
2. レポートの集計

AWSではさまざまなマネージドサービスが提供されており、ユーザーは用途に応じたサービスを利用します。

まず、「1. 画像の閲覧」についてですが、問題文より、利用者が少ない間は問題がなく、利用者の増加にともない性能が悪くなったことがわかります。

AWSではCloudFrontというCDNが提供されています。自動的にスケーリングが行われるため、管理者はサービスの利用者の増加を気にする必要がありません。CloudFrontは、コンテンツ配信が性能のボトルネックになっている場合に利用します。

「2. レポートの集計」については、RedshiftというDWHが提供されています。Redshiftは集計処理に強みを持っているので、集計処理に性能のボトルネックがある場合に適しています。反面、Redshiftは、データの保存に整合性の担保などが必要な場合には向いていません。したがって、AとDが正解です。

- **B.** 集計処理に関してRDS for MySQLからEC2にインストールしたMySQLに変更したとしても、データベースのエンジンが変わっておらず、また、Redshiftと比較して、MySQLでは集計処理のパフォーマンス向上に大きな改善は見込めないため不適切です。
- **C.** 本設問ではレポートの集計処理に時間がかかっていますが、この選択肢Cでは集計後にソリューションを変更しています。これでは集計処理自体の性能は変わらないため解決にはなりません。
- **E.** コンテンツ配信に関して利用者の増加が原因で性能が落ちているため、インスタンスサイズを大きくしてもあまり効果がありません。

[答] A、D

問2

ある企業では営業職の従業員にタブレット端末を持たせ、専用の顧客情報アプリケーションを利用して営業活動を行わせています。顧客の情報はRDS for MySQLに保存されており、顧客情報アプリケーションはRDS for MySQLに直接アクセスして情報を取得します。顧客情報は管理者権限を持つ一部のユーザーのみ編集することができ、ほとんどの営業職従業員は管理者権限を持っておらず、RDS for MySQLからは顧客情報の取得のみを行います。顧客と従業員が増加した結果、データベースの負荷が高くなり、顧客情報の読み込みに非常に時間がかかるようになりました。読み込みを高速化するためにはどうすればよいですか。アプリケーションはできるだけ変更したくありません。(1つ選択してください)

A. RDS for MySQLをAurora MySQLに変更する。アプリケーションの接続先を変更後のAuroraのエンドポイントに指定する。

B. RDS for MySQLをRDS for PostgreSQLに変更する。アプリケーションの接続先を変更後のRDS for PostgreSQLのエンドポイントに指定する。

C. RDS for MySQLをマルチAZに変更する。アプリケーションの接続先を管理者はマスター、それ以外の従業員はスレーブに指定する。

D. RDS for MySQLにリードレプリカを追加する。アプリケーションの接続先を管理者はソースDB、それ以外の従業員はリードレプリカに指定する。

解説

この設問では、データベースの負荷が高くなった場合に極力アプリケーションの変更をともなわずに性能を上げる方法が問われています。

RDBMSはトランザクション処理を行い、基本的に1つのインスタンスがマスターとなるため、書き込み処理のスケールアウトには向いていません。このため、単純にデータベースの性能を上げるスケールアップ、もしくはリードレプリカの追加によって対応します。リードレプリカは、読み込みしかできないため読み込み処理の負荷分散にしか使えませんが、ソースDBとは別のAZ、リージョンに配置できるので、柔軟な負荷分散が可能です。

リードレプリカを追加した場合、アプリケーションの改修箇所は読み込み処理時の接続先エンドポイント変更のみなので、比較的改修が少なくて済みます。したがって、Dが正解です。

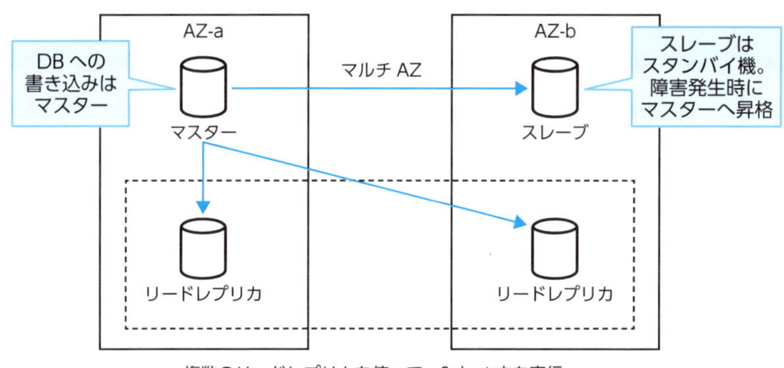

図 6.3-1　RDS のマルチ AZ とリードレプリカの構成

A、B. 本設問では、データベースからの読み込み処理の性能を改善することが求められています。マスターのデータベースエンジンを Aurora や PostgreSQL に変更しても、性能を大幅に改善することはできません。

C. マルチ AZ は冗長化の手段ですが、スレーブインスタンスには接続できず、負荷分散は行えません。

[答] D

問3

あなたは、動画投稿サイトを運営する会社でソリューションアーキテクトとして働いています。動画はEC2上で稼働しているWebアプリケーションに投稿された後、一度EBSに保存され、投稿されたことをフックしてElastic Transcoderで変換を行い、S3に保存します。動画投稿時のEC2と閲覧時のEC2は別々のものを使用しており、閲覧者が多くなったとしても動画投稿には影響がありません。ところが、ユーザーから動画投稿にかかる時間が長すぎるとして不満の声が上がっています。そこで、あなたは動画投稿時間を短くするために調査を行ったところ、EC2へのデータ転送時にネットワーク帯域が上限まで使われていることがわかりました。ネットワーク帯域を増やして動画の投稿時間を短くするにはどうすればよいですか。(1つ選択してください)

A. EC2の前にELBを追加して負荷分散を行い、EC2の台数を増やす。インターネットからのアクセスはELBに対して行い、ネットワーク帯域を80%以上使っている場合に1台増やすようにAuto Scalingを設定する。

B. EC2のインスタンスタイプのサイズを大きくする。

C. Elastic Transcoderのインスタンスサイズを大きくする。

D. 動画投稿用のEC2に対してEBS最適化オプションを有効にする。

解説

ネットワーク帯域は、EC2のインスタンスタイプによって決まります。ネットワーク帯域を増やしたい場合には各インスタンスタイプのスペックを確認し、十分な帯域が確保できるインスタンスタイプに変更します。したがって、Bが正解です。

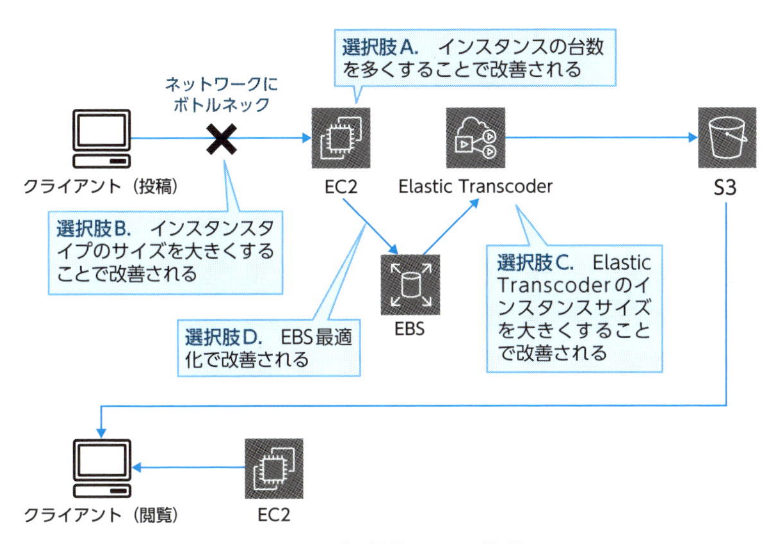

図 6.3-2 動画投稿システム構成図

A. 負荷分散を行ってスケールアウトするのは良い考え方ですが、問題文より、送信されるファイルサイズに比べてネットワーク帯域が狭すぎることがわかります。スケールアウトしてもネットワーク帯域が変わらなければ、動画投稿にかかる時間は短縮されません。

C. Elastic Transcoderは動画投稿後に使用されるので、動画投稿時のネットワーク帯域には関係ありません。

D. EBS最適化オプションはEC2とEBSの間のネットワーク帯域を専用に確保するものであり、ユーザーからの動画投稿で使われるネットワークとは別です。

［答］B

6.4 信頼性を向上させるための戦略を決定する

問 1

あなたの会社は、複数のリージョンで Web サービスを提供しており、今回新しくオハイオリージョンを追加することにしました。Route 53 で複数のリージョンに対してアクセスを振り分けており、レイテンシーベースルーティングを使用しています。オハイオリージョンのエンドポイントを Route 53 に追加しましたが、ログを確認したところ、一切オハイオリージョンにアクセスが振り分けられていませんでした。原因として考えられるものはどれですか。(2 つ選択してください)

A. Route 53 がオハイオリージョンと地理的に離れているため、レイテンシーベースルーティングが機能していない。

B. オハイオリージョンのサービスエンドポイントのヘルスチェックを設定していない。

C. ヘルスチェックに指定したターゲットグループが誤っており、空のターゲットグループを指定している。

D. オハイオリージョンでは Route 53 のレイテンシーベースルーティングが GA になっていない。

E. オハイオリージョンに Hosted Zone を作成していない。

解説

レイテンシーベースルーティングは、レコードを作成する際に指定できるルーティングポリシーの1つです。レイテンシーベースルーティングは、Route 53 に対してクエリを発行したユーザーとレコードに紐付いているリージョンとのレイテンシーを過去のレイテンシー統計情報から計算し、最もレイテンシーが低いリージョンのエンドポイントに名前解決します。このため、基本的にユーザーから地理的に近いリージョンが選ばれることが多くなりますが、ネットワークの状況などによってレイテンシーは変化するため、同じ場所からのアクセスでも数日経ったら別のリージョンのエンドポイントが返されることもあります。

また、ヘルスチェックを有効にしている場合、各エンドポイントに設定したヘルスチェックの結果によって振り分け先のリージョンが決まりますが、ヘルスチェックに失敗していると、いくらレイテンシーが小さいリージョンでも振り分けは行われません。

この設問では、B、Cの場合にヘルスチェックが失敗となり、ヘルスチェックが成功している他のリージョンに振り分けが行われます。したがって、BとCが正解です。

A. Route 53はグローバルサービスであり、リージョンに紐付いていません。そのため、地理的な距離は関係ありません。

D. GAとはGeneral Availabilityの略であり、サービスの一般公開のことを指します。AWSではリージョンごとに利用可能なサービスが異なっており、特定のリージョンではGAでも、別のリージョンではGAになっていないケースがあります。前述のように、Route 53はグローバルサービスであり、リージョンに紐付いていません。そのため、リージョンが異なっていても使える機能に差はありません。

E. Route 53はグローバルサービスなので、リージョンごとにHosted Zoneを作成する必要はありません。

[答] B、C

問2

あなたは、インターネットでスポーツ動画を配信する会社にソリューションアーキテクトとして雇われました。この会社では、動画が配置されたS3をオリジンにしてCloudFrontのエッジロケーションから動画配信を行い、それ以外は認証用アプリケーションがEC2インスタンスで動作しています。最近、EC2インスタンスのアプリケーションが時々HTTPステータス504のエラーを返すことが報告されており、改善するように求められています。このEC2インスタンスのアプリケーションの可用性を改善するアーキテクチャとして検討すべきものはどれですか。(2つ選択してください)

A. 別のリージョンにEC2インスタンスを構築し、アプリケーションをデプロイする。CloudFrontのオリジングループを作成し、プライマリオリジンとセカンダリオリジンに既存のアプリケーションと新しく作成したアプリケーションを指定する。

B. 他のAZにEC2インスタンスを構築し、アプリケーションをデプロイする。ALBを作成し、ターゲットグループに既存のEC2インスタンスと新しく構築したEC2インスタンスを指定する。CloudFrontのオリジンにALBのエンドポイントを指定する。

C. CloudFrontでHTTP504のエラーに対するカスタムエラーページを設定する。

D. 別のリージョンにEC2インスタンスを構築し、アプリケーションをデプロイする。ヘルスチェックを付けたフェイルオーバールーティングのRoute 53を作成し、プライマリに既存のEC2インスタンス、セカンダリに新規に作成したEC2インスタンスを設定する。Route 53のURLをCloudFrontのオリジンに設定する。

E. 認証用アプリケーションをLambdaで実装し、CloudFrontのビューワーリクエストにLambda@Edgeとして設定する。

解説

CloudFrontのオリジンフェイルオーバー機能では、プライマリオリジンがHTTPステータス500、504などのエラーが返された際に、セカンダリオリジンにリクエストをルーティングすることができます。オリジンフェイルオーバーを設定することで、HTTPステータス504のエラーが返される可能性を低くすることができるので、Aが正解です。

また、CloudFrontのLambda@Edge機能では、図6.4-1に示すビューワーリクエスト、オリジンリクエスト、オリジンレスポンス、およびビューワーレスポンスをイベントとしたLambda関数を実行することができます。認証用アプリケーションをLambdaで実装できるのであれば、EC2インスタンスをなくし、ビューワーリクエストをイベントとしたLambda@Edgeを実行する構成にすることで可用性を高めることができます。よって、Eも正解です。

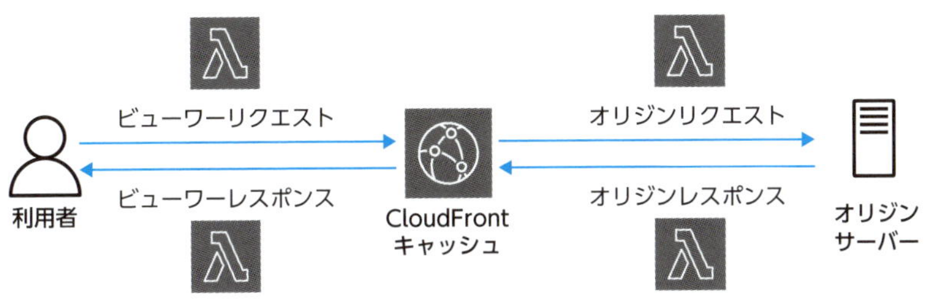

図6.4-1 Lambda@Edgeのトリガーとなるイベント

B. ALBのヘルスチェックの挙動はターゲットグループで設定します。ALBは特定のパスに対しHTTPなどのプロトコルでリクエストし、レスポンスのエラー数が設定したしきい値を超えるとunhealthyとみなし、リクエストをルーティングしなくなります。しかし、504ステータスエラーは連続して返されるわけではないため、ALBによってunhealthyとみなされることはなく、この設問で求められる可用性の改善にはつながりません。

C. CloudFrontでは、カスタムエラーページの機能を使用し、オリジンが返す4xxや5xxなどのHTTPステータスエラーに対し、エラーページを返すことができます。エラーページはS3に登録します。ただし、エラーページを返すことはユーザービリティの観点では必要な対応ですが、抜本的な可用性の改善にはつながりません。

D. Route 53のヘルスチェックも、HTTPなどのプロトコルでエンドポイントの正常性を確認し、しきい値を超えた場合にフェイルオーバーします。このため、突発的に発生する504ステータスは、Route 53のフェイルオーバーでは回避できません。

[答] A、E

問3

あなたの会社では、ECサイトをサーバーレスアーキテクチャで運営しています。利用者の申し込みをAPI Gatewayを通じてLambdaで受け付けます。この申し込みをAmazon SNSトピックで2つのパイプラインにファンアウトします。1つめのパイプラインのファンアウト先はSQSで、このSQSのキューをLambdaがポーリングし、DynamoDBに申し込み情報を書き込みます。もう1つのパイプラインは、商品の発送指示をするためのREST APIへリクエストを送信します。先日、申し込みの一部がDynamoDBに書き込まれていないことが発覚し、調査の結果、SNSから1つめのパイプラインのSQSへの配信が失敗していることがわかりました。このアーキテクチャの信頼性を改善する対策を早急に検討する必要があります。どのようにアーキテクチャを改善しますか。(1つ選択してください)

A. SNSのトピックの設定を変更し、配信ステータスのログを記録するようにする。配信ステータスが失敗の場合は、CloudWatchアラームでメール通知をするようにする。また、SNSのファンアウト先として新たにLambdaを追加し、メッセージの内容をRDSに保存する。配信が失敗した場合にはRDSからDynamoDBへ書き込む。

B. SNSのトピックの設定を変更し、配信ステータスのログを記録するようにする。配信ステータスが失敗の場合は、CloudWatchアラームでメール通知をするようにする。また、SNSのサブスクライバーとしてイベント再生用のSQSを追加し、失敗した内容を再実行できるようにする。

C. 1つめのパイプラインのファンアウト先のSQSに標準キューを使用し、重複してキューイングされるように変更する。

D. SNSのトピックの設定を変更し、配信ステータスが失敗の場合は、新たに追加したサブスクライバーのメールを使って通知するように設定する。また、SNSのサブスクライバーとしてイベント再生用のSQSを追加し、失敗した内容を再実行できるようにする。

解説

SNSへの1つの入力を複数の出力先へ出力することを、Fan Out(扇状に出力する)といいます。この設問では、SNSからSQSへのメッセージ配信の失敗が原因なので、これを検知してメッセージを再送する処理を実装することが信頼性の向上につながります。SNSでは、メッセージの配信ステータスをログとしてCloudWatchへ送信することができます。CloudWatchのアラームを設定してメールを送ることで、SNSの配信の失敗を検知することができます。

また、SNSの配信内容は、再送付しやすいようにSQSを使って保持します。保持期間は最大14日まで設定可能で、配信に成功したキューは保持期間経過後に自動で削除されます。

したがって、Bが正解です。この設問のアーキテクチャイメージを図6.4-2に示します。

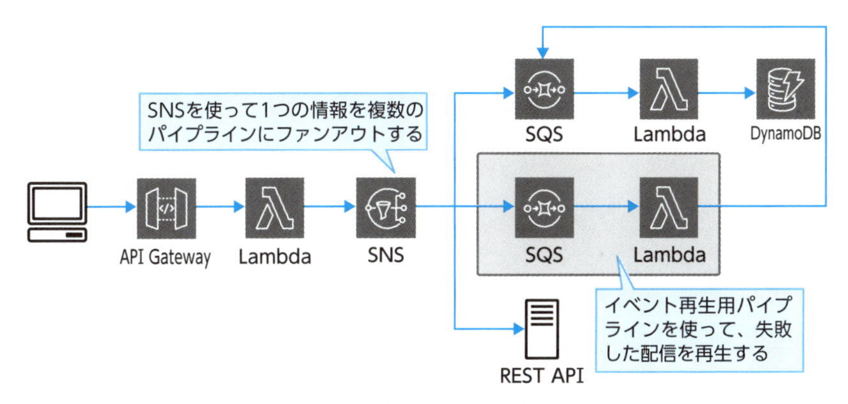

図6.4-2 SNSを使ったECアプリケーション

なお、SNSは、デッドレターキュー（DLQ）機能も提供しています。DLQを設定することで、失敗した配信メッセージをDLQに保存しておくことができます。

A. SNSのメッセージをRDSに保存するための設計や、RDSに保存した情報をDynamoDBに書き込むための処理の実装などが発生し、対応に時間がかかるため適切ではありません。

C. SQSには標準キューとFIFOキューがあります。標準キューではメッセージが重複することはありますが、必ず重複するというわけではありません。なお、FIFOキューではメッセージを入れた順番で配信するように動作し、同じメッセージを2回以上送らないようにする重複排除機能があります。

D. SNSではサブスクライバーとしてメール送信をサポートしていますが、失敗した配信を直接SNSから送ることはできません。

［答］B

問 4

あなたのクライアントは、ELB、m6g.2xlarge の EC2 インスタンス 2 台、マルチ AZ 構成の db.m6g.2xlarge の RDS を使ったシステムを運用しています。アプリケーションはセッション情報を使っているため、ELB のスティッキーセッションを有効にしています。アプリケーションの利用者の増加に備え、クライアントから、このアプリケーションの信頼性を改善するための提案を求められています。クライアントは、必要に応じてアプリケーションの改修を行うことに同意していますが、コスト効率についても考慮するよう要望しています。現在のところ性能上の問題はなく、VPC の IP アドレスも十分な空きがあります。ソリューションアーキテクトとしてどのような構成を提案しますか。(1つ選択してください)

A. 高可用性の Elastic Beanstalk を導入し、環境用の ELB を作成する。

B. CloudWatch を使用し、EC2 インスタンスの Auto Recovery を設定する。

C. 現在の EC2 インスタンスと同じインスタンスタイプを使った Auto Scaling グループを作成し、ELB にアタッチする。セッション情報を ElastiCache で管理するようにアプリケーションを改修する。

D. 現在の EC2 インスタンスよりもスペックの低いインスタンスタイプを使った Auto Scaling グループを作成し、ELB にアタッチする。キャッシュ層を導入し、セッション情報を ElastiCache で管理するようにアプリケーションを改修する。

解説

この設問のアプリケーションは 2 台の EC2 インスタンスで稼働しており、選択肢から Auto Scaling などの AWS のサービスを利用し、信頼性の改善を検討していることがわかります。このアプリケーションはセッション情報を EC2 インスタンス上で管理しているため、ELB のスティッキーセッションを使って、同じ利用者からのリクエストは同じ EC2 インスタンスへルーティングするようにしています。EC2 インスタンスはステートフルな構成のため、Auto Scaling によって EC2 インスタンスが削除された場合には、その EC2 インスタンス上で管理していた利用者のセッション情報は削除されます。同様に、スティッキーセッションによって利用者のリクエストは古い EC2 インスタンスに紐付いているため、Auto Scaling によって EC2 インスタンスが追加されても新しい EC2 インスタンスにはルーティングされにくく、負荷は均等に分散されません。そのため、アプリケーションを改修してセッション情報を外部へ保存するようにします。セッション情報の外部への保存には、ElastiCacheが適しています。

また、Auto Scalingは、需要の変動に対しEC2インスタンスなどのリソースを増減させることでリソース全体の負荷をコントロールします。問題文には、「現在のところ性能上の問題はない」と記載されており、EC2インスタンスのスペックにおいて余剰なリソースが発生している可能性があります。この場合、インスタンスタイプのスペックを落とすことで、需要に対しより余剰の少ないリソースで配置することができます。そして、今後需要が増えた場合のスケールアップも、より余剰の少ないリソースの構成になります。したがって、Dが正解です。

A. Elastic Beanstalkを導入することでEC2インスタンスを管理する必要がなくなり、アプリケーションの開発に専念できます。高可用性のElastic BeanstalkではELBも使用できますが、信頼性を改善するためにはステートフルな構成を改修する必要があります。

B. Auto Recoveryが動作するのは、基盤となるハードウェアの問題でインスタンスに障害が発生した場合のみです。その他の障害では自動復旧が動作しないため、信頼性の改善には不十分です。

C. 現在の構成で性能上の問題が出ていないのであれば、稼働させているEC2インスタンスのスペックが過剰なことが考えられます。正解の選択肢Dのように、いったん低スペックのインスタンスタイプを使い、負荷に応じてオートスケールさせるほうが、システム全体のコスト効率がよくなります。

[答] D

問 5

ある企業では、ECS を利用して、Web ベースのアプリケーションをコンテナとして実行しています。データプレーンには Fargate を使用しています。アプリケーションは、インターネットを経由してサードパーティーがグローバルで公開する API にアクセスし、データを取得しています。サードパーティーの API へのアクセスには API キーが必要であり、現在は Systems Manager Parameter Store を使用して API キーを保管しています。サードパーティーから提供される API キーは年間に複数回更新する必要があります。

この企業では最近、事業継続計画を新規に策定することになり、ソリューションアーキテクトは DR 実現方式の検討を依頼されました。現在アプリケーションを実行している ap-northeast-1 リージョンを利用できなくなった場合に、us-west-2 リージョンで事業を再開できるようにする必要があります。

最小限の運用負荷で、かつ、セキュアに API キーの管理を実現するソリューションはどれですか。(1つ選択してください)

A. CodeCommit、CodeBuild、および CodePipeline を使用した CI/CD パイプラインを、ap-northeast-1 リージョンで構成する。CI/CD パイプラインでコンテナイメージをビルドし、ECR リポジトリにプッシュする。API キーの更新が必要な場合には CI/CD パイプラインを実行し、API キーをコンテナイメージに取り込む処理を自動化する。ECR リポジトリのレプリケーションを設定し、リージョン間で自動的にコンテナイメージをレプリケーションする。

B. ap-northeast-1 リージョンの Systems Manager Parameter Store に保管した API キーの更新をトリガーに Lambda 関数を実行し、us-west-2 リージョンの Systems Manager Parameter Store に保管した API キーも更新されるように構成する。

C. API キーの保管場所として、Secrets Manager を利用するようにアプリケーションを更新する。ap-northeast-1 リージョンの Secrets Manager で、API キーを含むシークレットを us-west-2 リージョンにレプリケーションするように構成する。

D. ap-northeast-1 リージョンの Systems Manager Parameter Store で、API キーを含むシークレットを us-west-2 リージョンにレプリケーションするように構成する。

解説

Secrets Manager と Systems Manager Parameter Store は、アプリケーションコードにハードコードされた資格情報を分離し、プログラムでシークレットを取得する API 呼び出しに置き換えます。Secrets Manager はサービス標準でレプリケーション機能が提供されており、フルマネージドでリージョン間のレプリケーションを実現できます。運用負荷を最小限に抑えることができる方式としては、Secrets Manager の利用がより適切といえます。したがって、C が正解です。

A. API キーを直接コンテナイメージに取り込むとキーの漏洩リスクが高まるため、この選択肢は適切ではありません。

B. Lambda 関数をセキュアに利用し続けるためには利用者責任での継続的な維持管理が必要であり、運用負荷を最小限に抑えるには、正解の選択肢 C のほうがより適切なソリューションといえます。

D. Systems Manager Parameter Store にはレプリケーション機能はありません。

[答] C

6.5 コスト最適化の機会を特定する

問1

ある企業は、ハイブリッド環境上でサーバーレスアプリケーションを構築しています。アプリケーションはオンプレミスにあるMySQLデータベースを使用しており、データサイズは1TBあります。AWSとオンプレミスネットワークはVPNを使用して接続されています。AWSでは、API GatewayとLambdaを組み合わせたサーバーレスアプリケーションが稼働しており、ユーザーのマスター情報はDynamoDBテーブルに保存されます。

使用するユーザーが増えるにつれて、アプリケーションは自動で拡張されます。ユーザーのトラフィック量は予測できませんが、毎月平均約20%ずつ増加しています。運用開始から数か月後、同社はLambdaのコストが急激に増加していることに気づきました。確認すると、Lambdaの実行時間は平均3分で、そのほとんどはオンプレミスにあるMySQLを呼び出すときの待ち時間でした。

全体的なコストを削減するために、どのソリューションを実装する必要がありますか。（1つ選択してください）

A.
1. オンプレミスのMySQLデータベースをAurora MySQLに移行する。マルチAZを有効にして高可用性を確保する。
2. API Gatewayでキャッシュを設定し、Lambda関数の呼び出し回数を減らす。
3. 実行時間を増やさないように、Lambda関数のタイムアウトとメモリのプロパティを徐々に下げる。
4. DynamoDBでAuto Scalingを設定し、ユーザーのトラフィックにもとづいて容量を自動的に調整する。

B.
1. VPNの代わりに、AWSとオンプレミスネットワークをDirect Connectで接続し、MySQLデータベースへのレイテンシーを下げる。
2. CloudFrontディストリビューションのオリジンにAPI Gatewayを設定して、APIレスポンスをキャッシュし、Lambda関数の呼び出し回数を減らす。

3. Lambda関数をEC2リザーブドインスタンス上で実行するように変換する。スポットインスタンスを組み合わせたAuto Scalingを設定し、ピーク時に発生するコストを削減する。
4. DynamoDBでAuto Scalingを設定し、ユーザーのトラフィックにもとづいて容量を自動的に調整する。

C. 1. VPNの代わりに、AWSとオンプレミスネットワークをDirect Connectで接続し、MySQLデータベースへのレイテンシーを下げる。
2. アプリケーション側でキャッシュを設定し、Lambda関数を呼び出す回数を減らす。
3. 実行時間を増やさないように、Lambda関数のタイムアウトとメモリのプロパティを徐々に下げる。
4. DynamoDBの手前にElastiCacheクラスターを置き、頻繁にアクセスされるレコードをキャッシュする。

D. 1. オンプレミスのMySQLデータベースをAurora MySQLに移行する。マルチAZを有効にして高可用性を確保する。
2. CloudFrontディストリビューションのオリジンにAPI Gatewayを設定して、APIレスポンスをキャッシュし、Lambda関数の呼び出し回数を減らす。
3. 実行時間を増やさないように、Lambda関数のタイムアウトとメモリのプロパティを徐々に下げる。
4. DynamoDBでAuto Scalingを設定し、ユーザーのトラフィックにもとづいて容量を自動的に調整する。また、DynamoDB Acceleratorを有効にして頻繁にアクセスされるレコードをキャッシュする。

解説

Lambdaは、コードの実行時間、呼び出し回数、割り当てられたメモリ量にもとづいて課金されます。まず、Lambdaコードの実行時間については、MySQLデータベースへの呼び出し時間が大部分を占めていることがわかっています。そこで、オンプレミスのMySQLデータベースをAuroraに移行することで、ネットワークレイテンシーを削減し、実行時間を減らします。次に、Lambda関数の呼び出し回数については、キャッシュを活用します。API Gatewayでエンドポイント（本設問では、Lambda関数が設定されています）からのレスポンスをキャッシュすることで、Lambda関数の呼び出し回数を削減することができます。

さらに、DynamoDBのキャパシティをユーザーのトラフィックに合わせて調整することでもコスト削減が可能です。本設問では、ユーザーのトラフィックは予測できないため、Auto Scaling を設定することで、トラフィックにもとづいて自動的に調整されるようにします。

したがって、A が正解です。

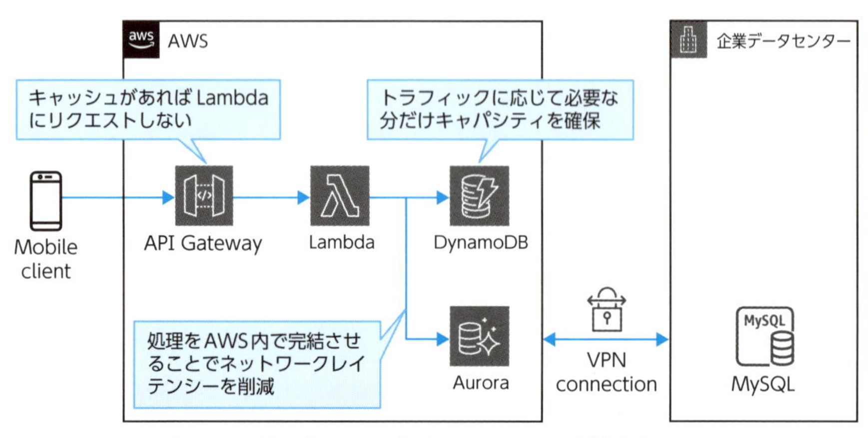

図 6.5-1 サーバーレスアプリケーションのコスト削減ポイント

B. Direct Connect にすることで、VPN 接続よりも広帯域で安定したネットワーク接続を利用できるようになりますが、Direct Connect そのものの費用が発生するためコスト削減にはなりません。また、CloudFront ディストリビューションを設定しなくても、API Gateway 上で Lambda 関数のレスポンスのキャッシュは可能です。さらに、トラフィックが少ない場合、EC2 リザーブドインスタンス上でアプリケーションを稼働させると、Lambda 関数よりも高価になる可能性があり、適切ではありません。

C. B と同様、Direct Connect 接続はコスト削減にはなりません。また、本設問では DynamoDB への呼び出し時間は問題となっていないにも関わらず、ElastiCache クラスターをプロビジョニングすると、時間単位で追加のコストが発生してしまいます。

D. B と同様、CloudFront ディストリビューションを設定しなくても、API Gateway 上で Lambda 関数のレスポンスのキャッシュは可能です。また、本設問では DynamoDB の応答時間は問題となっていないにも関わらず、DynamoDB Accelerator を有効化すると、時間単位で追加のコストが発生してしまいます。

［答］A

問2

動画配信会社は、オンプレミスで毎日新しい高解像度ビデオファイルを作成します。このビデオファイルは、合計サイズが約240GBの単一ファイルに圧縮されます。生成されたファイルは、毎日、夜間バッチでEC2インスタンスへアップロードされ、S3バケットにコピーされます。S3へのアップロードが完了するまでに数時間かかりますが、ネットワーク帯域は25%しか使われていません。

ファイルのアップロード時間を短縮する最良かつ最も費用対効果の高いソリューションはどれですか。(1つ選択してください)

A. S3アップロードのスループットを上げるため、ネットワーク帯域幅が大きいEC2インスタンスタイプに変更する。

B. マルチパートアップロードAPIを使用し、S3に直接ファイルをアップロードする。

C. 転送速度を上げるため、Direct Connectによって安定したネットワーク帯域を確保する。

D. Storage Gatewayを追加し、オンプレミスデータをAWSに同期する。

解説

マルチパートアップロードAPIは、大容量のオブジェクトをいくつかに分割して並列アップロードすることができます。ネットワーク帯域には余裕があるので、並列度を上げることでスループットが向上します。また、APIの利用自体は無料で、構成変更等をともなわずにAWS CLIからすぐに利用できます。したがって、Bが正解です。

A. ネットワーク帯域が25%しか使われていない状態なので、EC2のインスタンスタイプをI/Oスループットの高いものに変更することで、アップロード時間を短縮できる可能性はありますが、追加のEC2利用料が発生します。

C. Direct Connectで安定したネットワーク回線を確保することでアップロード速度が改善する可能性はありますが、専用線を確保するための利用料が発生するので、必ずしも費用対効果が高いソリューションとはいえません。

D. Storage Gatewayは、オンプレミスからAWS上のストレージへのアクセスを提供するハイブリッドクラウドストレージサービスです。オンプレミスサーバーからNFSインターフェイス経由でAWS上のS3オブジェクトに接続したり、オンプレミスにあるデータをS3上にバックアップすることができます。今回、オンプレミスサーバーからの接続要件はなく、Storage Gateway用の仮想マシンやストレージを用意する必要があるので、費用対効果が高いソリューションとはいえません。

[答] B

問3

あるスタートアップ企業は、iOSとAndroidの両デバイス向けにヘルスケア関連のモバイルアプリを開発しています。ソリューションアーキテクトであるあなたは、ユーザーの生体データを収集する睡眠トラッキングアプリを開発しました。生体データは、オンデマンドキャパシティで設定されたDynamoDBテーブルに保存されます。毎朝10時、アプリケーションはDynamoDBテーブルをスキャンし、各ユーザーの昨夜のデータを抽出して、その結果をS3バケットに保存します。各ユーザーの生体データは、一度S3バケットへ保存されれば、その後はDynamoDB上のデータを利用することはありません。

予算の制約のため、経営陣は、バックエンドシステムの現在のアーキテクチャを最適化してコストを下げ、全体的な収益を増やしたいと考えています。あなたは、どれを実装する必要がありますか。(2つ選択してください)

A. マルチAZで構成されたAuroraとリードレプリカを構築し、DynamoDBと置き換える。

B. DynamoDBの手前にElastiCacheを置き、読み込み・書き込みデータをキャッシュする。

C. Redshiftクラスターを起動し、DynamoDBと置き換える。

D. S3バケットに生体データが正常に格納された後、前日分のDynamoDBテーブルを削除するジョブを設定する。当日用のDynamoDBテーブルをもう1つ作成し、削除と作成の処理を毎日行う。

E. DynamoDBをプロビジョニングされたキャパシティモードにして、リザーブドキャパシティを利用する。

解説

DynamoDBでは、読み込み・書き込みスループットが予測できる場合、リザーブドキャパシティで予約容量を事前に購入することで割引料金になります。また、毎朝10時にDynamoDBの生体データがスキャンされてS3に保存された後、DynamoDBテーブル上に残ったデータは利用されないので、それを削除することも可能です。したがって、DとEが正解です。

A. 本設問では、リレーショナルデータベースへの移行は要求されていません。RDSのほうがデータ容量あたりの金額が高いため、DynamoDBからRDSへ移植した場合、コストの増加が予想されます。

B. 本設問ではDynamoDBの読み書き性能は課題となっていないので、キャッシュを追加する必要はありません。また、ElastiCacheをプロビジョニングすると、時間単位で追加のコストが発生してしまいます。

C. 本設問ではDynamoDBの分析性能は課題となっていません。Redshiftは主にOLAPワークロード向けのデータベースサービスであり、DynamoDBからRedshiftへ移植した場合、コストの増加が予想されます。

[答] D、E

第7章

「ワークロードの移行とモダナイゼーションの加速」分野におけるケース問題

「ワークロードの移行とモダナイゼーションの加速」分野では、既存のシステム特性を考慮しながら、コスト、パフォーマンス、ビジネス要件を満たすアーキテクチャを検討する必要があります。

本章では、ケース問題を通じて、ビジネス要件や非機能要件を踏まえた上で、AWS上に既存ワークロードを移行する際の最適なソリューションを選択する演習を行います。

7.1 移行が可能な既存のワークロードとプロセスを選択する

問1

ある教育機関が、200台のオンプレミスのコンピュータをAWSに移行する計画を進めています。これらのコンピュータは、複数の物理サーバー上で稼働しており、教育機関のデータセンター内に配置されています。移行計画の一環として、教育機関は各コンピュータのCPU使用率、メモリ使用量、OSの種類、実行中のアプリケーションなどの詳細な情報を収集したいと考えています。移行計画では、収集したデータをクエリして、その結果をもとに分析を行います。これらの要件を満たすコスト効率のよい最適なソリューションはどれですか。(1つ選択してください)

A. 各オンプレミスのコンピュータにApplication Discovery Agentをデプロイする。Migration Hubでデータ調査機能を設定する。Athenaを使用して、S3のデータに対して事前に定義されたクエリを実行する。

B. オンプレミスのコンピュータから各種情報を自動的に収集するスクリプトを作成する。AWS CLIを使用してput-resource-attributesコマンドを実行し、Migration Hubに詳細な各種情報を格納する。Migration Hubコンソールで直接データをクエリする。

C. オンプレミスのコンピュータで監視されているパフォーマンス情報をエクスポートする。移行に必要なデータを直接Migration Hubにインポートする。Migration Hubで欠落している情報を更新する。QuickSightを使用してデータをクエリする。

D. オンプレミスのコンピュータにAgentless Discovery Connector仮想アプライアンスをデプロイし、設定する。Migration Hubでデータ調査機能を設定する。Glueを使用してデータに対してETLジョブを実行し、S3 Selectを使用してデータをクエリする。

解説

オンプレミスにあるシステムをクラウドへマイグレーションするときに、当該システムのリソース使用状況を収集、分析することは非常に重要です。オンプレミスのリソース使用状況（CPU 使用率、メモリ使用量、ストレージ、ネットワークトラフィックなど）を分析することで、クラウドで必要となるリソースを正確に特定できます。これにより、クラウドでの過剰なリソースの確保を回避し、コスト効率を高めることができます。

Application Discovery Agent は、オンプレミスにある各サーバーの CPU 使用状況、RAM 使用量、OS 情報、プロセス情報の収集が可能です。収集したデータは Migration Hub で分析することができます。分析では、Athena を使用して、S3 上の分析データに対して事前に定義されたクエリを実行することができます。したがって、A が正解です。

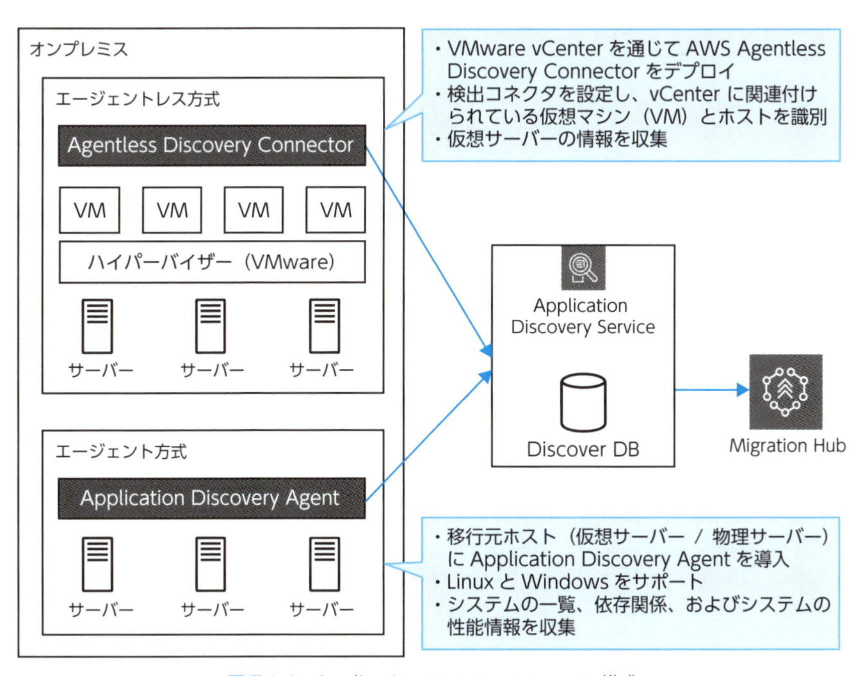

図 7.1-1　Application Discovery Agent の構成

B. オンプレミスの各サーバーのリソース情報を収集するために、スクリプトを自作する方法をとると、スクリプトの開発、リソース収集、分析をすべてカスタムで行うことになり、時間とコストがかかります。

C. 各サーバーのパフォーマンス監視の情報をエクスポートするだけでは、各サーバーで実行中のアプリケーションの情報を十分に収集できません。移行を検討するにあたって、アプリケーションの稼働に必要なプロセス情報などが不足しています。

D. Agentless Discovery Connector仮想アプライアンスはVMwareのみに対応しています。オンプレミスの物理サーバーには対応しておらず、すべてのサーバー情報を収集することはできません。

[答] A

問2

ある企業は、オンプレミスのデータセンターをAWSに移行することを検討しています。この移行には数か月かかる想定です。企業はプライベートDNSゾーンをRoute 53に設定する予定です。移行作業の間、AWSで動作するサービスのDNSクエリはRoute 53 Resolverに転送する必要があります。また、企業のオンプレミスのDNSサーバーは、AWS上のサーバーからのDNSリクエストを解決できる必要があります。ソリューションアーキテクトは、VPC内のEC2インスタンスがRoute 53エンドポイントを使用してオンプレミスのDNSリクエストを解決できるようにDNSを設定する必要があります。

これらの要件を満たすコスト効率のよい最適なソリューションはどれですか。(1つ選択してください)

A. Route 53に新しいアウトバウンドエンドポイントを作成し、そのエンドポイントをVPCにアタッチする。エンドポイントにアタッチされたセキュリティグループが、ポート53でオンプレミスのDNSサーバーのIPアドレスにアクセスできることを確認する。オンプレミスのDNSサーバーに特定のトラフィックをルーティングするための新しいRoute 53 Resolverルールを作成する。

B. オンプレミスのドメインと同じドメイン名で、Route 53に新しいPrivate Hosted Zoneを作成する。オンプレミスのDNSサーバーのIPアドレスをレコードのアドレスとして使用し、さらに単一のワイルドカードレコードを作成する。

C. DNSサービスが設定されたEC2インスタンスをDNSサーバーとして起動する。EC2インスタンスのセキュリティグループがポート53でオンプレミスのDNSサーバーのIPアドレスにアクセスできることを確認する。DNSクエリをオンプレミスのDNSサーバーのIPアドレスに転送するようにDNSサービスを設定する。移行した各EC2インスタンスのDNSリクエスト宛先はDNSサーバーのIPアドレスを指すように設定する。

D. オンプレミスのDNSサーバーのIPアドレスを指すようにVPC DHCPオプションセットを構成する。EC2インスタンスのセキュリティグループがオンプレミスのDNSサーバーのIPアドレス上のポート53へのアウトバウンドアクセスを許可していることを確認する。

解説

この設問では、Route 53とオンプレミスのDNSサーバーを連携し、VPC内にあるEC2インスタンスからオンプレミスにあるサーバーの名前解決をします。そのために、オンプレミスのDNSサーバーに要求をフォワードし、オンプレミス上のDNSサーバーを利用するようにRoute 53 Resolverを設定する必要があります。Route 53 Resolverルールを設定することで、特定のゾーンのDNSリクエストをオンプレミスのDNSサーバーに転送しアドレスを解決できるようになります。これによりVPCとオンプレミス間のDNS解決が効率的に行われます。したがって、Aが正解です。

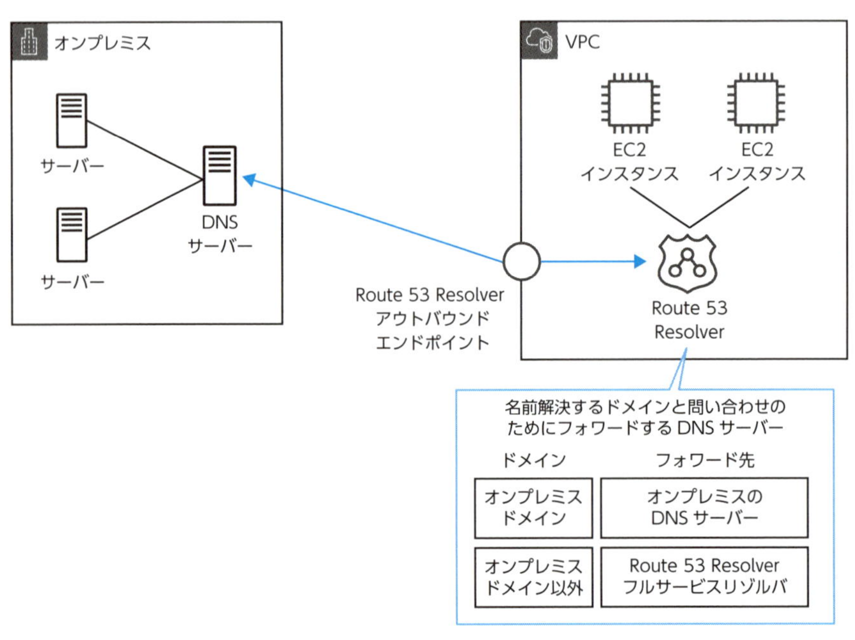

図 7.1-2 Route 53 Resolverの構成

B. VPCの中のPrivate Hosted ZoneにオンプレミスのDNSサーバーのIPアドレスを設定しても、VPCからオンプレミスのDNSサーバーにリクエストを転送することはできません。これは、ワイルドカードレコードを作成しても同様です。

C. EC2上にDNSサーバーをインストールして利用するには、Route 53で実装している全機能をカスタムで実装する必要があり、コスト面で非効率です。

D. VPC DHCPオプションセットを使用してオンプレミスのDNSサーバーのIPアドレスを指定すると、VPC内にあるすべてのドメイン名の解決のための

DNS リクエストをオンプレミスの DNS サーバーに転送することになります。AWS 内で使われているドメイン名の解決をオンプレミスの DNS サーバーに転送するのは非効率です。

［答］A

問3

ある企業は、大量のVMwareクラスターで動作しているオンプレミスサーバーをAWSに移行することを計画しています。VMにはさまざまなOSがあり、多くのカスタムソフトウェアがインストールされています。また、オンプレミスには10TBのNFSサーバーがあります。企業は、移行のために10GbpsのDirect Connect接続をオンプレミスとの間に設定しました。AWSへの移行を最も短い時間で完了できるソリューションはどれですか。（1つ選択してください）

A. Snowball Edgeを注文する。VMとNFSサーバーのデータをSnowball Edgeにコピーする。Snowball EdgeのデータがS3バケットにアップロードされた後、VM Import/ExportでVMデータをEC2として実行する。EFSを作成する。NFSサーバーのデータをS3からEFSにコピーする。

B. オンプレミスのVMをエクスポートし、S3バケットにコピーする。VM Import/Exportを使用して、S3に保存されているVMイメージからAMIを作成する。Snowball Edgeを注文する。NFSサーバーのデータをSnowball Edgeにコピーする。Snowball EdgeのデータがS3バケットにアップロードされた後、NFSサーバーのデータをNFSが構成されているEC2インスタンスに復元する。

C. VMwareクラスター上でApplication Migration Serviceを構成する。AWS Managed Services（AMS）でレプリケーションジョブを作成する。EFSを作成する。DataSyncを構成して、Direct Connect接続でNFSサーバーのデータをEFSにコピーする。

D. AWS上にVMをEC2インスタンスとして再作成する。必要なカスタムソフトウェアのパッケージをすべてインストールする。FSx for Lustreを作成する。DataSyncを構成して、Direct Connect接続でNFSサーバーのデータをFSx for Lustreにコピーする。

解説

この設問では、さまざまなOSやカスタムソフトウェアが動作しているVMware上のサーバーを短期間で効率的にAWSへ移行するソリューションが求められています。

選択肢CのApplication Migration Serviceを使用することで、オンプレミスの

VMware クラスターから AWS に VM を直接移行できます。また、DataSync を使用して、Direct Connect 接続で、NFS サーバーのデータを EFS に直接移行できます。したがって、C が正解です。

- **A.** Snowball Edge は、オンプレミスからクラウドへのデータ移行において物理的な輸送が必要になり、そのプロセスには1週間程度の時間がかかります。また、VM のデータのイメージと NFS サーバー内にあるデータを取得する必要があります。
- **B.** オンプレミスにあるサーバーの VM イメージを VM Import/Export で AWS に移行し、NFS に格納されているデータを Snowball Edge を利用して AWS に移行する方法をとっています。VM Import/Export は単一の VM を移行する際に有用ですが、大量の VM を効率的に移行するのには適していません。また、NFS サーバーのデータを Snowball Edge にコピーし AWS 上に輸送するプロセスは、正解の選択肢 C の方法よりも時間がかかります。
- **D.** 各 VM を EC2 インスタンスとして手動で再作成し、必要なソフトウェアパッケージをインストールする方法では、環境を構築するのに時間がかかります。これは、設問のケースのようにカスタムソフトウェアパッケージが多数存在する場合には非効率です。

[答] C

7.2 既存ワークロードの最適な移行アプローチを決定する

問1

ある企業がオンプレミスのLinuxデータベースサーバーで大量のデータを保管しています。この企業は毎日10GB程度の新しいデータを生成しており、そのデータをリアルタイムで分析する必要があります。企業は一部の機能をすでにAWSに移行しており、クラウド内のデータベースにリアルタイムデータを取り込む必要があります。また、オンプレミスネットワークとAWSの間にはVPN接続が確立されています。この企業は、どのデータ移行戦略を使用するべきでしょうか。（1つ選択してください）

A. DataSyncを使用して、オンプレミスのLinuxデータベースサーバーとS3の間でデータをレプリケーションする日次タスクをスケジュールし、その後、Redshiftで分析を行う。

B. Database Migration Service（DMS）を使用して、オンプレミスのLinuxデータベースサーバーからRDSにデータを継続的にレプリケーションし、同期を保つ。

C. Lambdaを使用して、オンプレミスのLinuxデータベースサーバーからDynamoDBにデータを非同期に移行するスクリプトを実行する。

D. Data Firehoseを使用して、オンプレミスのLinuxデータベースサーバーからOpenSearch Serviceにデータをリアルタイムでストリームする。

解説

この設問では、データをリアルタイムで分析する必要があるとされています。選択肢A～Dのうち、クラウド内のデータベースにリアルタイムにデータを取り込むことができるのはBだけです。DMSは、データベースをAWSに移行し、継続的なデータレプリケーションを可能にするサービスです。DMSを利用した方式はリアルタイム分析の要件を満たし、安定した同期が可能です。したがって、Bが正解です。

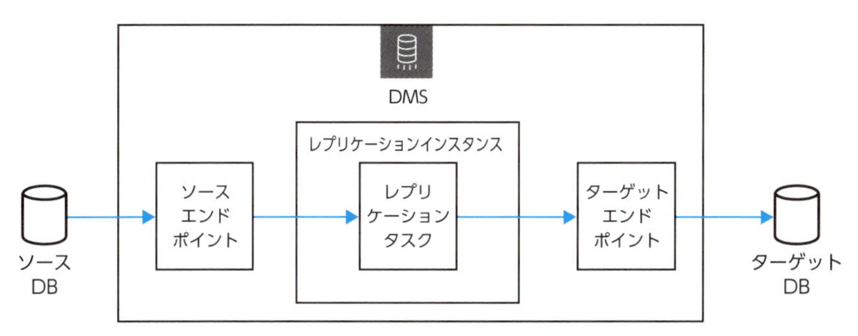

図 7.2-1　DMS によるデータベース間のデータ移行

A. この方式はデータ移行には適していますが、本設問のようなリアルタイム分析の要件には適していません。日次タスクであるため、データはリアルタイムに同期されません。

C. この方式は非同期であり、リアルタイム分析の要件に適していません。また、Lambda は最大実行時間が 15 分であるため、継続的なデータ同期はできません。

D. この方式はリアルタイムデータストリーミングには適していますが、本設問ではデータベースからの直接的な移行と同期が求められているため、適していません。

［答］B

問2

ある企業は、サービスレベルの向上のために主要な分析アプリケーションをAWSに移行したいと考えています。この分析アプリケーションは、さまざまな場所にある複数のセンサーから毎日数十億のイベントデータを受信しています。受信したデータはJavaアプリケーションで処理し、時間ごと、日ごと、週ごとのトレンド予測を作成しています。30分以上かかるデータ処理もあります。

データ処理が完了すると、企業はデータをMySQLデータベースに保存し、そこからデータを取り出してさらに分析することができます。データの量が増えるにつれて、トレンド予測を作成する既存の分析アプリケーションでは、データの取得に時間がかかるようになりました。新しいSLAを満たすには、データベースとのやりとりを大幅に高速化する必要があります。

最速のデータ取得時間でこれらの要件を満たす移行戦略はどれですか。(1つ選択してください)

A. アプリケーション層をLambdaに変更する。データベース層をTimestreamに変更する。

B. アプリケーション層をLambdaに変更する。データベース層をAurora Serverlessで構成する。

C. アプリケーション層をEKSで稼働するコンテナアプリケーションに変更する。データベース層をAurora Serverlessで構成する。

D. アプリケーション層をECSで稼働するコンテナアプリケーションに変更する。データベース層をTimestreamに変更する。

解説

本設問では、複数のセンサーから送られてくる大量のイベントデータを加工するために、どのような実行基盤を構築すればよいかが問われています。今回のケースでは、Javaアプリケーションでのデータ処理に30分以上かかる場合もあります。ECSを使用してアプリケーション層をコンテナ化することで、長時間のデータ処理が可能になります。また、データベース層をTimestreamに変更することで、大量のデータをより時系列で高速に取得できます。したがって、Dが正解です。

A. Lambda 関数を使うと、大量のトランザクションを処理することが可能です。しかし、Lambda は実行時間が最大で 15 分という制限があるため、データ処理に 30 分以上かかる場合、処理が中断される可能性があります。

B. A と同様、Lambda 関数を利用しているので不適切です。また、Aurora Serverless は、トランザクション量に応じて自動でストレージを拡張してくれるので、トランザクション量が予測できず急激にデータ量が増えるような処理には向いていますが、時系列で大量のトランザクションを処理するには、Aurora Serverless よりも Timestream のほうが適しています。

C. 時系列データの保存には Aurora Serverless よりも Timestream のほうが適しています。

[答] D

問3

ある企業は、データ分析環境をオンプレミスからAWSに移行したいと考えています。この環境は、2つのNode.jsアプリケーションで構成されています。アプリケーションの1つがデータを収集し、MySQLデータベースにロードします。もう一方のアプリケーションは、データをレポートに集約します。集計ジョブを実行すると、ロードジョブの一部が正しく実行されません。この企業は、データロードの問題を解決しなければなりません。また、顧客に影響を与えることなく移行を行う必要があります。これらの要件を満たす、コスト効率がよく最適な方法はどれですか。（1つ選択してください）

A. Aurora MySQLデータベースを設定する。Database Migration Service（DMS）を使用して、オンプレミスのデータベースからAuroraへの継続的なレプリケーションを実行する。Aurora MySQLデータベースにAuroraレプリカを作成し、集計ジョブをAuroraレプリカに対して実行するように設定する。収集エンドポイントをALBの背後にあるLambda関数として設定し、RDS Proxyを使用してAurora MySQLデータベースに書き込む。データベースが同期したら、コレクターのDNSレコードをALBに向ける。オンプレミスからAWSへのカットオーバー後に、DMSの同期タスクを無効にする。

B. Aurora MySQLデータベースを設定する。Aurora MySQLデータベースのAuroraレプリカを作成し、集計ジョブをAuroraレプリカに対して実行するように設定する。収集エンドポイントをKinesis Data Streamsとして設定する。Data Firehoseを使用して、データをAurora MySQLデータベースにレプリケーションする。データベースが同期したら、レプリケーションジョブを無効にして、Auroraレプリカをプライマリインスタンスとして再起動する。コレクターのDNSレコードをKinesis Data Streamsに向ける。

C. オンプレミスのデータベースのレプリケーションターゲットとしてAurora MySQLデータベースを設定する。Aurora MySQLデータベースのAuroraレプリカを作成し、集計ジョブをAuroraレプリカに対して実行するように設定する。NLBの背後でLambda関数として収集エンドポイントを設定し、RDS Proxyを使用してAurora MySQLデータベースに書き込む。データベースが同期したら、レプリケーションジョブを無効にして、Auroraレプリカをプライマリインスタンスとして再起動する。コレクターのDNSレコードをNLBに向ける。

D. Aurora MySQL データベースを設定する。Database Migration Service (DMS) を使用して、オンプレミスのデータベースから Aurora への継続的なレプリケーションを実行する。集計ジョブを Aurora MySQL データベースに対して実行するように設定する。ALB の背後にある収集エンドポイントを、Auto Scaling グループの EC2 インスタンスとして設定する。データベースが同期したら、コレクターの DNS レコードを ALB に向ける。オンプレミスから AWS へのカットオーバー後に、DMS の同期タスクを無効にする。

解説

本設問では、AWSへの移行に際しデータロードの動作の問題を解決し、また同時に顧客に影響を与えないスムーズな移行方法が問われています。Database Migration Service は、データの継続的なレプリケーションに使用できます。レプリケーションの集計ジョブとロードジョブは、Aurora レプリカを使用してデータベースのアクセス負荷を分散することができます。ALB と Lambda エンドポイントは、RDS Proxy を使用してデータベースに接続するコレクタージョブの安定した実行に役立ちます。したがって、A が正解です。

B. Data Firehose に入力されたデータに対して、配信先として選択できる AWS サービスは、S3、Redshift、OpenSearch Service です。配信先として Aurora はサポートされていません。

C. RDS Proxy を使うと、Lambda 関数から Aurora への接続を効率化できますが、フロントに配置した NLB は、Lambda ターゲットタイプをサポートしていません。そのため、NLB をイベントソースとして Lambda 関数の処理が実行されません。

D. ALB 配下に Auto Scaling グループの EC2 を配置してデータ収集と集計を行うことは可能ですが、Lambda 関数の従量課金方式と比べると、EC2 を起動している間、常時コストがかかるので、コスト効率の点で不適切です。

[答] A

7.3 既存ワークロードの新しいアーキテクチャを決定する

問1

あなたは、ある企業のソリューションアーキテクトです。企業は、自社のデータセンターで稼働しているLinuxベースのアプリケーションをEC2に移行したいと考えています。移行中はアプリケーションの設定と依存関係を保持する必要があります。オンプレミスのアプリケーションはVMware上で稼働しています。これらの要件を満たすためにどのような作業を行いますか。(1つ選択してください)

A. DataSyncを使用してアプリケーションデータをEFSに転送する。次に、転送されたデータを使用してEC2インスタンスを作成し、クラウド側でアプリケーションを実行する。

B. Application Migration Service (MGN) を使用してオンプレミスのVMをAWSに移行する。MGNによりVMイメージはAMIに変換されているので、このAMIを利用してEC2インスタンスを作成する。

C. Linuxサーバーのディスクイメージを手動で作成し、そのイメージをS3にアップロードする。その後、AWS CLIを使用してS3に保存されたイメージからAMIを作成し、このAMIを利用してEC2インスタンスを作成する。

D. Systems Managerを使用して、Linuxサーバーの設定情報を収集する。その情報をもとに、新しいEC2インスタンスを手動で作成し、必要なアプリケーションと依存関係をインストールする。

解説

この設問では、アプリケーションの設定と依存関係を移行中もそのまま保持するという要件があります。この場合、ストレージ内のデータだけでなく、メタデータ(OSの設定情報等)も保持できる必要があります。Application Migration Service (MGN) は、VMを自動的にAMIに変換します。このAMIを使用してEC2インスタンスを設定することで、アプリケーションの設定と依存関係をそのまま保持できます。したがって、Bが正解です。

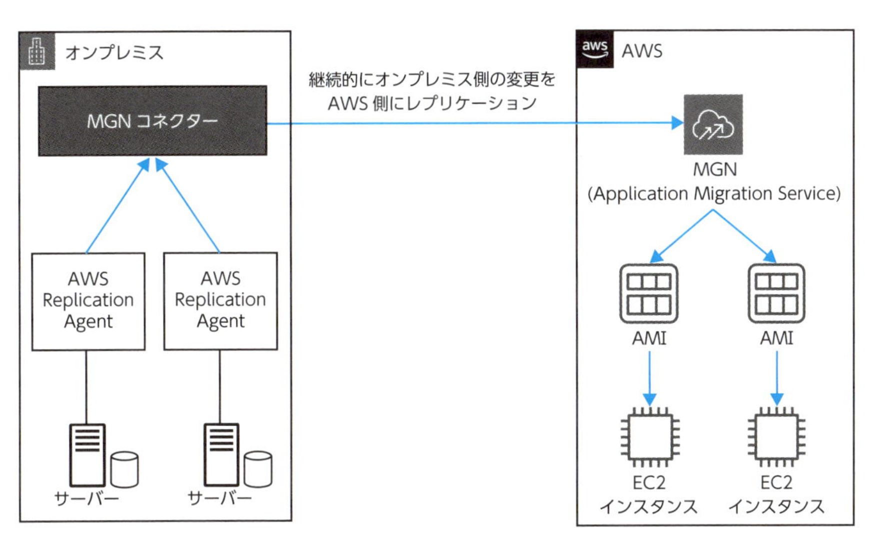

図 7.3-1 MGN を利用した移行の全体構成図

A. DataSync を使用してデータを EFS に転送し、そのデータを使用して EC2 インスタンスを作成する方法では、ストレージ内のデータしか転送されないため、アプリケーションの設定と依存関係を保持できません。

C. ディスクイメージを手動で作成し、S3 にアップロードしてから AMI を作成する方法は、技術的に可能です。しかし、この方法は移行作業のプロセスが複雑なうえ、各作業を手動で行うためミスが発生しやすく、時間もかかります。

D. Systems Manager を使用して設定情報を収集し、新しい EC2 インスタンスを手動で作成する方法は、複雑な作業を行う際にミスが発生する可能性があります。また、正解の選択肢 B とは異なり、VM イメージをそのまま AMI に変換するわけではないため、必要な設定情報が収集できない可能性もあります。

[答] B

問2

あなたの会社は、オンプレミスで大規模なアプリケーションを実行しています。Webサーバーのプラットフォームに Microsoft .NET を使用し、データベースに Apache Cassandra を使用しています。会社は、サービスの信頼性を向上させるためにアプリケーションを AWS に移行したいと考えています。IT チームは、このインフラストラクチャの容量管理と保守に費やす時間を削減したいと考えています。開発チームは、移行をサポートするためにコードを変更する用意があります。コスト効率のよい構成で、要件を満たす最適な設計はどれですか。(1つ選択してください)

A. Web サーバーを .NET プラットフォームを実行する Elastic Beanstalk 環境に移行する。Elastic Beanstalk 環境をマルチ AZ の Auto Scaling グループで構成する。DMS と SCT を利用して、既存の Cassandra データベースを DynamoDB に移行する。

B. Web サーバーを .NET プラットフォームを実行する Auto Scaling グループの EC2 インスタンスに移行する。オンプレミスの Cassandra データベースを、DMS と SCT を利用してマルチ AZ 構成の Aurora に移行する。

C. Web サーバーを .NET プラットフォームを実行する Auto Scaling グループの EC2 インスタンスに移行する。DMS と SCT を利用して、Cassandra データベースを DynamoDB に移行する。

D. Web サーバーを .NET プラットフォームを実行する Elastic Beanstalk 環境に移行する。Elastic Beanstalk 環境をマルチ AZ の Auto Scaling グループで構成する。Cassandra データベースを、マルチ AZ で実行されている EC2 インスタンスに移行する。

解説

Elastic Beanstalk の Auto Scaling グループを使用すると、アプリケーションのインフラストラクチャの容量管理と保守のコストを削減できます。また、DMS と SCT を利用して Cassandra を DynamoDB に移行することで、データベースの保守コストも削減できます。したがって、A が正解です。

B. Aurora はリレーショナルデータベースなので、NoSQL データベースである Cassandra のデータを移行するには、非構造化データを構造化されたデータに変換する必要があります。技術的に移行は可能ですが、カスタムで移行を行うツールの開発、テストが必要になり、コスト効率がよいとはいえません。また、Cassandraを移行対象のソースとした場合、ターゲットになるデータベースはDynamoDBのみです。

C. Webサーバーを EC2 インスタンスに移行し、Auto Scaling グループで処理量に応じてスケールアウトさせるには、EC2 インスタンスのリソースのサイジングと、拡張するためのスケーリングの設定が必要になり、コスト効率のよい方法とはいえません。

D. Cassandra データベースを EC2 インスタンスに移行する場合、オンプレミスで稼働していたときのリソース情報を取得して、サーバーリソースをサイジングする必要があります。そのため、EC2 インスタンスの稼働時間のコストやインフラストラクチャの管理、保守時間が増大します。

[答] A

問3

あなたの会社には、単一のAWSリージョンに配置された5つのEC2インスタンスで動作させる必要のある、新しいアプリケーションがあります。このアプリケーションでは、アプリケーションを実行するすべてのEC2インスタンス間で、高スループット、低レイテンシーのネットワーク接続が必要です。なお、アプリケーションにフォールトトレラントの要件はありません。適切なソリューションはどれですか。(1つ選択してください)

A. 同じAZのAuto Scalingグループに5つの新しいEC2インスタンスを起動する。各EC2インスタンスに追加のENIをアタッチする。

B. 5つの新しいEC2インスタンスをパーティションプレイスメントグループに起動する。EC2インスタンスタイプが拡張ネットワーキングをサポートしていることを確認する。

C. 5つの新しいEC2インスタンスをスプレッドプレイスメントグループに起動する。各EC2インスタンスに追加のENIをアタッチする。

D. 5つの新しいEC2インスタンスをクラスタープレイスメントグループに起動する。EC2インスタンスタイプがENIをサポートしていることを確認する。

解説

クラスタープレイスメントグループは、同じAZ内のインスタンスをグループ化することでインスタンス間の高スループット、低レイテンシーのネットワークパフォーマンスを実現するソリューションです。また、ENIのサポートは、高スループットを要求するアプリケーションの動作に適しています。したがって、Dが正解です。

A. 各EC2インスタンスに追加のENIをアタッチすることは、高スループット、低レイテンシーのネットワークパフォーマンスを実現するための最適なソリューションとはいえません。

B. パーティションプレイスメントグループは、障害に対応するためのプレイスメントグループです。パーティションがラックという単位で構成され、ラックを分割することで耐障害性を高めています。このソリューションは、ネットワークパフォーマンスを向上させるものではありません。

C. スプレッドプレイスメントグループは、ネットワークや電源が異なるラックにインスタンスを分割する方法です。Bと同様、ラックを分割することで耐障害性を高めています。しかし、異なるラックにインスタンスを配置しても、ネットワークパフォーマンスを向上させることはできません。

[答] D

7.4 モダナイゼーションと機能強化の機会を決定する

問1

ある企業が、リプラットフォーム戦略を用いてオンプレミスのデータセンターからAWSへの移行を完了しました。移行したサーバーの1つに、FTPサーバーがあります。このサーバーは、企業の顧客に対して重要なファイルを送信するアプリケーションで利用されています。FTPサーバーはレガシーであり、TLS暗号化をサポートせず、TCPポート21番を使用しています。このアプリケーションはFTPのみを使用できます。企業はS3を使用し、このFTPサーバーを廃止することを決定しました。そして、S3バケットを作成し、適切なアクセス権限を設定しました。企業は、アプリケーションがS3にファイルを送信できるようにするためにどのような変更を加える必要がありますか。(1つ選択してください)

A. アプリケーションを変更し、SFTPを使用してS3に接続する。IAMロールを作成し、s3:PutObject権限を付与する。作成したIAMロールをEC2インスタンスにアタッチする。

B. アプリケーションを変更し、STARTTLSを使用してS3に接続する。S3のFTP認証情報を取得し、この認証情報を使用してS3に接続する。

C. アプリケーションを変更し、S3 APIを使用してファイルを送信するようにする。s3:PutObject権限を持つIAMロールを作成し、IAMロールをEC2インスタンスにアタッチする。

D. アプリケーションを変更し、AWS SDKを使用してファイルを送信するようにする。S3用のIAMユーザーを作成し、アクセスキーを生成して、これを使用してS3の認証を行う。

解説

ここでは、FTPサーバーをS3に代替する手段が問われています。この設問を解くにあたって、まず、S3はFTPでの接続に対応していないことを理解する必要があります。また、AWS のベストプラクティスとして、IAM ユーザーのアクセスキーを利用するよりも IAM ロールを利用することが推奨されています。この点も知っておく必要があります。

以上の 2 点を踏まえると、FTP 接続を利用せず、IAM ロールを利用している C が正解です。

A. S3 では SFTP（暗号化された FTP）を利用できません。

B. S3 では FTP を利用できません。なお、STARTTLS は、非 TLS（平文）通信を TLS による暗号化通信に切り替える技術です。

D. AWS のベストプラクティスとして、IAM ロールが利用可能な状況ではアクセスキーの利用は推奨されません。

[答] C

問 2

ある会社は、衛星画像を用いたサービスを提供しています。衛星から同社の地上局にデータが送られ、1 分間に約 5GB の画像が生成されます。この画像は、ネットワークに接続されたストレージに保存され、すでに 2 ペタバイトの画像が保存されています。同社は、顧客がインターネット経由で画像にアクセスして購入できる Web サイトを運営しています。この Web サイトは同社の地上局で運営されています。使用状況の分析によると、顧客は直近 24 時間以内に保存された画像にアクセスする可能性が最も高いです。同社は、画像用のストレージおよび配信システムを AWS に移行したいと考えています。これらの要件を満たすコスト効率のよい移行戦略はどれですか。(1つ選択してください)

A. 複数の Snowball を使用して、既存の画像を S3 に移行する。地上局から AWS へ 1Gbps の Direct Connect 接続を作成し、Direct Connect 接続を介して S3 に新しい画像をアップロードする。画像配信サイトを EC2 インスタンスに移行する。この Web サイトで、S3 をオリジンとした CloudFront 署名付き URL を介して画像を提供する。

B. 複数の Snowball を使用して、既存の画像を EFS ファイルシステムに移行する。地上局から AWS へ 1Gbps の Direct Connect 接続を作成し、Direct Connect 接続を介して新しい画像を EFS ファイルシステムにアップロードする。画像配信サイトを EC2 インスタンスに移行する。この Web サイトで、EFS ファイルシステムをオリジンとした CloudFront 署名付き URL を介して画像を提供する。

C. 複数の Snowball を使用して、既存の画像を S3 に移行する。ネットワークに接続されたストレージから定期的に Snowball を利用して、新しい画像を S3 にアップロードする。画像配信サイトを EC2 インスタンスに移行する。この Web サイトで、S3 をオリジンとした CloudFront 署名付き URL を介して画像を提供する。

D. 地上局から AWS へ 1Gbps の Direct Connect 接続を作成する。AWS CLI を使用して、既存の画像をコピーし、Direct Connect 接続を介して S3 に新しい画像をアップロードする。画像配信サイトを EC2 インスタンスに移行する。この Web サイトで、S3 をオリジンとした CloudFront 署名付き URL を介して画像を提供する。

解説

既存の2ペタバイトの画像を専用線等のネットワークを介して移行するのは現実的ではないため、Snowballを使用して、オフラインで移行する必要があります。毎分生成される約5GBの画像データは、Direct Connectを経由してオンラインで移行します。また、CloudFrontを使用することでパフォーマンスの高い画像配信を行えます。さらに、新しい画像はS3にアップロードされることでCloudFrontのオリジンとなり、顧客は画像にすぐにアクセスすることができます。したがって、Aが正解です。

B. EFSはCloudFrontのオリジンとしては利用できず、S3ほどコスト効率が高くありません。

C. 新しい画像のために定期的にSnowballを使用するのは時間の効率が悪く、データの可用性が低下します。

D. Direct Connectを経由して2ペタバイトの画像を移行するのは、時間とコスト効率の面で問題があります。

[答] A

問3

ある企業のWebサイトは、企業と同じ米国にあるデータセンターでホストされています。ロードバランサー、Webサーバー2台、MySQLデータベースサーバー1台が、現在のWebサイトのアーキテクチャを構成しています。ソリューションアーキテクトは、以下の要件を満たすソリューションを構築する責任を負っています。

- Webサイトのパフォーマンス向上
- Web層のスケーラブル化およびステートレス化
- データベースサーバーの読み込み負荷の改善
- ヨーロッパのユーザーに対するレイテンシーの軽減
- 99.9%の可用性を目標とする新しいアーキテクチャの設計

コスト効率を考慮し、かつ運用効率を向上させながら、これらの要件を満たす方法はどれですか。(1つ選択してください)

A. 1つのAWSリージョンと3つのAZにあるWebサイトのEC2インスタンスのAuto Scalingグループの前でALBを使用する。マルチAZのAurora MySQL DBクラスターの前にキャッシュのためのElastiCacheクラスターを構成する。Webサイトの共有ファイルをEFSに移動する。ALBをオリジンとしてCloudFrontを設定し、米国とヨーロッパを含む価格クラスを選択する。

B. 2つのAWSリージョンと各リージョンの2つのAZにあるWebサイトのEC2インスタンスのAuto Scalingグループの前で、各リージョンをまたぐALBを使用する。グローバルなAurora MySQLデータベースの前にキャッシュのためのElastiCacheクラスターを構成する。Webサイトの共有ファイルをEFSに移動する。ALBをオリジンとしてCloudFrontを設定し、米国とヨーロッパを含む価格クラスを選択する。EFSのクロスリージョンレプリケーションを構成する。

C. 1つのAWSリージョンと3つのAZにあるWebサイトのEC2インスタンスのAuto Scalingグループの前でALBを使用する。マルチAZのAurora MySQL DBクラスターの前にキャッシュのためのDocumentDBテーブルを構成する。Webサイトの共有ファイルをEFSに移動する。ALBをオリジンとしてCloudFrontを設定し、すべてのグローバルロケーションを含む価格クラスを選択する。

D. 2つのAWSリージョンと各リージョンの3つのAZにあるWebサイトのEC2インスタンスのAuto Scalingグループの前で、各リージョンをまたぐALBを使用する。グローバルなAurora MySQLデータベースの前にキャッシュのためのElastiCacheクラスターを構成する。リージョン間の同期を使用して、Webサイトの共有ファイルをFSxに移動する。ALBをオリジンとしてCloudFrontを設定し、米国とヨーロッパを含む価格クラスを設定する。

解説

複数のAZに配置するインスタンスを持つAuto Scalingグループを備えたALBは、Web層をスケーラブルにできます。また、EFSは、アプリケーションとデータの外部保存をステートレスにするのに役立ちます。マルチAZのAurora MySQLデータベースは、データベースの可用性を向上させます。さらに、ElastiCacheは読み取りパフォーマンスの向上に役立ち、CloudFrontはWebサイトのパフォーマンスの向上や、ヨーロッパと米国のユーザーのレイテンシーの削減に役立ちます。したがって、Aが正解です。

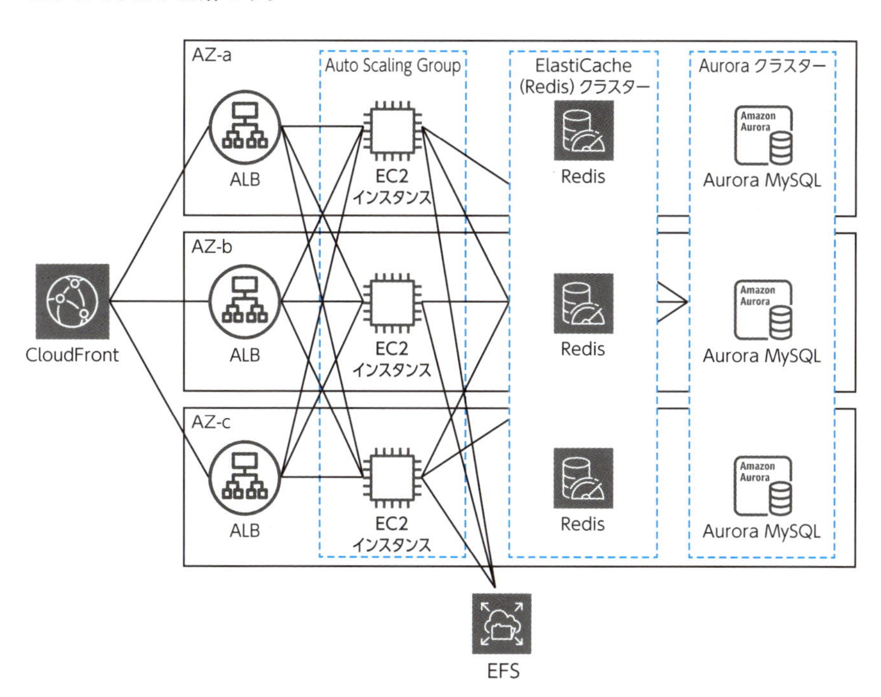

図 7.4-1　マルチAZで高可用性を実現したWebシステムの構成

B. ALBはリージョンをまたいで配置することはできません。また、Auto Scalingグループはリージョンのリソースであり、リージョンをまたぐインスタンスをサポートしません。

C. キャッシュのため、ElastiCacheではなくDocumentDBを配置しています。DocumentDBはNoSQLデータベースで、大量のトランザクションのデータを高速に読み書きするのには適していますが、WriterとReaderに分けて配置するなど、ElastiCacheのクラスター構成と比べて、データベースの構成が複雑になり、運用効率が悪くなります。

D. Bと同様、ALBはリージョンをまたいで配置することはできません。また、2つのリージョンにマルチAZでEC2、Aurora DB、ElastiCacheを配置していますが、設問の要件を満たすには過剰な構成となっており、運用効率が悪くなります。

[答] A

第8章

模擬試験

ここでは、模擬試験問題を解いて頂きます。試験では、180分間という限られた時間の中で、約75問の問題に取り組む必要があります。また、本書のケース問題で例示したように、試験では問題文だけでなく解答の選択肢も分量が多いので、1問あたり2〜3分という非常に短い時間の中で解答していくためには、長文読解に対する慣れも必要です。

よって、本章では実際の試験を想定して、180分間で本番さながらに解答し、全問解き終わった後で正答を確認してください。そして、ご自身の理解があいまいに感じられたポイントについては、第3章で紹介している学習リソースを活用して本番試験に備えてください。

8.1 模擬試験問題

問 1　複数の EC2 インスタンスが、ハイパフォーマンスコンピューティング (HPC) 用途のためにクラスタリングされています。EC2 インスタンスは同じプレイスメントグループに所属しており、インスタンス間は 20Gbps の高速ネットワークを経由して通信可能です。このクラスターは、クラスターの動作を制御するためのマスターノード用の EC2 インスタンスと通信する必要があります。マスターノード用の EC2 インスタンスは、プレイスメントグループには所属していません。マスターノード用の EC2 インスタンスは、クラスタリングされているインスタンスと同じインスタンスタイプ、同じ AMI を使用しており、パブリック IP アドレスが付与されています。マスターノードと、プレイスメントグループに所属する EC2 インスタンス間の通信速度を向上させるために、何をすべきですか。(1つ選択してください)

A. マスターノード用の EC2 インスタンスとプレイスメントグループに所属する EC2 インスタンスが、プライベート IP アドレスを利用して通信していることを確認する。

B. マスターノード用の EC2 インスタンスの AMI を取得し、インスタンスを削除する。削除後、取得しておいた AMI から EC2 インスタンスを起動し、起動時にクラスター用のプレイスメントグループに所属させる。

C. マスターノード用の EC2 インスタンスが ENI を利用していることを確認する。

D. マスターノード用の EC2 インスタンスを停止する。停止後、クラスター用のプレイスメントグループに所属させる。

問 2　あなたは、現在、オンプレミス環境で稼働させているアプリケーションのディザスタリカバリソリューションとして、AWS の採用を検討しています。アプリケーションは多数の Windows Server 上で実行されており、Microsoft SMB プロトコルを利用してファイルサーバー用ストレージ製品の共有ディレクトリをマウントし、ファイル共有を行っています。あなたの会社の災害対策方針では、RTOは15分、RPOは5分と定められています。ソリューションは、フェイルオーバー機能とフェイルバック機能をサポートする必要があります。要件を満たし、最もコスト効率のよいソリューションはどれですか。(1つ選択してください)

A. Storage Gatewayファイルゲートウェイを作成する。日次で、オンプレミス環境のWindows Serverのバックアップを取得し、ファイルサーバーのデータとともに、ファイルゲートウェイ経由でS3にデータを保存する。災害が発生した場合、AWS上でWindows ServerのEC2インスタンスを起動し、S3のバックアップデータからデータをEBS上に復元する。フェイルバックする場合、S3のバックアップデータをオンプレミスのWindows Serverで復元して、オンプレミスのWindows Serverを使用する。

B. Elastic Disaster Recoveryを使用し、オンプレミス環境のWindows ServerからAWSへのレプリケーションを設定する。ファイルサーバーのデータは、DataSyncとLambdaを使用し、AWS上に構築したFSx for Windows File Serverに同期する。災害が発生した場合、Windows Server用のEC2インスタンスは、FSx for Windows File Serverを共有ディレクトリとしてマウントする。また、Elastic Disaster RecoveryとDNSを使用してフェイルオーバーする。フェイルバックする場合、Elastic Disaster Recoveryを使用してAWSとオンプレミス環境のサーバーの状態が同期されていることを確認する。その後、DNSを活用し、アプリケーションへのリクエストをオンプレミス環境にフェイルバックする。

C. AWS CDKを使用して、AWS上のEC2インスタンスで稼働するWindows Server環境を構築するためのコードを作成し、CDK Pipelinesを使って、AWS上にオンプレミス環境と同等の環境を構築する。オンプレミスからAWS上のWindows Serverへバックアップソフトウェアを使ってデータをレプリケーションする。AWS上では、EC2上のデータをS3にバックアップする。災害が発生した場合、DNSを活用し、アプリケーションへのリクエストをAWS側の環境にフェイルオーバーする。フェイルバックする場合、s3 syncコマンドを使用してデータをオンプレミスのファイルサーバーにコピーする。その後、DNSを活用し、アプリケーションへのリクエストをオンプレミス環境にフェイルバックする。

D. CloudFormationを使用し、AWS上にオンプレミス環境と同等の環境を構築するためのコードを開発する。オンプレミス環境のデータは、DataSync

とLambdaを使用し、AWS上に構築したEFSに同期する。災害が発生した場合、CodePipelineを使用し、CloudFormationのテンプレートから環境を構築する。フェイルバックする場合、DataSyncを使用してデータをコピーする。その後、DNSを活用し、アプリケーションへのリクエストをオンプレミス環境にフェイルバックする。

問3　あなたの会社は、機密性の高い大量の研究ファイルをS3バケットに保存しています。このファイルは、研究員が使用するWebサイトからのAPIリクエストに応答するEC2が、必要なデータを取得する目的で利用されます。セキュリティチームは、このS3バケットについて、同じリージョンの特定のVPCからのアクセスのみを許可し、それ以外のアクセスを禁止するよう求めています。最もコスト効率が高く、セキュリティチームの要請に対応するには、どのソリューションを組み合わせればよいですか。(2つ選択してください)

A. アクセスを許可するVPCにゲートウェイエンドポイントを作成する。
B. アクセスを許可するVPCにインターフェイスエンドポイントを作成する。
C. アクセスを許可するVPCにNATゲートウェイを作成する。
D. S3バケットポリシーに、NATゲートウェイに関連付けたEIPからの操作を許可するルールと、すべてのアクセスを拒否するルールを記述する。
E. S3バケットポリシーのConditionステートメントに、ゲートウェイエンドポイントのIPアドレスからの操作を許可するルールを記述する。
F. S3アクセスコントロールリスト (ACL) に、NATゲートウェイに関連付けたEIPからの操作を許可するルールを記述する。

問4　ある金融サービス会社が、重要なトランザクション処理システムをオンプレミス環境からAWSへ移行することを計画しています。現在のシステムはOracleデータベースを利用しています。同社は、AWSのマネージドサービスの利用を希望しています。ソリューションアーキテクトには、AWSでのOracleと異なる種別のデータベースへの移行戦略の設計が任されています。工数やリードタイムを抑え、これらの要件を最小の労力で実現するソリューションはどれですか。(1つ選択してください)

A. AWS DMSとスキーマ変換ツール（AWS SCT）を使用して、Oracleデータベースを RDS for PostgreSQL に移行する。

B. DataSyncを使用してOracleデータベースからS3にデータを転送し、その後、SQLスクリプトとデータロードツールを使用してRDS for PostgreSQLにデータをインポートする。

C. スキーマ変換ツール（AWS SCT）を使用してOracleデータベースをDynamoDB用に変換し、その後、Glueを使用してデータを移行する。

D. Snowballを使用してデータベースファイルをS3に転送し、その後、ネイティブデータベースツールとRDSの機能を使用してAuroraにデータをインポートする。

問5 あなたは、大手コンビニエンスストアのソリューションアーキテクトとして働いています。コンビニエンスストアでは、既存のデータセンターをAWSに拡張するハイブリッドクラウドインフラストラクチャの採用を検討しています。社内で既存のMicrosoft Active Directoryにサインインしているオンプレミスユーザーが、AWSマネジメントコンソールからAWSリソースを管理できるようにすることが要件として挙がっています。

一方、AWSマネジメントコンソールを使用するために、既存のMicrosoft Active Directoryに存在するログイン情報を使ってログインできるようにする、という要件もあります。これは、扱うアカウントが増えれば、アカウントの管理が煩雑になるとともに、単純なパスワードや使い回しのパスワードが使用されてしまうことにより、認証情報漏洩の可能性があるからです。

このハイブリッド環境で、求められるユーザー認証を実現する最良の方法はどれですか。（1つ選択してください）

A. OAuth 2.0を使用して一時的なAWS認証情報を取得し、オンプレミスユーザーがAWSコンソールにログインできるようにする。

B. オンプレミスのSAML 2.0準拠のIDプロバイダーを使用して認証し、STSを使用してAWSコンソールへの一時的な資格情報を取得する。ブラウザを使用して、AWSのシングルサインオンエンドポイントを介してAWSコンソールへのフェデレーションアクセスを実現する。

C. STSおよびAssumeRoleWithWebIdentityを使用してオンプレミスSAML 2.0準拠のIDプロバイダーで認証し、一時的なセキュリティ認証情報を取得する。これにより、オンプレミスユーザーはブラウザを使用して AWS コンソールにログインできる。

D. 組織の AWS 環境で Organizations を有効にし、さらにオンプレミスの Active Directory に接続する AD Connector を使用して AWS IAM Identity Center を有効にする。

問 6　ある企業が AWS で多階層の Web アプリケーションをホスティングしています。このアプリケーションは、3 つの AZ にまたがる ALB と EC2 インスタンスで構成されています。ピーク時には、Web サーバーの CPU 使用率が 90% に達することがわかっています。

システムは、通常時の負荷を処理するためにリザーブドインスタンスを使用し、ピーク時の負荷を処理するためにオンデマンドインスタンスを使用するように設定されています。ソリューションアーキテクトであるあなたは、現在のアーキテクチャを見直し、システムを改善するために必要な変更を行うよう指示を受けました。ピーク負荷時に AZ が利用できなくなった場合でも、アプリケーションが迅速に復旧できるようにするための、最もコスト効率のよいアーキテクチャはどれですか。（1つ選択してください）

A. ピーク時の負荷に対応するために、各 AZ でリザーブドインスタンスの自動スケーリンググループを起動する。

B. ピーク時と通常時の両方の負荷に対応するために、リザーブドインスタンスとオンデマンドインスタンスを組み合わせる。

C. ピーク時と通常時の両方の負荷に対応するために、スポットインスタンスとオンデマンドインスタンスを組み合わせる。

D. ピーク時の負荷に対応するために、各 AZ で自動スケーリングを有効にしたスポットフリートを起動する。スポットフリートの配分戦略には「diversified」を設定する。

問 7　あなたの Web サイトでは、新しいデザインのコンバージョン率を測定するために同一 URL での A-B テストを行うことになりました。ソリューションアーキテクトであるあなたは、既存のアーキテクチャになるべく変更を加えず低コストで A-B テストを行う構成に変更する必要があります。どのように変更すればよい

ですか。新デザインには3割のアクセスを振り分けたいと考えています。(1つ選択してください)

A. 既存のELBに新デザインのアプリケーションをデプロイしたEC2を追加し、ヘルスチェック間隔を現在のデザインのアプリケーションがデプロイされているEC2の3割に設定する。
B. 既存のELBに新デザインのアプリケーションをデプロイしたEC2を追加し、ヘルスチェック間隔を現在のデザインのアプリケーションがデプロイされているEC2の3倍に設定する。
C. 新しくELBを追加し、新デザインのアプリケーションをデプロイしたEC2を追加する。Route 53の加重ラウンドロビンを利用し、既存のELBに対して加重3のレコードセット、新規追加したELBに対して加重7のレコードセットを設定する。
D. 新しくELBを追加し、新デザインのアプリケーションをデプロイしたEC2を追加する。Route 53の加重ラウンドロビンを利用し、既存のELBに対して加重7のレコードセット、新規追加したELBに対して加重3のレコードセットを設定する。

問8　あるIT企業は、AWS上で1,000を超えるEC2を使い、数多くのWebサイトを運用しています。同社のセキュリティポリシーでは、Webサーバー上のEBS保管データはすべて暗号化することが求められています。あなたはソリューションアーキテクトとして、このポリシー違反が確認された場合に、できるだけ早く気づくための仕組みづくりを求められています。最適なアーキテクチャはどれですか。(1つ選択してください)

A. Trusted Advisorを使用し、すべてのEBSボリュームの暗号化設定を定期的にチェックする。暗号化されていないEBSボリュームが存在した場合は、Amazon SNSトピックを通じてセキュリティ担当者に通知する。
B. Configを有効化する。ec2-ebs-encryption-by-defaultマネージドルールを使用する。違反があった場合は、Amazon SNSトピックを通じてセキュリティ担当者に通知する。
C. Configを有効化する。encrypted-volumesマネージドルールを使用する。違反があった場合は、Amazon SNSトピックを通じてセキュリティ担当者に通知する。

D. CloudTrailを有効化する。CreateVolumeイベントログをトリガーに作成されたEBSボリュームの暗号化状態を確認するLambda関数を作成する。暗号化されていないEBSボリュームが存在した場合は、Amazon SNSトピックを通じてセキュリティ担当者に通知する。

問9　ある企業が、文書管理システムをAWSに移行しました。このシステムでは、顧客がWebアプリケーションを介して文書をS3にアップロードします。システムは、S3に保存された文書への参照情報をデータベースに格納しています。Webアプリケーションは EC2インスタンス上で動作し、データベースにはRDS for MySQLを使用しています。文書がアップロードされると、アプリケーションはAmazon SNSを使用して、チームに文書が登録されたことを通知します。文書の登録を通知されたチームメンバーは、S3に格納された文書を確認し、文書から必要なデータを抽出して別のシステムに入力します。

あなたは、この業務を自動化することを求められています。要件として、文書の内容を抽出できること、リードタイムを最小限に抑えること、長期的な運用負担を最小化することの3つが必要です。これらの要件を満たすソリューションはどれですか。(1つ選択してください)

A. 企業内で光学文字認識（OCR）ライブラリを開発し、EKSクラスターにデプロイする。デプロイしたアプリケーションを使用して、文書に対してOCRを実行する。出力結果をS3に保存し、アプリケーション内で必要なデータを解析して別システムに送信する。

B. EC2インスタンスでAIモデルを学習させてOCRアプリケーションを作成する。Step FunctionsとLambdaを使用してシステムを拡張し、アップロードされた文書に対してOCRを実行する。出力結果をS3に保存し、アプリケーション内で必要なデータを解析して別システムに送信する。

C. SageMakerでAIモデルを学習させてOCRアプリケーションを作成する。アプリケーションをSageMakerエンドポイントで実行する。出力結果をElastiCacheに保存し、アプリケーション内で必要なデータを解析して対象システムのAPIに送信する。

D. Step FunctionsとLambdaを使用してシステムを拡張し、TextractとComprehendを使用してアップロードされた文書にOCRを実行する。出力結果をS3に保存し、アプリケーション内で必要なデータを解析して対象システムのAPIに送信する。

問10　あなたの企業は、業務アプリケーションをECSにデプロイしています。アプリケーションはALB経由で機能を提供しています。企業は、現在デプロイしている業務アプリケーションをSaaS形式で不特定多数のAWS利用企業に提供したいと考えています。業務アプリケーションはインターネットを経由しないプライベートネットワーク経由で提供する必要があります。アプリケーションの提供時にVPC CIDRの重複によるトラブルを避けたいです。これらの要件を満たすソリューションはどれですか。(1つ選択してください)

A. 業務アプリケーションVPCと利用企業VPCをVPC Peeringで接続する。

B. 業務アプリケーションVPCにNLBを作成する。NLBのターゲットをアプリケーションALBに設定する。業務アプリケーションVPCでエンドポイントサービスを作成してNLBを登録する。利用企業VPCでインターフェイスエンドポイントを作成する。業務アプリケーションVPCのエンドポイントサービスで、利用企業VPCのインターフェイスエンドポイントを承認する。

C. 業務アプリケーションVPCでエンドポイントサービスを作成してアプリケーションALBを登録する。利用企業VPCでインターフェイスエンドポイントを作成する。業務アプリケーションVPCのエンドポイントサービスで、利用企業VPCのインターフェイスエンドポイントを承認する。

D. 業務アプリケーションVPCと利用企業VPCをTransit Gatewayで接続する。

問11　ある企業の経理システムは、単一のリージョンの複数AZに展開されています。このシステムで障害が発生した場合、目標復旧時間(RTO)は4時間以内、目標復旧時点(RPO)は15分の要件を満たす必要があります。システムの重要なデータはすべてRDSに保管されています。また、経理システムは社内システムのため、可能な限りコストをかけずに実現することも求められています。企業がRTOとRPOを満たすために策定すべきデータバックアップの戦略とし

8

て、最適なものはどれですか。（1つ選択してください）

A. RDSの自動バックアップにより、DBバックアップを5分ごとにEC2インスタンスストアボリュームに保管する。
B. RDSの自動バックアップにより、DBバックアップを5分ごとにS3に保管する。
C. RDSのDBスナップショットを15分ごとに取得し、DBスナップショットをS3 Glacier Deep Archiveに保管する。
D. RDSのDBをマルチAZに配置し、プライマリDBのデータを他のAZのDBインスタンスにレプリケーションする。

問12　あなたは、オンプレミスのVMで動作するレガシーアプリケーションをAWSへ移行する責任者です。移行対象のアプリケーションは、あなたの会社のみで使用されており、アプリケーションに関わるドキュメントは残念ながらありません。開発コストが限られており、アプリケーションをリビルドせずに既存のアプリケーションを流用する計画です。また、移行対象以外のアプリケーションやデータはオンプレミスに残り、アプリケーション動作のために信頼性の高いデータ連携のソリューションが必要です。移行するための最適な方法はどれですか。（3つ選択してください）

A. VPCをオンプレミスと重複しないIPアドレスレンジにする。
B. カスタマーゲートウェイ、仮想プライベートゲートウェイを用意し、AWSとオンプレミス間でインターネットVPN接続を確立する。
C. VPCのインスタンスにElastic IPアドレスを設定する。
D. Direct ConnectでVPCとオンプレミスの内部ネットワークをリンクさせる。
E. 現在の仮想マシンをVM ImportでAWSに移行する。
F. Storage GatewayでオンプレミスのデータをAWSに移行する。

問13　ある生命保険会社では、個人情報を含む機密データをS3バケットに保存しています。S3バケットはかなり前から使われており、現時点では、S3バケット内にあるオブジェクトは暗号化されていません。セキュリティを担保するために、S3のサーバーサイドの暗号化により機密データを保護したいと考えています。ただし、同社のセキュリティチームからの要望で、機密データを含む既存および新規のオブジェクトは、セキュリティチームが管理する暗号化キーを使って暗号化される必要があります。これらの要件を満たすソリューションはどれですか。（1つ選択してください）

A. S3バケットのプロパティで、バケットの暗号化をSSE-KMSで行うように設定する。S3バケットポリシーで、GetObjectおよびPutObjectのリクエストがあったとき、バケット内のオブジェクトを自動的に暗号化するよう設定する。

B. S3バケットのプロパティで、デフォルトの暗号化がSSE-S3になっていることを確認する。暗号化キーをカスタマーマネージドキーによるAES-256に変更する。S3バケットに対して、暗号化されていないPutObjectリクエストを拒否するポリシーをアタッチする。AWS CLIを利用して、既存のS3バケットにあるオブジェクトを再度アップロードする。

C. S3バケットのプロパティで、バケットの暗号化をSSE-KMSで行うように設定する。S3バケットに対して、暗号化されていないPutObjectリクエストを拒否するポリシーをアタッチする。AWS CLIを利用して、既存のS3バケットにあるオブジェクトを再度アップロードする。

D. S3バケットのプロパティで、バケットの暗号化がSSE-S3になっていることを確認する。S3バケットに対して、暗号化されていないPutObjectリクエストを拒否するポリシーをアタッチする。AWS CLIを利用して、既存のS3バケットにあるオブジェクトを再度アップロードする。

問14　ある企業は、工場の機器データを収集しています。既存のストレージソリューションをAWSに移行したいと考えています。この企業では、すべての機器にセンサーを搭載し、位置情報や使用情報を収集しています。このセンサーデータは、予測できないパターンで送信され、大きなスパイクが発生する可能性があります。センサーデータは、各工場のオンプレミスのMySQLデータベースに保存されています。

企業は、システムの使用状況に応じて拡張できるクラウドストレージソリューションを求めています。企業の分析チームは、センサーデータを使用して、デバイスの種類や工場ごとの使用量を集計します。分析チームは、クラウドからセンサーデータを取得しながら、分析ツールをローカルで実行する必要があります。また、既存の Java アプリケーションと SQL クエリをできるだけ変更せずに使用する必要があります。センサーデータの安全性を確保しながら、これらの要件を満たす最適な方法はどれですか。(1つ選択してください)

A. Aurora Serverless のデータベースにデータを保存する。IAM で認証された IAM ユーザーと Secrets Manager ARN を使用して、Aurora Data API を介してデータを提供する。

B. Aurora Serverless のデータベースにデータを保存する。NLB を介してデータを提供する。Secrets Manager に保存されている認証情報を使用して、NLB を使用するユーザーを認証する。

C. S3 バケットにデータを保存する。IAM で認証された IAM ユーザーと、データソースとして S3 バケットを使用して、QuickSight を介してデータを提供する。

D. S3 バケットにデータを保存する。転送中のデータを保護するために PrivateLink を使用して、Athena を介してデータを提供する。

問 15　あなたは、A 社でソリューションアーキテクトとして働いています。同社は複数の事業部門を持つ大企業であり、Organizations を利用して複数のアカウントを一元管理し、多数のワークロードを運用しています。あなたは最近、経営陣から、組織全体の使用コストを最適化するよう指示を受けました。あなたは、使用率の低い EC2 インスタンスやアイドル状態の他のリソースを特定し、各ワークロードのパフォーマンスに最適なインスタンスタイプを選定することで、コスト削減の機会を見出したいと考えています。これらの目的を達成するために使用すべき AWS のツールの組み合わせとして、最も適切なものはどれですか。(1つ選択してください)

A. Trusted Advisor と Compute Optimizer

B. AWS Budgets と Cost Explorer

C. CloudWatch と AWS Cost and Usage Report

D. S3 Storage Lens と Application Discovery Service

問 16 ある会社では、大量に保存されているデータを使って、読み書きアクセスを提供する既存の Web サービスをリファクタリングしています。データは一意のキーにより、キーに紐付いたデータを登録、参照します。このサービスは、システムの大幅なスパイクの負荷に短時間で対応する必要があります。また、サービスは、複数の AWS リージョン間でフォールトトレラントなシステムを実現するため、アクティブ / アクティブ型の構成にする必要があります。これらの要件を満たすために、どのような構成にするべきですか。(1つ選択してください)

A. DocumentDB にデータを保存する。エッジ最適化された API Gateway と Lambda 上に構築されたカスタムオリジンで、単一のグローバル CloudFront ディストリビューションを作成する。自社ドメインをディストリビューションの代替ドメインとして割り当て、CloudFront ディストリビューションへのエイリアスを使用して Route 53 を設定する。

B. オンデマンドキャパシティモードを使用して、2 つのリージョンの DynamoDB グローバルテーブルにデータを保存する。両方のリージョンで、ALB の背後にある Auto Scaling グループの ECS で、ECS Fargate タスクとして Web サービスを実行する。Route 53 で、自社ドメインのエイリアスレコードと、2 つの ALB 間でトラフィックを分散するためのヘルスチェックを備えた Route 53 レイテンシーベースのルーティングポリシーを設定する。

C. 2 つのリージョンにあるレプリケーションされた S3 バケットにデータを保存する。CloudFront ディストリビューションを作成し、API Gateway と Lambda で構築されたカスタムオリジンを各リージョンで起動する。自社ドメインを両方のディストリビューションの代替ドメインとして割り当て、それらの間のフェイルオーバールーティングポリシーを使用して Route 53 を設定する。

D. Aurora Global Database にデータを保存する。2 つのリージョンに Auto Scaling レプリカを追加する。各リージョンの ALB の背後にある Auto Scaling グループの EC2 インスタンスで Web サービスを実行する。ユーザーデータ内の Web サービスコードをダウンロードするように

8

インスタンスを設定する。Route 53 で、会社のドメインのエイリアスレコードと複数値回答ルーティングポリシーを設定する。

問 17　ある企業が、エンドユーザーにパブリックネットワークに公開した API を利用させるために、API のエンドポイントタイプをリージョンとした API Gateway を配置し、Cognito と連携して認証を行った後、Lambda 関数を呼び出して処理するアプリケーションを開発しました。その後のシステムの要件で、本 API で機密情報を扱うため、VPC 内のプライベートネットワークからのみアクセス可能な API に変更することになりました。これらの要件を最小の労力で実現するためのソリューションはどれですか。（1つ選択してください）

A. API Gateway で API エンドポイントをリージョンからプライベートに変更する。VPC にインターフェイス VPC エンドポイントを作成する。VPC エンドポイントを使用して、VPC から API Gateway 経由で Lambda 関数をコールする。

B. VPC 内に ALB を作成する。ターゲットグループを作成し、Lambda 関数を ECS に置き換える。ALB の DNS 名を使って VPC から API をコールする。

C. API Gateway で API エンドポイントをリージョンからエッジ最適化に変更する。VPC にインターフェイス VPC エンドポイントを作成する。VPC エンドポイントを使用して、VPC から API Gateway 上の API をコールする。

D. VPC 内に EC2 インスタンスを用意し、Kong サーバーをインストールする。Kong サーバーから Lambda 関数をコールする。EC2 インスタンスの内部 CNAME レコードを使用して、VPC から Lambda 関数をコールする。

問 18　大手小売企業（年間売上高 1,000 億円、従業員 5,000 人）が、現在のオンプレミスデータセンターから AWS への移行を計画しています。この移行は、運用コストの削減とビジネスのアジリティ向上を目的としており、12 か月以内に完了する必要があります。企業の IT チームは、CMDB から、物理サーバーと仮想サーバーを合わせて 500 台以上のサーバーに関する詳細情報を含むエクスポートファイルを出力しました。あなたはソリューションアーキテクトとして、最もコスト効率が高く、迅速に実行可能な移行計画を立案するために、どの AWS サービスまたはツールを使用しますか。(1つ選択してください)

A. Migration Hub を利用する。既存の CMDB データを Migration Hub にインポートし、アプリケーション依存関係の可視化と移行計画の自動生成を行う。
B. Migration Evaluator を利用する。インポートテンプレートを使用して CMDB データをアップロードし、TCO の分析と移行シナリオのシミュレーションを実行する。
C. Application Discovery Service を利用する。エージェントをインストールして実行中のサーバーから詳細な使用状況データを収集し、アプリケーションの依存関係マッピングを生成する。
D. AWS Cloud Adoption Readiness Tool を利用する。オンラインアセスメントツールを使用して組織の移行準備状況を評価し、カスタマイズされた移行ロードマップを作成する。

問 19 あなたの会社の AWS 環境は、業務アプリケーション用の複数のアカウントと、運用管理のための運用共用アカウントで構成されています。運用共用アカウントは会社のすべての事業部で共有しています。各事業部は、自分の AWS アカウントをそれぞれで管理・運用しています。運用共用アカウントにもそれぞれの事業部の EC2 リソースを所有しています。

先日、ある事業部のユーザーが、別の事業部が運用共用アカウント上に所有する EC2 インスタンスを誤って終了してしまい、本番業務障害が発生しました。再発防止策として、今後、運用共用アカウント上では、各事業部門が自部門で所有する EC2 インスタンスのみを終了できるようにするソリューションを実装することになりました。

要件に合致する最も適切なマルチアカウント管理のソリューションはどれですか。(1つ選択してください)

A. Organizations を使用して、すべてのアカウントを統合する。事業部ごとに AWS アカウントを個々の組織ユニット (OU) にグループ化する。各事業部のインスタンスの終了を許可するリソースレベルのポリシーを作成し、運用共用アカウントの IAM ロールに付与する。OU の個々のメンバーアカウントに "AWSServiceRoleForOrganizations" という名称のサービスリンクロールを作成し、共用アカウントに作成したロールへのアクセスを提供する。

B. Organizations を使用して、すべてのアカウントを統合する。事業部ごとに AWS アカウントを個々の組織ユニット（OU）にグループ化する。Organizations の SCP として、それぞれの事業部のアカウントが所有する EC2 インスタンスを終了するためのリソースレベルのアクセス許可を持つポリシーを作成する。SCP を運用共用アカウントに適用し、事業部ごとの各 OU のメンバーアカウントにクロスアカウントアクセスを提供して、アクセス権を制御する。

C. Organizations を使用して、すべてのアカウントを統合する。事業部ごとに AWS アカウントを個々の組織ユニット（OU）にグループ化する。運用共用アカウントにそれぞれの事業部用の IAM ロールを作成する。それぞれの事業部が所有する EC2 インスタンスを終了するためのリソースレベルのアクセス許可を設定したポリシーを作成し、各ロールにアタッチする。各 OU のメンバーアカウントに、作成した IAM ロールに対するクロスアカウントアクセスを提供する。

D. Organizations を使用して、すべてのアカウントを統合する。AWS アカウントを事業部ごとに組織ユニット（OU）にグループ化する。Organizations の SCP として、自部門のタグが付与されているインスタンスのみ停止することを許可するポリシーを作成する。作成した SCP を各 OU に適用する。

問 20　あなたは、データ分析サービスを顧客に提供する会社に勤めるソリューションアーキテクトです。データ分析サービスのデータウェアハウスでは Redshift を使用しており、複数のノードで分析を行っています。ある日、Redshift クラスターで想定外のバースト的な負荷が発生し、クラスター全体のパフォーマンスが低下しました。調査を行った結果、社内のあるチームが、膨大な量の監査ログに対して複雑なクエリを実行し、レポートを作成するために高負荷でクラスターを利用していたことがパフォーマンス低下の原因であることがわかりました。レポートを作成するクエリは、複雑な読み取りクエリとなっており、CPU 負荷が非常に高い処理をともないます。

データ分析サービスは、業務要件上、読み取りクエリと書き込みクエリを常に受け付けることが要求されます。あなたはソリューションアーキテクトとして、バースト的な負荷にも耐えられるようなソリューションを検討する必要があります。これらの要件を満たし、迅速かつ最もコスト効率のよいソリューションはどれですか。（1つ選択してください）

A. Lambda 関数を使用し、CloudWatch で監視するクラスターの CPU メトリクスが 80% を超えた場合、Classic Resize（従来のサイズ変更）によりキャパシティを増やす処理を実装する。

B. Lambda 関数を使用し、CloudWatch で監視するクラスターの CPU メトリクスが 80% を超えた場合、Elastic Resize（伸縮自在なサイズ変更）によりキャパシティを増やす処理を実装する。

C. EMR クラスターを作成する。Redshift にあるデータを EMR のソースとして、分析のために複雑な分散処理を実行するタスクをオフロードする。

D. Redshift クラスターにて、同時実行スケーリングモードを有効に設定する。また、WLM（Work Load Management）キューを設定する。

問 21 あなたは、製造業の企業でソリューションアーキテクトとして働いています。同社は、製品の設計図面や品質管理データなど、大量の業務データを保管しています。これらのデータは、法的要件により長期間保管する必要がありますが、日々の業務では頻繁にアクセスすることはありません。しかし、監査用途で必要になった場合には、すぐに取り出す必要があります。現在、これらのデータはオンプレミスのストレージに保管されていますが、保管コストが増大し、課題となっています。そこで、データを AWS に移行し、コスト最適化を図ることを決定しました。最も費用対効果の高い方法はどれですか。（1つ選択してください）

A. S3 Glacier Flexible Retrieval にデータを保管する。取り出しが必要な場合は、S3 Glacier Flexible Retrieval から取り出しリクエストを行う。

B. S3 Intelligent-Tiering を使用し、データを保管する。アクセス頻度に応じて、自動的に最適なストレージクラスに移動する。

C. EC2 インスタンスに EBS ボリュームをアタッチし、データを保管する。定期的に EBS スナップショットを取得し、バックアップを取得する。

（選択肢は次ページに続きます。）

D. EFS を使用し、データを保管する。EFS ライフサイクルポリシーを設定し、一定期間アクセスがないファイルを EFS Infrequent Access（EFS IA）に移動する。

問 22　ある会社は、AWS 上でメディア共有サービスを運営しています。サービス利用者は、サービスを経由して S3 上に画像や動画をアップロードします。サービスの仕様上、会員登録済みの利用者のみがサービスにメディアをアップロードできるようにする必要があります。メディア共有サービスのアプリケーションは、利用者に対して署名付き URL を発行し、当該 URL からのみ、メディアのアップロードを許可しています。サービスの利用者が増えるにつれて、100MB を超えるメディアのアップロードが遅いというクレームが目立つようになりました。アップロードの速度を改善しつつ、アップロード可能な利用者を制限するにはどうすればよいですか。（1つ選択してください）

A. メディアを保存する S3 バケットに対して、CloudFront ディストリビューションを作成する。CloudFront の Cache Behavior を設定し、PUT および POST メソッドを有効化する。CloudFront のオリジン設定にて、オリジンアクセスコントロール（OAC）を有効化する。S3 のバケットポリシーにて、OAC 経由での S3 に対する PutObject アクションを許可する。利用者には、ブラウザから CloudFront ディストリビューションのエンドポイントに対してメディアをアップロードさせる。

B. S3 バケットにて、S3 Transfer Acceleration のエンドポイントを有効化する。SDK にて署名付き URL を発行する際、S3 Transfer Acceleration のエンドポイントを含む URL を発行する。

C. API Gateway をセットアップする。リージョン API エンドポイントを作成し、リソースとして S3 プロキシを定義する。リソースの PUT メソッドを、S3 に対する PutObject アクションと紐付ける。Lambda オーソライザーを利用して、API Gateway への接続をセキュアにする。利用者には、メディアを署名付き URL からではなく、API エンドポイントからアップロードさせる。

D. API Gateway をセットアップする。エッジ最適化 API エンドポイントを作成し、リソースとして S3 プロキシを定義する。リソースの PUT メソッドを、S3 に対する PutObject アクションと紐付ける。COGNITO_

USER_POOLS タイプのオーソライザーを利用して、API Gateway への接続をセキュアにする。利用者には、メディアを署名付き URL からではなく、API エンドポイントからアップロードさせる。

問 23 ある会社では、新たな Web アプリケーションのためのインフラストラクチャを検討しています。このアプリケーションは、1つのインターネット向け ALB の背後にある、複数の AZ にまたがる EC2 Auto Scaling グループで稼働させます。ALB と EC2 Auto Scaling グループは、1つのインターネットゲートウェイおよび 1つの NAT ゲートウェイを備えた VPC に配置します。この VPC は、2 つの AZ で構成され、それぞれに 1つのパブリックサブネットと 1つのプライベートサブネットを持ちます。データの保存には、DynamoDB テーブルを利用します。EC2 インスタンスから DynamoDB への接続のために、1つのゲートウェイエンドポイントを配置します。インフラストラクチャの可用性を高めるために、どのような構成にすべきですか。(1つ選択してください)

A. 2 つめのインターネット向け ALB を作成する。2 つめの ALB をパブリックサブネットにアタッチする。

B. 2 つめのインターネットゲートウェイを作成する。2 つめのインターネットゲートウェイをサブネットにアタッチする。各サブネットのルートテーブルを適切に更新する。

C. 2 つめの NAT ゲートウェイをパブリックサブネットに作成する。各サブネットのルートテーブルを適切に更新する。

D. DynamoDB に接続する 2 つめのゲートウェイエンドポイントを作成する。2 つめのゲートウェイエンドポイントをサブネットにアタッチする。各サブネットのルートテーブルを適切に更新する。

問 24 あなたは、製薬企業 A 社で働くソリューションアーキテクトです。A 社は、AWS 上で発生するさまざまなデータを S3 に蓄積し、データレイクとして利用しています。また、A 社はさまざまな業務要件を満たすため、多数の AWS アカウントを利用しています。AWS アカウントの管理負荷を下げるため、Organizations を活用しています。ある日、あなたは財務担当の役員から、AWS で利用している EC2 インスタンスのコスト削減施策の検討を指示されました。コスト削減の取り掛かりとして、CPU またはメモリの使用率が低いすべての EC2 インスタンスのリストが必要です。また、これらの使用率の低いインスタンスをダウンサイジングする方法を推奨する必要があります。これらの要件を最小の労力で実現するためのソリューションはどれですか。（1つ選択してください）

A. Systems Manager を使用して、すべての EC2 インスタンスに CloudWatch エージェントをインストールし、必要な設定を行う。Organizations に所属する各アカウントの Billing and Cost Management にて、適切なサイズ設定に関する推奨事項を有効化する。有効化後、適切なサイズ設定に関する推奨事項を確認し、ダウンサイジングの対象となる EC2 インスタンスのリストを作成する。作成したリストをもとに、EC2 インスタンスのダウンサイジング作業を実行する。

B. AWS Marketplace から CPU とメモリの監視ツールのサブスクリプションを購入し、エージェントソフトウェアをすべての EC2 インスタンスにインストールする。監視結果を S3 に保存する。監視結果を分析するための Python スクリプトを実装し、使用率の低い EC2 インスタンスを特定する。ダウンサイジングの対象となる EC2 インスタンスのリストを作成する。作成したリストをもとに、EC2 インスタンスのダウンサイジング作業を実行する。

C. Systems Manager を使用して、すべての EC2 インスタンスに CloudWatch エージェントをインストールし、必要な設定を行う。Lambda 関数を作成し、すべての EC2 インスタンスから CPU とメモリの使用量を取得し、取得結果を S3 に CSV ファイルとして保存する。Athena を使用して、S3 上に保存した CSV ファイルを分析する。使用率の低い EC2 インスタンスを特定し、ダウンサイジングの対象となる EC2 インスタンスのリストを作成する。作成したリストをもとに、EC2 インスタンスのダウンサイジング作業を実行する。

D. Systems Manager を使用して、すべての EC2 インスタンスに CloudWatch エージェントをインストールし、必要な設定を行う。Organizations の管理アカウントの Billing and Cost Management にて、適切なサイズ設定に関する推奨事項を有効化する。有効化後、適切なサイズ設定に関する推奨事項を確認し、ダウンサイジングの対象となる EC2 インスタンスのリストを作成する。作成したリストをもとに、EC2 インスタンスのダウンサイジング作業を実行する。

問 25 ある会社は、ロボット内の機器からデータを収集するセンサーを数百万台運用しており、そのセンサーデータを収集、蓄積するためのIoTアプリケーションをAWS上で稼働させています。センサーはMQTTプロトコルを使用して、カスタムのMQTTブローカーに接続してデータを送信します。また、センサーはiot.example.comというドメインでブローカーに接続します。MQTTのサーバー側の処理は、AWS上のEC2で行い、DynamoDBにセンサーからの全データを保存します。

このアプリケーションでは以前、複数のセンサーから大量のデータ送信が行われた際、EC2上でIOPSが不足し、センサーデータが失われたことがあります。同社はソリューションの信頼性を改善しなければなりません。これらの要件を満たすソリューションはどれですか。（1つ選択してください）

A. センサーデータを受信するためにIoT Coreをセットアップする。IoT Coreに接続するカスタムドメインを設定する。IoT Core Data-ATSエンドポイントを指すようにRoute 53のDNSレコードを更新する。データを保存するIoTルールを構成し、DynamoDBにデータを保存する。

B. センサーデータを受信するためにAPI Gatewayをセットアップする。API Gatewayのカスタムドメインを設定する。API Gatewayのエンドポイントを指すようにRoute 53のDNSレコードを更新する。API GatewayからDynamoDBにデータを保存する。

C. ALBとMQTT処理用のEC2を配置し、Auto Scalingグループを作成する。ALBのターゲットとしてAuto Scalingグループを使用する。ALBのエンドポイントを指すようにRoute 53のDNSレコードを更新する。

D. Global Acceleratorのアクセラレーターを作成する。アクセラレーターのエンドポイントとしてNLBを設定する。MQTT処理用のEC2をNLBのターゲットとして設定する。Route 53のDNSレコードを複数値回答レコードに更新し、Global AcceleratorのIPアドレスを値として設定する。EC2の処理でデータをDynamoDBに保存する。

問 26 ある製造業A社は、数百を超える社員に対して、AWSマネジメントコンソールへのアクセスを許可したいと考えています。A社は、ユーザーディレクトリとして、オンプレミス環境でMicrosoft Active Directoryを利用しています。オンプレミス環境とAWS環境はDirect Connectで接続されています。

インフラの管理工数を最小限に抑えつつ、要件を満たす構成はどれですか。(1つ選択してください)

A. AWS上にADFSサーバーを構築し、オンプレミス環境のActive DirectoryにSAML 2.0で接続する。マネジメントコンソールとのシングルサインオンを実現するために、ADFS要求規則の中で正規表現を使ってユーザーアカウントを紐付けし、ADFSサーバーに設定する。

B. オンプレミス環境にIdPとしてADFSをセットアップし、Active Directoryと関連付ける。IdPからSAMLメタデータドキュメントを取得する。AWSアカウントをOrganizationsに紐付け、オンプレミス環境から取得したSAMLメタデータドキュメントの情報を利用し、AWS IAM Identity Centerサービスをセットアップする。AWS IAM Identity Centerサービスを経由し、マネジメントコンソールと統合する。

C. AWSのAD Connectorサービスを経由し、オンプレミス環境のActive Directoryに対してシングルサインオンの設定を行う。AD Connectorの機能を活用し、AWSサービスやAWSアカウントに対するフェデレーションを有効化するとともに、マネジメントコンソールと統合する。

D. オンプレミス環境にIdPとしてADFSをセットアップし、Active Directoryと関連付ける。IdPからSAMLメタデータドキュメントを取得する。AWS側でIAM IDプロバイダーを作成し、オンプレミス環境から取得したSAMLメタデータドキュメントの情報を登録する。また、IAMと組織のIdPの間の信頼関係を確立するIAMロールを作成するとともに、マネジメントコンソール上で実行可能なアクションをアクセス許可ポリシーで許可する。オンプレミス環境側のADFS設定に戻り、AWS側のフェデレーションメタデータを信頼するよう設定する。

問27　大手小売企業が、現在EC2上で運用している在庫管理システムをモダナイズすることを計画しています。このシステムは、複数の店舗と倉庫をつなぎ、リアルタイムで在庫情報を管理する重要な役割を果たしています。在庫情報はバッチ処理でレポート出力されます。企業は、システムの柔軟性を向上させ、将来のスケーラビリティを確保するために、マイクロサービスアーキテクチャへ移行し、コンテナ技術を採用することを検討しています。また、本番環境とテスト環境を明確に分離し、変動する負荷(最小値・最大値あり)に対応できるようにしたいと考えています。さらに、運用の複雑さを最小化し、コスト効率を最大化することも重要な目標です。企業は、サーバーレスアーキテクチャの採用も検討しています。あなたはソリューションアーキテクトとして、これらの要件を最もよく満たすソリューションを提案する必要があります。どの組み合わせが適切ですか。(1つ選択してください)

A. ECS (Fargate) + ECR + Auto Scaling + ALB
B. Lambda + ECR + API Gateway
C. EKS (Fargate) + ECR + Auto Scaling + ALB
D. Elastic Beanstalk + ECR + ALB

問 28 あなたの企業は、複数のVPCに社内向けアプリケーションをデプロイしています。アプリケーションはマルチAZアーキテクチャを採用しています。新たなセキュリティ要件として、Network FirewallによるVPC間の通信の検査を求められています。Network Firewallを専用の検査用VPCにマルチAZアーキテクチャでデプロイします。VPC間の通信は検査用VPCを経由させて検査をする必要があります。今後も多数のVPCとアプリケーションのデプロイが予定されています。最も管理の手間が少なく拡張性の高いソリューションはどれですか。(1つ選択してください)

A. 各アプリケーションVPCと検査用VPCをVPC Peeringで相互接続する。
B. すべてのVPC同士をVPC Peeringでフルメッシュ接続する。
C. Transit Gatewayを作成する。各アプリケーションVPCと検査用VPC間をTransit Gatewayで接続する。検査用VPCのTransit Gatewayアタッチメントでアプライアンスモードを有効化する。
D. Transit Gatewayをアプライアンスモードで作成する。各アプリケーションVPCと検査用VPC間をTransit Gatewayで接続する。

8

問 29　製造業 A 社は、グループ会社 10 社との情報共有用に REST API を開発します。REST API の開発には API Gateway リージョン API エンドポイントを使用します。グループ会社 10 社は、日次で、営業収益情報を API 経由でポストします。A 社が API をインターネットに公開したところ、全世界の分散したロケーションから、1 秒あたり 1,000 回を超えるリクエストが発生しました。リクエスト送信元の IP アドレスは、500 個を超える異なるグローバル IP アドレスでした。A 社は、これらのアクセスがボットネットサイトからの悪意のある攻撃と考え、API を保護するための実現可能な対策を検討しています。A 社が採用すべきソリューションはどれですか。(1つ選択してください)

A. AWS WAF で Web ACL を作成する。グループ会社 10 社が利用しているグローバル IP アドレスのみのアクセスを許可するルールを作成する。Web ACL を CloudFront ディストリビューションに関連付ける。1 日のリクエスト数を制限する API Gateway のリソースポリシーを作成し、API に関連付ける。API にて、POST メソッド受け付け時に API キーを要求するよう設定する。

B. CloudFront ディストリビューションを作成し、オリジンとして API Gateway リージョン API エンドポイントを指定する。AWS WAF で Web ACL を作成する。クライアントあたりの 1 日のリクエスト数が 5 回を超えた場合にリクエストをブロックするルールを作成する。Web ACL を CloudFront ディストリビューションに関連付ける。CloudFront でオリジンアクセスコントロール (OAC) を設定し、ディストリビューションに関連付ける。API にて、OAC からの POST メソッドのみを許可するよう設定する。

C. CloudFront ディストリビューションを作成し、AWS WAF を関連付けする。AWS WAF で Web ACL を作成する。グループ会社 10 社が利用しているグローバル IP アドレスのみのアクセスを許可するルールを作成する。1 日のリクエスト数を制限する使用量プランを作成し、API に関連付ける。API キーを作成し、使用量プランに追加する。

D. CloudFront ディストリビューションを作成し、オリジンとして API Gateway リージョン API エンドポイントを指定する。AWS WAF で Web ACL を作成する。クライアントあたりの 1 日のリクエスト数が 5 回を超えた場合にリクエストをブロックするルールを作成する。Web ACL を CloudFront ディストリビューションに関連付ける。CloudFront でカスタムヘッダーを追加し、API キーを作成する。API にて、POST メソッド受け付け時に API キーを要求するよう設定する。

問 30　あなたは、医療情報システムを運用している企業のクラウドアーキテクトです。広域災害が発生した際にも AWS 上のシステムが迅速に復旧できるように、災害対策ソリューションを実装する必要があります。

医療情報システムは、現在、EC2 と RDS で構成されています。EC2 には医療情報システムのパッケージソフトウェアと、パッケージソフトウェアの稼働に必要な設定情報が格納されており、RDS には重要なデータが保管されているため、両方のデータバックアップが必要です。ビジネス影響分析の結果、システムの RTO は 15 分、RPO は数秒と設定されています。指定された RTO と RPO を達成するための最も効率のよい災害対策ソリューションはどれですか。(1つ選択してください)

A. Elastic Disaster Recovery (DRS) を使用して 1 番目のリージョンと 2 番目のリージョンの EC2 インスタンスをレプリケーションする。RDS はデータベースのクロスリージョンリードレプリカを設定する。広域災害が発生した場合、EC2 は DRS の機能で 2 番目のリージョンにフェイルオーバーを行う。RDS はリードレプリカを 2 番目のリージョンでプライマリ DB に昇格させる。

B. 1 番目のリージョンで EC2 インスタンスと RDS のスナップショットを 15 分以内の間隔で定期的に取得し、EC2 と RDS のスナップショットを 2 番目のリージョンに非同期でレプリケーションする。広域災害が発生した場合、2 番目のリージョンでスナップショットを使用して EC2 と RDS をリストアする。

C. EC2 を複数 AZ にまたがってデプロイし、RDS のマルチ AZ デプロイメントを使用する。

D. 1 番目のリージョンで AWS Backup を使用して EC2 と RDS の自動バックアップを最短の間隔で取得し、2 番目のリージョンにクロスリージョンバックアップを取得する。広域災害が発生した場合、EC2 と RDS を最新のバックアップを使ってリストアする。

問 31　ある企業は最近、データセンターと AWS を接続するハイブリッドアーキテクチャを採用しました。高可用性と安定したネットワークパフォーマンスを実現するために、冗長化された Direct Connect 接続を利用しています。

財務データを見直した結果、可用性の観点で、一時的なパフォーマンス低下は許容して費用対効果の高いオプションに置き換えることが決定されました。ただし、障害発生時には自動で副系経路に切り替わるように設定する必要があります。このシナリオに最も適したソリューションはどれですか。（1つ選択してください）

A. 冗長化された VPN 接続に置き換え、BGP を有効にする。

B. Direct Connect と VPN による冗長構成に変更し、BGP を有効にする。

C. 現状のまま、冗長化された Direct Connect 接続が最適である。

D. 単一の Direct Connect 接続を利用する。Direct Connect にはフェイルオーバー機能が組み込まれている。

問 32　あるソフトウェア企業では、アプリケーションの開発のために、AWS 上で Windows Server の EC2 インスタンスを立てて、インスタンスにアタッチされている 5TB の EBS ボリュームに開発用のリソースを保存し、読み書きしています。今度、高可用性と負荷分散のために、少なくとも 3 台の EC2 インスタンスで起動されている Windows Server を複数の AZ に配置したいと考えています。

EC2 インスタンスは、Windows Server の負荷に応じて自動的にスケールする必要があります。また、すべての EC2 インスタンス上から、同時に同じリソースを読み書きできる必要があります。さらに、ファイルシステム内のリソースへのアクセスを制御するために、Windows ACL を実装する必要があります。これらの要件を満たすソリューションはどれですか。（1つ選択してください）

A. FSx for Windows File Server ファイルシステムを作成する。3 つの AZ にまたがり、最小容量を 3 に設定した Auto Scaling グループを作成する。ユーザーデータスクリプトを実装して、FSx for Windows File Server ファイルシステムをマウントする。

B. FSx for Lustre ファイルシステムを作成する。3 つの AZ にまたがり、最小容量を 3 に設定した Auto Scaling グループを作成する。ユーザーデータスクリプトを実装して、FSx for Lustre ファイルシステムをマウントする。

C. EFS ファイルシステムを作成する。3 つの AZ にまたがり、最小容量を 3 に設定した Auto Scaling グループを作成する。ユーザーデータスクリプトを実装して、EFS ファイルシステムをマウントする。

D. EC2 上のインスタンスで他の Windows Server 上のデータを参照可能にするために、EC2 上でクラスター用のソフトウェアを使って、Windows でアタッチしている EBS ボリュームのレプリケーションをとる。複数のサーバーにレプリケーションをとり、サーバー間のデータ整合性を維持する。

問 33 あなたは、東京のソフトウェアサービスプロバイダーでソリューションアーキテクトとして働いています。あなたの会社ではすでに AWS を使用しており、一部の開発部門では各自の AWS アカウントを使用して開発・本番業務を行っています。来期から、現状はまだオンプレミスで開発・稼働しているソフトウェアの本番環境、開発環境、テスト環境もすべて AWS に移行することになりました。移行後は環境ごとのセキュリティ要件を満たすために、各環境を個別の AWS アカウントに分離します。

アカウントも多数になり、今後は各アカウントで発生する AWS の使用料金の請求を一括管理する必要もあるため、Organizations を使用することが決まっています。費用を予算内に収めるために、IT 管理者は Organizations の管理アカウントにログインして組織全体の AWS 使用状況と課金状況をモニターします。そして、必要があれば各 AWS アカウントで稼働しているリソースを停止または削除します。ソリューションは、既存アカウントを Organizations に追加するときも、新規アカウントを作成するときもすべて一貫した手順で実現されることが望ましいです。この要件を実装するのに最適なソリューションはどれですか。(1つ選択してください)

A. 管理、本番、開発、テストの各アカウントに IT 管理者がログインするための IAM ユーザーを作成する。

B. 管理アカウントに IT 管理者がログインするための IAM ユーザーを作成する。次に、本番、開発およびテストアカウントで、各アカウントの管理者権限を持ち、管理アカウントからのクロスアカウントアクセスを許可するロールを作成する。

C. 管理者権限を持つIAMユーザーを管理アカウントに作成する。Organizationsによって各メンバーアカウントに自動生成されるスイッチ用のロールにスイッチして各アカウントにアクセスする。

D. Organizationsを使用することにより、管理アカウントのIAMユーザーに、メンバーアカウントのAWSリソースに対するアクセス許可が自動的に付与される。

問34　大手金融機関が、AWS上で月次の取引分析レポートを生成するシステムを運用しています。このシステムには以下の特徴があります。

- 数百のEC2インスタンスで構成されるクラスターで動作している
- 100 TBのデータを保存する共有ファイルシステムが複数のEC2インスタンス上で常時稼働している
- 月に1回、48時間（2日間）かけてレポートを生成する
- レポート生成時は、共有ファイルシステムからデータの約20%（20TB）を読み取る
- データ読み取り速度として最低1GB/秒が要求される

EC2インスタンスはAuto Scalingグループで管理されていますが、共有ファイルシステムのインスタンスは常時稼働しています。すべてのインスタンスは同じAWSリージョンにあります。ソリューションアーキテクトは、共有ファイルシステムの運用コストを削減しつつ、必要な性能を維持する方法を探しています。最も大きなコスト削減を実現しつつ、要件を満たすソリューションはどれですか。（1つ選択してください）

A. データをS3 Intelligent-Tieringを使用するS3バケットに移行する。レポート生成前に、FSx for Lustreで新しいファイルシステムを作成し、S3から遅延ロードでデータを読み込む。レポート生成後、FSxファイルシステムを削除する。

B. データをMulti-Attach対応の大容量EBSボリュームに移行する。Auto Scalingグループの起動テンプレートでユーザーデータスクリプトを使用し、各インスタンスにEBSボリュームをアタッチする。レポート生成後、

EBS ボリュームをデタッチする。

C. データを S3 バケットに移行する。レポート生成前に、Storage Gateway の S3 ファイルゲートウェイを使用して S3 のデータにアクセスする。レポート生成後、S3 ファイルゲートウェイを削除する。

D. データを EFS に移行し、EFS のライフサイクル管理機能を使用して、アクセス頻度の低いファイルを自動的に EFS IA ストレージクラスに移動する。

問 35 あるスタートアップ企業が、自社開発したビデオ処理アプリケーションを AWS に移行することを計画しています。このアプリケーションは、サードパーティーから提供される Docker イメージを使用しており、公開レジストリから取得可能です。イメージは、必要に応じて複数のコンテナで実行され、ビデオのエンコードと解析を行います。アプリケーションは、異なるフォーマットのビデオを効率よく処理するために、コンテナごとに異なるカスタム設定を使用します。リソースの割り当てを効果的に管理し、動的にスケーリングする能力が必要です。コンテナ環境の運用作業のオーバーヘッドを最小限に抑えるソリューションが求められています。要件を満たすソリューションはどれですか。(1つ選択してください)

A. EKS クラスターを EKS on EC2 上に作成する。EKS に関連するクラスター、ネットワーク等を CloudFormation で作成する。ビデオ処理アプリケーションをポッドとしてデプロイするための YAML ファイルを作成する。kubectl コマンドでポッドをデプロイする。ポッドデプロイ後、ポッドのカスタムタグの割り当てを管理するコマンドを実行する。

B. ECS クラスターを ECS on EC2 上に作成する。ECS クラスター、タスクの定義、ECS サービスを Terraform で作成する。ビデオ処理アプリケーションをタスクとして定義する。タスクには、カスタムタグを割り当てて管理する。

C. EKS クラスターを EKS on Fargate 上に作成する。EKS に関連するクラスター、ネットワーク等を eksctl コマンドで作成する。ビデオ処理アプリケーションをポッドとしてデプロイするための YAML ファイルを作成する。kubectl コマンドでポッドをデプロイする。ポッドデプロイ後、ポッドのカスタムタグの割り当てを管理するコマンドを実行する。

D. ECS クラスターを ECS on Fargate 上に作成する。ECS クラスター、タスクの定義、ECS サービスを AWS CDK で作成する。ビデオ処理アプリケーションをタスクとして定義する。タスクには、カスタムタグを割り当てて管理する。

問 36　あなたは、ある小売企業でアプリケーションエンジニアとして勤務しています。現在、Lambda 関数として実行するアプリケーションを開発しています。アプリケーションは、数千人の顧客によって利用される予定です。基本サービスを利用できるユーザーを通常顧客とします。会社のプロダクトマネージャーは、アプリケーションに対する 1 日あたりのリクエスト数の上限を設定し、アクセスを制限したいと考えています。さらに、過去の購買履歴にもとづいて、売上金額や買い物回数の多いユーザーをプレミアム顧客とします。プレミアム顧客についてはリクエスト数の上限を緩和するよう制御したいと考えています。通常顧客とプレミアム顧客を識別するために API キーを利用します。これらの要件を満たすソリューションはどれですか。（1つ選択してください）

A. 通常顧客とプレミアム顧客それぞれが利用するための Lambda 関数のエイリアスを作成する。それぞれの Lambda 関数で同時実行数を定義し、リクエスト数の上限を制御する。直接、Lambda 関数を呼び出すために、エイリアスごとに Lambda Function URL を発行し、通常顧客とプレミアム顧客に共有する。

B. API Gateway を使用し、Lambda 関数を呼び出すためのプロキシ統合を有効化した REST API を作成する。通常顧客とプレミアム顧客それぞれについて、使用量プランと API キーを作成し、リクエスト数の上限を制御する。

C. API Gateway を使用し、Lambda 関数を呼び出すためのプロキシ統合を有効化した HTTP API を作成する。通常顧客とプレミアム顧客それぞれについて、使用量プランと API キーを作成し、リクエスト数の上限を制御する。

D. VPC 内に、パブリックな ALB を作成する。ALB のターゲットとして、Lambda 関数を設定する。ALB に、AWS WAF の Web ACL を設定する。Web ACL のポリシーにて、通常顧客とプレミアム顧客それぞれのリクエスト数の上限を制御する。

問 37 あなたは、大手小売企業における全社の Organizations の管理者です。同社には衣料品、家電、食品など複数の事業部門があり、それぞれの事業部門が独自のビジネス戦略と IT 予算を持っています。各事業部門は、それぞれのビジネスニーズに合わせて AWS リソースを利用しており、コストの最適化も各部門の裁量に任されています。

現在、事業部門ごとに独立した AWS アカウントを保有し、それらのアカウントは複数の事業部門をまとめた Organizations に属しています。事業部門には、Savings Plans とリザーブドインスタンス（RI）を自由に購入する権限が与えられていますが、一部の事業部門では Savings Plans/RI が十分に活用されておらず、コスト最適化の機会を逃している可能性があります。ソリューションアーキテクトであるあなたは、CEO から全社の AWS 利用料を最適化するよう指示を受けました。そこで、Savings Plans/RI の共有設定を見直し、全社的なコスト最適化を実現するための方策を検討しています。最もコスト効率のよい Savings Plans/RI の共有設定はどれですか。（1つ選択してください）

A. Savings Plans/RI を購入したアカウントでのみ適用する。
B. Savings Plans/RI を特定の事業部門内のアカウントのみで共有する。
C. Organizations 内のすべてのアカウントで Savings Plans/RI を共有する。
D. Savings Plans/RI を一切共有せず、各アカウントで個別に購入する。

問 38 ある企業が AWS への移行を計画しています。この企業は、Windows と Linux の多様なサーバー環境から成るオンプレミスシステムを持っています。物理サーバーおよび仮想サーバーを利用し、複数のデータベースが稼働していますが、これらの詳細なインベントリ情報は不足しています。移行計画において、サーバーリソースの適切なサイズ調整が求められているため、ソリューションアーキテクトは現在のネットワークとアプリケーションの関係性を明確に理解し、その上で効果的な移行計画を策定する必要があります。移行計画を策定するために必要な情報を得るソリューションはどれですか。（1つ選択してください）

A. Migration Evaluator を使用して、AWS に環境の評価をリクエストする。Application Discovery Service Agentless Collector を使用して、詳細

を Migration Evaluator Quick Insights レポートにインポートする。

B. Migration Hub のインポートツールを使用して、オンプレミス環境の詳細を読み込む。Migration Hub Strategy Recommendations を使用してレポートを作成する。

C. Migration Hub を使用して、サーバー上で Application Discovery Service Agentless Collector を実行する。Application Migration Service を使用して、サーバーとデータベースをグループ化する。Migration Hub Strategy Recommendations を使用してレポートを作成する。

D. Migration Hub を使用して、Application Discovery Agent をオンプレミスのサーバーにインストールする。Migration Hub Strategy Recommendations アプリケーションデータコレクターをデプロイする。Migration Hub Strategy Recommendations を使用してレポートを作成する。

問 39　ある企業では、過去数年来利用し続けている S3 バケット内で、暗号化されていない数百万のオブジェクトを保有しています。多くのアプリケーションが S3 バケット内のオブジェクトにアクセスしています。近々、セキュリティ監査規準の見直しが行われることになりました。監査基準に準拠するため、この企業では機密データを含むオブジェクトのリストを作成する必要があります。また、監査基準にもとづき、S3 バケット内のすべてのオブジェクトが暗号化されている必要があります。一方で、開発チームのリソースは限られています。アプリケーションインスタンスへのリモートアクセスに関するこれらの要件を満たすには、どのソリューションを組み合わせればよいですか。(2つ選択してください)

A. Amazon Inspector を有効化し、S3 バケットに対する検出結果から機密データを特定する。

B. Macie を有効化し、S3 バケットに対する検出結果から機密データを特定する。

C. Amazon Detective を有効化し、S3 バケットに対する検出結果から機密データを特定する。

D. 新しい S3 バケットを作成する。AWS CLI の sync コマンドを使用して、暗号化されていないオブジェクトを新しい S3 バケットに転送する。アプリケーションを更新して新しいS3バケットにアクセスできるようにする。

E. 新しいS3バケットを作成する。S3バケットのレプリケーション設定を構成し、暗号化されていないオブジェクトを新しいS3バケットに同期する。レプリケーション設定を解除し、アプリケーションを更新して新しいS3バケットにアクセスできるようにする。

F. S3バケットの設定でデフォルトの暗号化が有効になっていることを確認する。S3インベントリレポートとS3バッチ操作を使用して、同じS3バケット内の既存の暗号化されていないオブジェクトを暗号化する。

問40 **ソリューションアーキテクトは、システムの高可用性化について検討しています。現在のアプリケーションは、VPCの1つのプライベートサブネットにあるEC2インスタンス上で実行されています。EC2インスタンスは、最小容量1、最大容量1のAuto Scalingグループがプロビジョニングされています。アプリケーションのデータは、RDS for MySQL内に保存しています。EC2からインターネットにアクセスするために、1つのNATゲートウェイが1つのパブリックサブネットに配置されています。VPCには3つのAZで構成されたパブリックサブネットとプライベートサブネットがあります。このシステムの単一障害点をなくし、高可用性にするための冗長化構成を検討したいと考えています。既存の構成をベースにして迅速に高可用性の構成にするには、どのソリューションが適していますか。(1つ選択してください)**

A. RDS for MySQLを、EC2インスタンス上にインストールされたMySQLに置き換えて、2台構成として複数のサブネットに配置する。NATゲートウェイをNATインスタンスに置き換える。複数のAZで複数のEC2インスタンスを起動する。

B. RDS for MySQLをマルチAZ構成に変更する。NATゲートウェイを他のAZにも追加で配置し、NATゲートウェイへのルーティングを設定する。複数のAZにEC2インスタンスが起動するようAuto Scalingグループを設定する。Auto Scalingグループの最小容量を3、最大容量を3に設定する。

C. RDS for MySQLで自動バックアップを有効にして、バックアップを保持するよう設定する。NATゲートウェイを他のAZにも追加で配置し、NATゲートウェイへのルーティングを設定する。複数のAZにEC2インスタンスが起動するようAuto Scalingグループを設定する。Auto Scalingグループの最小容量を1、最大容量を1に設定する。

D. RDS for MySQLをAurora MySQL DBクラスターに変更する。NATゲートウェイを仮想プライベートゲートウェイに置き換えて、ルーティングを設定する。複数のAZにEC2インスタンスが起動するようAuto Scalingグループを設定する。Auto Scalingグループの最小容量を3、最大容量を3に設定する。

問41　あなたは、多国籍企業のクラウド管理者です。あなたの会社では、営業、事務、企画等の各部門がそれぞれAWSアカウントを所持、管理して必要な業務アプリケーションを展開しています。あなたは、アカウントの管理を簡便にするため、自社の全アカウントをOrganizationsを使用して管理することにしました。あわせて、共通のポリシー展開のために、サービスコントロールポリシー（SCP）を設定して、組織単位（OU）と個々のアカウントのアクセス許可も制御することにしました。

アクセス許可の設定後、あるアカウントで新規のS3バケットを作成することができないと報告がありました。あなたは、この問題の原因を調査する必要があります。

アカウントが所属するOUには、次のSCPが単独で付与されています。

```
{
    "Version": "2012-10-17",
    "Statement":
    [
        {
            "Effect": "Allow",
            "Action": [
                "ec2:*",
                "rds:*"
                ],
            "Resource": "*"
        },
    ]
}
```

問題が発生しているアカウントのIAMユーザーには、次のIAMポリシーが付与されています。

```
{
        "Version": "2012-10-17",
        "Statement":
        [
            {
             "Effect": "Allow",
             "Action": "s3:*",
             "Resource": [
                    "arn:aws:s3:::*"
                ]
            },
            {
             "Effect": "Deny",
             "NotAction": "s3:*",
             "NotResource": [
                    "arn:aws:s3:::*"
            ]
        }
    ]
}
```

上記のSCPおよびIAMポリシーから、この問題の原因と考えられるのはどれですか。(1つ選択してください)

A. SCPによる設定が原因である。対象のアカウントでS3バケットを作成できるようにするためには、SCPで必要なアクションを明示的に許可する必要がある。

B. SCPによる設定が原因である。SCPでは、許可するアクションを列挙する許可リスト形式で記述できない。SCPを使用する際には、禁止するアクションを列挙する拒否リスト形式で記述する必要がある。

C. IAMポリシーの設定が原因である。IAMポリシーが、S3を作成するアクションを拒否する設定になっている。

D. IAMポリシーとSCPの両方が原因である。まず、SCPでS3バケットの作成を明示的に許可する必要がある。加えて、SCPでS3へのアクションを許可する場合は、IAMポリシーからS3に関するポリシーを削除する必要がある。

問 42　あなたは、ある会社のソリューションアーキテクトです。現在、あなたの会社ではアプリケーションの API を EC2 インスタンス上で稼働させていますが、よりクラウドネイティブなアーキテクチャに移行するため、AWS のサーバーレス関連のサービスを活用したいと考えています。あなたは、新しい環境として、API Gateway、Lambda、DynamoDB をセットアップしました。Lambda 関数は、外部サービスであるサードパーティーの SaaS プロバイダーからデータを取得するために開発しますが、外部サービスとの連携実績のある環境を利用したほうがよいと考え、既存の EC2 インスタンスと同じ VPC 上で起動するよう設定しました。新しい環境の API をテストしたところ、API が利用できないことが判明しました。API にアクセスすると、API Gateway は 5xx エラーを返します。原因の切り分けのため、サードパーティーの SaaS プロバイダー側に問い合わせたところ、新しい API からは一切リクエストが送られていないという連絡がありました。CloudWatch Logs を確認すると、Lambda 関数はログを出力しています。既存の EC2 インスタンス上の API は、問題なく動作しています。新しい環境の API が利用できない原因として考えられるのはどれですか。(1つ選択してください)

A. API Gateway のスロットリング制限設定の値が低すぎるため、Lambda 関数が実行されず、外部サービスへのリクエストが送信されない。

B. API Gateway に対して、Lambda 関数を呼び出すための権限が付与されていない。

C. Lambda 関数が配置された VPC のサブネットに、インターネットを宛先とした場合の NAT ゲートウェイへのルートテーブルが設定されていない。

D. API へのリクエストが誤って EC2 インスタンス側に送信されており、Lambda 関数が実行されていない。

問 43　ある製薬会社が AWS を利用しています。この会社は、これまで業務上の重要性の高くないアプリケーションを中心に AWS にワークロードを移行してきましたが、AWS に関する運用のノウハウもたまってきたため、業界の規制の対象となる、機密性の高い情報を取り扱うアプリケーションについても AWS に移行し、クラウドのメリットを活かすことを検討しています。AWS の運用は、主にマネジメントコンソールを利用して行っています。AWS 上のリソースを

継続的に監視し、監査するための手段として最適なものはどれですか。(2つ選択してください)

A. すべてのAWSアカウントでCloudTrailを有効化し、セキュリティ管理用のAWSアカウントのS3バケットにCloudTrailログを集約する。CloudTrailログは、KMSに自社で生成したCMK (Customer Master Key) をインポートした上で、暗号化する。CloudTrailのログはCloudTrail Insightsを活用して定期的に監査を行う。

B. CloudWatchのメトリクスのうち、NumberOfUnauthorizedActionsメトリクスに対してアラートを設定し、不正なアクティビティがあった場合はセキュリティ管理者に通知されるようにする。

C. CloudWatchエージェントをインストールし、AWS CLIやAWS SDKからコールされるすべてのAPIコールのログを取得し、CloudWatch Logsに保存する。CloudWatch Logsにはフィルターパターンを定義しておき、不正なアクティビティが検出された場合はセキュリティ管理者に通知されるようにする。CloudWatch LogsのデータはS3およびGlacierに長期保管する。

D. AWS Configでルールを設定し、AWSリソースに対する設定のコンプライアンスの状況を定期的に監査する。マネージドルールでは対応できない監査要件についてはカスタムルールを定義し、Lambdaファンクションを呼び出し、不正な変更を自動的に修正する。Lambdaファンクションの開発用にCI/CD環境を整備した上で、テスト駆動型開発により、監査要件の変更にも柔軟に対応できるようにする。

E. すべてのAWSアカウントでCloudTrailを有効化し、セキュリティ管理用のAWSアカウントのS3バケットにCloudTrailログを集約する。CloudTrailログは、KMSに自社で生成したCMKをインポートした上で、暗号化する。CloudTrailログにはフィルターパターンを定義しておき、不正なアクティビティが検出された場合はAmazon SNSを経由してセキュリティ管理者に通知されるようにする。

問 44　あなたは、大手 SNS 企業のソリューションアーキテクトとして働いています。現在は、オンプレミスのデータベースにユーザーの投稿データやアクティビティログを保存していますが、今後は AWS サービスを使用することを検討しています。

これらのデータの中には、ユーザーが削除した投稿や、一時的なセッションデータなど、一定期間が経過すると不要になるものがあります。新しいシステムでは、これらの不要なデータを効率的に管理し、ストレージのコストを最適化したいと考えています。なお、対象となるデータはいずれも 4KB 以下であることが判明しています。最も費用対効果の高い方法はどれですか。（1つ選択してください）

A. RDS を使用し、パーティショニングを設定して、古いパーティションを定期的に削除する。

B. DynamoDB を使用し、有効期限が切れたデータを別のテーブルに移動して、バッチ処理で定期的に削除する。

C. DynamoDB を使用し、テーブルに TTL（Time to Live）を設定して、有効期限が切れたデータを自動的に削除する。

D. Redshift や EMR などのデータウェアハウスサービスを使用し、定期的にデータを集計・アーカイブすることで、古いデータを削除する。

問 45　ある会社では、ALB の背後にある EC2 Auto Scaling グループ内の EC2 インスタンスでアプリケーションを実行しています。この EC2 Auto Scaling グループは、ap-northeast-1 リージョン内の複数の AZ にまたがっています。世界各地の顧客企業の利用者がインターネット経由で、このアプリケーションを利用しています。アプリケーションを利用する顧客企業の中には、接続先の IP アドレス制限を適用している企業が存在します。災害復旧用として、同じアーキテクチャを us-west-2 リージョンにクローンしています。

この会社では災害対策戦略を見直し、マルチリージョンのアクティブ / アクティブ型のアーキテクチャを定義する必要が出ています。リージョンレベルでの高可用性を実現する一方で、可能な限り低いレイテンシーでリクエストを処理する必要があります。

これらの要件を満たす最も適切なソリューションはどれですか。（1つ選択してください）

A. 2つのリージョンのALBを指すRoute 53のレイテンシーベースルーティングを設定する。登録したレコードでターゲットのヘルスチェックを行う。

B. ALBをNLBに置き換える。2つのリージョンのNLBを指すRoute 53のレイテンシーベースルーティングを設定する。登録したレコードでターゲットのヘルスチェックを行う。

C. CloudFrontディストリビューションを作成する。2つのリージョンのALBをオリジンに設定する。オリジンフェイルオーバー機能を利用して、2つのリージョン間のフェイルオーバーを実現する。

D. Global Acceleratorを設定する。2つのリージョンに対応するエンドポイントグループとヘルスチェックを設定する。

問46 ある企業では、自社が使用する50を超えるすべてのAWSアカウントのセキュリティを、クラウドCoEが統括管理することになりました。クラウドCoEは、企業のすべてのAWSアカウントに対するフルアクセス権を持っています。クラウドCoEは、機密情報が保管されているS3バケットを特定し、さらに機密情報が保管されているS3バケットがパブリックアクセス可能になっていないことを監視する必要があります。運用上のオーバーヘッドを最小にしながら、これらの要件を満たすことができる最適なソリューションはどれですか。(1つ選択してください)

A. Organizationsを構成し、すべてのAWSアカウントを組織単位(OU)に招待する。すべてのAWSアカウントをSecurity Hubのメンバーアカウントとして設定する。すべてのAWSアカウントでMacieを有効化する。Security Hubを使用してすべての調査結果を一元的に監視する。

B. すべてのAWSアカウントでAmazon Detective、Macieを有効化する。S3バケットがパブリックアクセス可能になったかどうかはDetective、S3バケットに機密情報が格納されているかどうかはMacieでそれぞれチェックし、あらかじめ指定した条件に合致した場合はCloudWatchアラームで検知可能とする。

C. Organizationsを構成し、すべてのAWSアカウントを組織単位(OU)に招待する。すべてのAWSアカウントをAWS Audit Managerのメンバーアカウントとして設定する。すべてのAWSアカウントでAmazon

Detective を有効化する。Audit Manager を使用してすべての調査結果を一元的に監視し、監査レポートを出力可能とする。

D. 自社が使用する 50 を超える AWS アカウントで、Macie を有効化する。CloudWatch ダッシュボードを生成する Lambda 関数を作成する。機密情報が保管されている S3 バケットがパブリックアクセス可能になっているかどうかを Macie で調査し、Macie による調査結果をイベントとして EventBridge に発行する。EventBridge は、Lambda 関数をデプロイおよび実行する。

問 47　ある企業では、AWS の 1つのリージョン内で、ALB 配下に ECS を配置し、Fargate 上で Docker コンテナイメージを使って EC サイトのアプリケーションを稼働させています。EC サイトのデータは RDS for PostgreSQL に格納されます。ECS で稼働する Docker コンテナイメージは ECR で保存、管理されています。今後、大規模な災害に備えて、ディザスタリカバリを実現する必要があります。災害発生時、別リージョンで RTO が 24 時間以内、RPO が 8 時間以内の SLA でサービスを再開する必要があります。費用対効果が高く、SLA を満たすソリューションはどれですか。(1つ選択してください)

A. CloudFormation を利用して、セカンダリリージョンに同一の ALB、ECS、RDS をデプロイできるスタックを用意する。RDS for PostgreSQL のスナップショットをセカンダリリージョンにコピーする。ECR の Docker イメージをセカンダリリージョンに保存する。災害発生時、CloudFormation から同一の構成をデプロイし、ECR からコンテナイメージを配置する。また、最新のスナップショットからリストアし、セカンダリリージョンの ALB を指すように Route 53 の DNS レコードを更新する。

B. CloudFormation を利用して、セカンダリリージョンに同一の ALB、ECS、RDS をデプロイする。RDS for PostgreSQL のバックアップを 8 時間ごとに実行し、S3 に保存する。S3 のクロスリージョンレプリケーションを使用して、セカンダリリージョンの S3 バケットにデータをレプリケーションする。セカンダリリージョンの ECR に Docker コンテナイメージをインポートする。災害発生時、S3 から RDS のバックアップを復旧する。また、セカンダリリージョンの ALB を指すように Route 53 の DNS レコードを更新する。

C. CloudFormationを利用して、セカンダリリージョンに同一のALB、ECS、RDSをデプロイする。RDS for PostgreSQLのマルチリージョンレプリケーションを利用してセカンダリリージョンにデータベースのコピーを作成する。ECRのDockerイメージをセカンダリリージョンに保存する。災害発生時、最新のスナップショットからリストアし、Route 53 DNSフェイルオーバーを利用して、セカンダリリージョンのALBを指すようにRoute 53のDNSレコードを更新する。

D. セカンダリリージョンのALB配下にEC2をデプロイし、EC2にDockerをインストールする。EC2上のDockerに、ECR上にある最新のコンテナイメージをデプロイする。RDS for PostgreSQLのスナップショットを8時間ごとにセカンダリリージョンにコピーする。災害発生時、RDSのスナップショットからデータベースを復旧する。また、セカンダリリージョンのALBを指すようにRoute 53のDNSレコードを更新する。

問48 **あなたが所属する会社では、クラウド環境のセキュリティ対策や運用の状況を監査するため、第三者機関のセキュリティ監査人が雇われました。監査を実施するにあたり、セキュリティ監査人にはすべてのAWSリソース、ログ、VPC Flow Logs、EventBridgeイベントのログに対する、読み取り専用アクセスを許可する必要があります。セキュリティ監査の要件を満たすために、監査人にどのようにアクセスを許可しますか。(1つ選択してください)**

A. AWSサポートに連絡し、監査人が要求するアクセスを許可するよう依頼する。

B. 監査人のための専用のIAMユーザーを作成する。IAMユーザーには、監査が必要なAWSリソース、ログが格納されているS3バケット、CloudWatch Logsロググループへの読み取り専用アクセスのみを許可し、それ以外のアクションについては明示的にDenyするカスタム管理ポリシーをアタッチする。

C. 監査人のための専用のIAMロールを作成する。IAMロールには、監査が必要なAWSリソース、ログが格納されているS3バケット、CloudWatch Logsロググループへの読み取り専用アクセスのみを許可し、それ以外のアクションについては明示的にDenyするIAMポリシーをアタッチする。

(選択肢は次ページに続きます。)

D. 監査人のための専用の IAM ユーザーを作成する。IAM ユーザーには、職務機能の AWS 管理ポリシーのうち、SecurityAudit ポリシーをアタッチする。

問 49　ある企業は、AWS 上で 3 層アーキテクチャを運用しています。Web 層とアプリケーション層は、EC2 Auto Scaling グループで実行され、バックエンドにはデータベースがあります。スケーリングはアプリケーション層の CPU 利用率にもとづいています。企業は、Web 層とアプリケーション層を分離するために構成を見直し、SQS 標準キューを作成しました。しかし、しばらく稼働したところ、重複したトランザクションが発生し、EC2 インスタンスがスケーリングしていないことが判明しました。スケーリングが十分に機能していないことにより、アプリケーションの処理遅延が発生します。ソリューションアーキテクトは、重複したトランザクションを排除し、スケーリングの遅延を修正する必要があります。これらの要件を満たす最も適切なソリューションはどれですか。（1つ選択してください）

A. 既存の SQS 標準キューを SQS FIFO キューに変更し、コンテンツベースの重複排除を構成する。ApproximateNumberOfMessagesVisible メトリクスを使用するようにアプリケーション層のスケーリングポリシーを変更する。

B. 既存の SQS 標準キューを SQS FIFO キューに変更し、コンテンツベースの重複排除を構成する。許容できるインスタンスごとのバックログを計算するための CloudWatch カスタムメトリクスを作成する。カスタムメトリクスにもとづくターゲットスケーリングポリシーを使用する。

C. SQS FIFO キューを作成し、コンテンツベースの重複排除を構成する。新しいキューを使用するようにアプリケーションを更新する。CloudWatch のカスタムメトリクスを作成する。ApproximateNumberOfMessagesVisible メトリクスを使用するようにアプリケーション層のスケーリングポリシーを変更する。

D. SQS FIFO キューを作成し、コンテンツベースの重複排除を構成する。新しいキューを使用するようにアプリケーションを更新する。許容できるインスタンスごとのバックログを計算するための CloudWatch カスタムメトリクスを作成する。カスタムメトリクスにもとづくターゲットスケーリングポリシーを使用する。

問50 ある企業では、オンプレミスで、高性能なサーバーを利用してデータ分析を長期間実行しています。現在のインフラストラクチャは、低レイテンシーのネットワークを介して接続された高性能サーバークラスターで構成されています。このインフラストラクチャは、ハードウェアの大幅なアップグレードを予定しています。企業は、インフラストラクチャをAWSに移行することを検討しています。ソリューションアーキテクトは、AWSに移行するためのソリューションを提案する必要があります。これらの要件を満たす最も費用対効果の高いソリューションはどれですか。(1つ選択してください)

A. リザーブドインスタンスを含むクラスタープレイスメントグループにEC2フリートを作成する。
B. スポットインスタンスを含むクラスタープレイスメントグループにEC2フリートを作成する。
C. スポットインスタンスを含むパーティションプレイスメントグループにEC2フリートを作成する。
D. リザーブドインスタンスを含むパーティションプレイスメントグループにEC2フリートを作成する。

問51 あなたの会社では、社内アプリケーション用のAPIをサーバーレスアプリケーションとして開発、デプロイしています。サーバーレスアプリケーションでは、API Gateway、Lambda、DynamoDBを利用しています。現在、開発チームはAWSマネジメントコンソールを利用してアプリケーションのデプロイを行っています。あなたはソリューションアーキテクトとして、サーバーレスアプリケーションのデプロイ自動化方式を検討するよう依頼されました。さらに、デプロイしたサーバーレスアプリケーションリソースに対するトラフィックの流量をきめ細かく制御したい、という要件もあります。デプロイプロセスをどのようにして自動化しますか。(1つ選択してください)

A. CodeCommitにアプリケーションのソースコードをpushする。CodePipelineでデプロイ用のパイプラインを構築し、CodeCommitか

8

らソースコードを取得する。CodeBuild で Lambda 関数をビルドし、CodeDeploy で Lambda 関数をデプロイする。CodeDeploy のデプロイ設定を使用し、徐々に新しいバージョンの Lambda 関数にリクエストが振り分けられるよう、デプロイを制御する。

B. CloudFormation でサーバーレスアプリケーションのインフラをデプロイする。Lambda 関数のバージョニングを有効化し、バージョンに紐付く Alias を定義する。Lambda 関数を本番環境にデプロイする際、Alias の内容に応じてトラフィックの流量を制御し、徐々に新しいバージョンの Lambda 関数にリクエストが振り分けられるようにする。

C. CloudFormation で Lambda-backed カスタムリソースを定義し、API Gateway をデプロイする。CloudFormation で AWS::DynamoDB::Table リソースと AWS::Lambda::Function リソースを定義し、DynamoDB テーブルと Lambda 関数をデプロイする。CloudFormation テンプレートをデプロイするための自動化スクリプトを開発する。

D. AWS Serverless Application Model（SAM）を使用し、サーバーレスアプリケーションのインフラをデプロイする。CodeCommit に YAML テンプレートとアプリケーションのソースコードを push する。CodePipeline でデプロイ用のパイプラインを構築し、CodeCommit からテンプレートやソースコードを取得する。CodeBuild を使用し、アプリケーションをデプロイする。CodePipeline の CloudFormation デプロイメントプロバイダーを使用し、Lambda 関数をデプロイする。

問 52　ある企業では、従業員が AWS のサービスを利用してリモートワークで作業するための環境を設計しています。従業員が利用しているデスクトップには Windows と Linux ベースのアプリケーションがあります。各デスクトップには、従業員が利用する Web ブラウザ、メーラー、スケジューラーなど、複数のソフトウェアがインストールされています。ソリューションアーキテクトは、オンプレミスにある既存の Active Directory と統合した MFA（多要素認証）を実装する必要があります。また、デスクトップアプリケーションを即座に利用できるようにする必要があります。作業のオーバーヘッドを少なくして、これらの要件を満たすソリューションはどれですか。（1つ選択してください）

A. デスクトップ環境として、Amazon WorkSpaces クラウドデスクトップサービスを使用する。オンプレミスと AWS 間を VPN で接続する。AD Connector を作成し、オンプレミスの Active Directory に接続する。AWS マネジメントコンソールから WorkSpaces の MFA を有効にする。

B. デスクトップ環境として、Amazon WorkSpaces クラウドデスクトップサービスを使用する。オンプレミスと AWS 間を VPN で接続する。AD Connector を作成し、オンプレミスの Active Directory に接続する。MFA 用の RADIUS サーバーを設定する。

C. AppStream 2.0 を使用して、アプリケーションストリーミングサービスを構築する。Active Directory フェデレーションサービスをセットアップする。AppStream 2.0 で、従業員からのアクセスを許可するための MFA を設定する。

D. AppStream 2.0 を使用して、アプリケーションストリーミングサービスを構築する。オンプレミスと AWS 間を VPN で接続する。AD Connector を作成し、オンプレミスの Active Directory に接続する。AWS マネジメントコンソールから AppStream 2.0 の MFA を有効にする。

問 53 あなたは、グローバルに展開する大手企業のソリューションアーキテクトです。同社では事業部門ごとに独立した AWS アカウントを保有し、各事業部門のシステム担当者がアカウント内のリソースとコストを管理しています。事業部門ごとのコスト予算は、各事業部門の責任で管理することが会社の方針として定められています。あなたは、会社全体の AWS アカウントを Organizations で一元管理しており、Organizations の管理者を務めています。全社および事業部門ごとの AWS 利用コストを適切に管理するため、実利用コストにもとづく予算超過アラームを設定したいと考えています。組織全体の利用料に対するアラームは、あなたが Email で通知を受け取る必要があります。一方、各アカウントの利用料アラームは、会社の方針に従い、対応する事業部門のシステム担当者に Email で通知されるようにしたいと思います。また、アラームのしきい値金額は各事業部門で変更できる必要があります。これらの目的を達成するために、AWS Budgets の予算超過アラームの設定として最も適切なものはどれですか。（2つ選択してください）

A. Organizations の管理アカウントで、組織全体の利用料アラームを設定し、通知先をあなた自身に設定する。

B. 各事業部門の AWS アカウントで、アカウントごとの利用料アラームを設定し、通知先を事業部門のシステム担当者に設定する。

C. Organizations の管理アカウントで、各事業部門アカウントの利用料アラームを一括設定し、通知先を事業部門のシステム担当者に設定する。

D. 各事業部門の AWS アカウントで、組織全体の利用料アラームを設定し、通知先をあなた自身に設定する。

E. Organizations の管理アカウントで、組織全体と各アカウントの利用料アラームを一括設定し、それぞれの通知先をあなたと事業部門のシステム担当者に設定する。

問 54　あなたの企業は、オンプレミスと VPC で異なるシステムを運用しています。システム間連携の効率化を目的としたオンプレミスと VPC のハイブリッド構成化を検討しています。オンプレミスと AWS 間は Direct Connect 経由で通信します。AWS で利用しているドメインは Route 53 プライベートホストゾーン、オンプレミスで利用しているドメインはオンプレミス DNS で管理しています。オンプレミスで管理しているドメインは app.example.com、AWS で管理しているドメインは awsvpc.example.com です。ハイブリッド構成化にともない、AWS とオンプレミス間の双方向で名前解決が必要です。

管理の手間が少なく要件を満たすソリューションはどれですか。(1つ選択してください)

A. Route 53 Resolver アウトバウンドエンドポイントとインバウンドエンドポイントを作成する。オンプレミスドメインの DNS クエリを BIND に転送する Route 53 Resolver 転送ルールを作成して VPC に関連付ける。AWS ドメインの DNS クエリを Route 53 Resolver インバウンドエンドポイントの IP アドレスに転送する条件付き転送を、オンプレミスの DNS リゾルバに設定する。

B. Route 53 Resolver アウトバウンドエンドポイントを作成する。オンプレミスドメインの DNS クエリを BIND に転送する Route 53 Resolver 転送ルールを作成して VPC に関連付ける。

C. Route 53 Resolver インバウンドエンドポイントを作成する。AWS ドメインの DNS クエリを Route 53 Resolver インバウンドエンドポイントの IP アドレスに転送する条件付き転送を設定する。

D. Route 53 Resolver アウトバウンドエンドポイントとインバウンドエンドポイントを作成する。オンプレミスドメインの DNS クエリを BIND に転送する Route 53 Resolver 転送ルールを作成して VPC に関連付ける。AWS ドメインの DNS クエリを Route 53 Resolver インバウンドエンドポイントの IP アドレスに転送する Route 53 Resolver 転送ルールを作成して VPC に関連付ける。

問 55 ある企業には、EKS のクラスター上で稼働しているアプリケーションがあります。アプリケーションは EKS のポッドの ReplicaSet として実行されます。高可用性のため EKS は複数の AZ にノードがあります。EKS 上で実行されているアプリケーションのすべてのポッドからアクセスする必要のある共通ファイルがあり、アプリケーション実行のために、共通ファイルの参照、更新を行っています。アプリケーションは数秒で実行を終える必要があります。また、共通ファイルはバックアップし、2 年間保持する必要があります。これらの要件を実現できるソリューションはどれですか。(1つ選択してください)

A. EKS のポッドが利用する S3 バケットを作成する。S3 バケットを EKS からマウントして S3 上のファイルを読み書きできるようにする。S3 ライフサイクルポリシーを利用して、1 年経過したデータを Glacier に保存するように設定する。

B. EKS のポッドが利用する EFS ファイルシステムを作成する。EKS クラスターのノードがある各サブネットにマウントターゲットを作成する。ファイルシステムをマウントするように ReplicaSet を構成する。AWS Backup でデータのコピーを 2 年間保持するように構成する。

C. EKS のポッドが利用する EBS ボリュームを作成する。EBS をマウントするように ReplicaSet を構成する。S3 バケットで S3 Transfer Acceleration エンドポイントを有効にする。AWS Backup でデータのコピーを 2 年間保持するように構成する。

D. EKS 上で実行しているポッド単位でストレージを配置する。全ポッドでファイルを読み書きできるレプリケーション用のソフトウェアを使って、ストレージ内のファイルをレプリケーションする。ストレージをマウントするように ReplicaSet を構成する。バックアップソフトウェアを利用して EKS クラスター上の全ファイルのバックアップを取得し、2 年間保持する。

問 56　あなたは、東京の金融機関でソリューションアーキテクトとして働いています。あなたの会社では AWS を大規模に使用しており、各事業部で AWS アカウントを使用して自分の事業部の業務を実行するワークロードをホストしています。

来年から、増えてきたアカウントを効率的に管理し、AWS で発生する予算を一元管理していく必要が出てきました。また、現在、各事業部が自分の VPC を作成し、そこに作成した EC2 で自由にインターネットと通信していますが、こうした状態をセキュリティ事業部が問題視しています。そこで、現状の各部門アカウントのそれぞれの VPC で保有しているインターネット接続を削除し、今後は共通の外部接続アカウント経由で提供するプロキシサーバーからしかインターネットに接続できないようにする方針となりました。さらに今後、各事業部アカウントでは、自部門で所有するアカウントの VPC から直接インターネットに接続する環境を構築できないように制御することが求められています。

これらの要件を満たすのに最適かつ実装が容易なソリューションはどれですか。(1つ選択してください)

A. 会社のすべてのアカウントを Organizations で統合する。事業部の AWS アカウントを含む OU を作成する。VPC からのインターネット接続に必要なリソースの作成を拒否する SCP を開発し、事業部向けの OU に適用する。

B. 会社のすべてのアカウントを Organizations で統合する。各アカウントのネットワーク管理用 IAM ユーザーのポリシーで、VPC からのインターネット接続に必要なリソースの作成を拒否する。

C. 会社のすべてのアカウントを Control Tower で統合する。事業部の AWS アカウントを含む OU を作成する。VPC からのインターネットアクセスを拒否する「Proactive」のコントロールを OU に対して適用する。

D. 会社のすべてのアカウントを Control Tower で統合する。事業部の AWS アカウントを含む OU を作成する。VPC からのインターネットアクセスを拒否する「Preventive」のコントロールを OU に対して適用する。

問 57 ある企業は、オンプレミスのデータセンターを AWS に移行したいと考えています。このデータセンターには数千台の仮想化された Linux や Windows Server、SAN ストレージ、MySQL を使用した Java アプリケーションや PHP アプリケーション、Oracle データベースが含まれています。また、同じデータセンターまたは外部でホストされている、多くの部門のサービスがあります。技術文書は最新ではなく不完全です。ソリューションアーキテクトは現在の環境を理解し、AWS への移行を計画する必要があります。ソリューションアーキテクトがクラウド移行を計画するために使用すべきツールまたはサービスはどれですか。(3つ選択してください)

A. Cloud Adoption Readiness Tool
B. Application Discovery Service
C. Migration Hub
D. Application Migration Service
E. X-Ray
F. VM Import/Export

問 58 あなたはグローバルな顧客基盤を持つ企業のクラウドアーキテクトとして、AWS 上で ECS を利用した金融システムについて、データセンター障害および停電や洪水などの局地災害からの自動復旧能力を備えたアーキテクチャを設計する必要があります。特に、API トラフィックを処理するためのバックエンドサービスに焦点を当ててアーキテクチャを検討します。可用性が高く、局地災害による障害から自動的に復旧できるアーキテクチャとして、最も効率のよいソリューションはどれですか。(1つ選択してください)

A. 複数 AZ に ECS を展開し、ALB を使用する。バックエンドのデータベースサービスに Aurora のマルチマスターデプロイメントを使用する。
B. 単一の AZ に ECS を展開し、NLB を使用する。バックエンドのデータベースサービスに DynamoDB を使用する。
C. 複数リージョンに ECS を展開し、位置情報ルーティングを使用した Route 53 を設定する。バックエンドのデータベースには Aurora Global Database を使用する。

(選択肢は次ページに続きます。)

D. 複数 AZ に ECS を展開し、NLB を使用する。バックエンドのデータベースサービスに単一の AZ 内の RDS インスタンスを使用する。

問 59　ある会社では、米国のリージョンで、同社が公開目的で作成したデータを API で提供するアプリケーションを実行しています。利用者はモバイルや PC からアクセスします。AWS 上では、API Gateway のエンドポイントタイプをリージョナルで配置し、API Gateway をイベントソースとした Lambda 関数で処理します。公開データは RDS for MySQL に格納されており、データベースへのアクセスの 90% 以上は読み取り専用です。アプリケーション用の静的コンテンツは S3 上にホストされ、CloudFront 経由でアクセスされます。Web アプリケーションのドメイン名解決に Route 53 を使用しています。同社は、今後、同じサービスをアジア圏に展開したいと考えています。現在、AWS のシンガポールリージョンに新しく API Gateway と Lambda 関数を配置済みです。米国、アジア圏からのユーザーが公開データをダウンロードする時間を最小化するソリューションはどれですか。（1つ選択してください）

A. シンガポールリージョンで RDS for MySQL のクロスリージョンリードレプリカを作成する。シンガポールリージョンの API Gateway にアクセスするために、Route 53 をレイテンシーベースのルーティングに変更する。
B. シンガポールリージョンで RDS for MySQL のクロスリージョンリードレプリカを作成する。シンガポールリージョンの API Gateway にアクセスするために、Route 53 を位置情報のルーティングに変更する。
C. Database Migration Service（DMS）でフルロードした後、変更データキャプチャ（CDC）を使って、米国にあるデータベースをシンガポールにあるデータベースにレプリケーションする。Route 53 をレイテンシーベースのルーティングに変更する。
D. Database Migration Service（DMS）でフルロードした後、変更データキャプチャ（CDC）を使って、米国にあるデータベースをシンガポールにあるデータベースにレプリケーションする。Route 53 を位置情報のルーティングに変更する。

問60 あなたのチームは、大手ECサイトを運営する企業のソリューションアーキテクトです。今回、セール期間中のキャンペーンサイトを構築することになりました。セール時には大量のトラフィックが予想されるため、それに耐えうる設計が求められています。また、セール期間以外はアクセスが少ないため、運用負荷を抑えた上で、コスト効率の高いアーキテクチャにする必要があります。さらに、アクセスログを分析し、キャンペーンの効果測定と顧客の購買行動に関する分析を実施することが求められています。最も費用対効果の高い方法はどれですか。(1つ選択してください)

A. 静的コンテンツをS3に配置し、CloudFrontでコンテンツを配信する。EC2上のバッチサーバーでCloudFrontのアクセスログを分析する。

B. EC2上にWebサーバーを構築し、Auto Scalingでインスタンス数を調整する。RDSにアクセスログを保存し、EMRで分析する。

C. 静的コンテンツをS3に配置し、CloudFrontでコンテンツを配信する。アクセスログをS3に保存し、Athenaで分析する。

D. ECSを使ってDockerコンテナ上にWebサイトを構築する。コンテナ数を動的に調整する。DynamoDBにアクセスログを保存し、Lambdaで分析する。

問61 ある会社では、AWSのVPC内でWebアプリケーションを稼働させています。Webアプリケーションは、複数のAZに配置されており、ALBの背後にあるEC2インスタンスのグループで実行されています。Webアプリケーションのセキュリティ対応として、ALBにAWS WAFを配置しています。同社では、新規利用者に対し、Webアプリケーションに接続するためのIPアドレスを提供する必要が出てきました。現在のシステムを変更し、オーバーヘッドを最小限に抑えながら、これらの要件を満たすソリューションはどれですか。(1つ選択してください)

A. 既存システムに配置されているALBをNLBに置き換える。NLBにElastic IPアドレスを割り当てる。このIPアドレスを利用者に提供する。

B. CloudFrontディストリビューションを設定する。既存のALBをCloudFrontのオリジンに設定する。CloudFrontディストリビューションのDNS名からパブリックIPアドレスを取得して、利用者にIPアドレ

8

スを提供する。

C. 既存のALBにElastic IPアドレスを割り当てる。割り当てたIPアドレスを利用者に提供する。

D. Global Acceleratorの標準アクセラレーターを作成する。アクセラレーターのエンドポイントとして既存のALBを指定する。アクセラレーターに割り当てられたIPアドレスを利用者に提供する。

問62　あるスタートアップ企業は、1年前に新サービスをAWS上に展開し、一般向けに公開しました。AWSのアーキテクチャはロードバランサー、Webサーバー3台、DBサーバー2台（プライマリ、スタンバイ構成）です。ユーザー数が数千人に増加した頃から、システムが過負荷になることが増えてきました。サービスの売り上げは好調で、将来的にもユーザーが大幅に増加することが見込まれているため、企業のリードアーキテクトはシステム増強を計画しています。

ユーザーが数十万人の規模に増えても安定したレイテンシーでサービスを提供するために、運用オーバーヘッドやコストを抑えつつ、さらにアプリケーションのアーキテクチャを大きく変更することなくシステムの可用性や拡張性を高める最適なソリューションはどれですか。（3つ選択してください）

A. AWS上の複数のリージョンに同じ構成のシステムを展開し、Route 53によってユーザーのアクセス元の地域から近いリージョンにリクエストを振り分け可能とする。

B. 静的コンテンツ配信部分のオフロードのためCDN（Content Delivery Network）をCloudFrontおよびS3で構築する。

C. Webサーバーのコストを最適化し、複数のEC2の管理を自動化するために、Auto Scalingを導入し、負荷に応じてWebサーバー台数を自動でスケールアウトできるようにする。

D. ユーザー数が最大90万人に増えることを想定し、WebサーバーのCPUおよびメモリの必要スペック、Webサーバーの必要台数を見積もり、必要スペックおよび必要台数分、EC2サーバーを追加する。トラフィックが少ない傾向にある午前中は、トラフィック量に応じてEC2インスタンスをスケジューラーで停止する。

E. 同期処理が不要なサービスを他のサービスから切り出して、非同期処理にすることで、メインのサービスの負荷を下げる。

F. データベースへの読み込みクエリをオフロードするため、リードレプリカをRDSで構成し、プライマリDBサーバーのデータをレプリケーションする。

G. データベースの運用管理を不要とするため、リレーショナルデータベースからNoSQLデータベースへ変更する。

問63　あるコンテンツ企業では、ユーザーが写真をアップロードしたり、閲覧したりすることができるWebサイトを運営しています。

現在、このWebサイトは、ALBとその配下にある2台のアプリケーションサーバー用のEC2上にあるDockerで稼働しています。データベースはMySQLを利用しています。MySQLは、アプリケーションサーバーとは別のEC2上で稼働しています。本サービスの利用にはユーザー登録が必要です。ユーザーの情報はMySQLで管理されています。登録した情報で認証されたユーザーが写真をアップロードすると、EC2上のアプリケーションサーバーでサムネイルを作成後、写真とサムネイルをS3に保存します。S3に保存された写真とサムネイルのリンクをMySQLに格納します。あるとき、ユーザーから、Webサイトでの写真アップロードと閲覧に時間がかかるという報告がありました。ユーザーの利用数の増加が見込まれる中、高負荷やスパイク処理に対応するために、効率的に既存のWebサイトのデータを移行し、リニューアルするのに適切なソリューションはどれですか。（1つ選択してください）

A. API Gateway経由で写真をアップロードするために、REST APIをS3のプロキシとして作成する。既存のユーザー情報をCognitoで認証できるようにする。S3へ写真が格納されたのをトリガーとして、サムネイルを作成するLambda関数を呼び出す。サムネイルを作成する。データベースをMySQLのAurora Serverlessに変更する。サムネイルのリンクをAuroraに格納する。既存のMySQLのデータをAuroraに移行する。

B. API Gateway、Lambda関数、およびFargateでアップロードされた写真を処理する。Fargate上でユーザー情報を認証できるようにする。サムネイルを作成する。データベースをMySQLのAurora Serverlessに変更する。Fargate上でサムネイルを作成後、サムネイルのリンクをAuroraに格納する。既存のMySQLのデータをAuroraに移行する。

（選択肢は次ページに続きます。）

C. S3バケットでS3 Transfer Accelerationエンドポイントを有効にする。アップロード時、署名付きURLを生成して許可を与える。S3のマルチパートアップロードを利用して、写真をアップロードする。S3へ写真が格納されたのをトリガーとして、サムネイルを作成するLambda関数を呼び出す。サムネイルを作成する。データベースをRDS for MySQLに変更する。サムネイルのリンクをRDSに格納する。既存のMySQLのデータをRDSに移行する。

D. アップロードしたいユーザー用にIAMユーザーを作成し、S3へのアクセス権限を与える。S3バケット用にCloudFrontディストリビューションを設定する。CloudFrontでPUTおよびPOSTメソッドを有効にして、オリジンアクセスコントロール（OAC）を利用できるようにする。S3へ写真が格納されたのをトリガーとして、サムネイルを作成するLambda関数を呼び出す。サムネイルを作成する。データベースをRDS for MySQLに変更する。サムネイルのリンクをRDSに格納する。既存のMySQLのデータをRDSに移行する。

問64　あなたの会社のインフラチームは、Infrastructure as Codeの考え方を活用してインフラ運用を改善すべく、自社のサービスに必要なインフラを構築するためのCloudFormationテンプレートを開発しました。テンプレートはVPC用スタック、踏み台サーバー用スタック、データベース用スタック、Webアプリケーション用スタックに分割しています。あなたの会社は複数のサービスを展開しており、各サービスのアプリケーションは少なくともVPC用スタック、踏み台サーバー用スタック、Webアプリケーション用スタックを必要とします。各テンプレートはマネジメントコンソール経由でスタック作成に使用していますが、複数のパラメータ値を入力する必要があり、テンプレートに含まれる個別のAWSサービス作成に使用する用途には向きません。現状のCloudFormationテンプレートによる運用負荷や、パラメータ値の入力の手間を削減するためには、どうすればよいですか。（1つ選択してください）

A. AWSサービス用のService Catalogポートフォリオを作成する。Service Catalog製品を作成し、既存のCloudFormationテンプレートを追加する。ポートフォリオに製品を追加する。アプリケーションに必要なインフラをデプロイするため、ポートフォリオを選択し、ポートフォリオに含まれるすべてのCloudFormationテンプレートで求められるパラメータ値を入力した上で、ポートフォリオを起動する。

B. AWSサービス用のService Catalogポートフォリオを作成する。アプリケーションに必要なAWSサービス用に新しいCloudFormationテンプレートを開発する。既存のテンプレートを更新し、クロススタック参照用の記述を追加する。新しいスタックから、アプリケーションに必要なスタックをネストされたスタックとして呼び出すよう、記述を追加する。各アプリケーション用に、Service Catalog製品を作成する。製品に、アプリケーション要件に合わせてサービステンプレートを追加する。各製品をポートフォリオに追加する。ポートフォリオから製品をデプロイし、AWSサービスのデプロイに必要な最小限のパラメータ値を入力する。

C. インフラをデプロイするため、CodePipelineワークフローを定義する。アプリケーションに必要なAWSサービス用に新しいCloudFormationテンプレートを開発する。CodePipelineのアクションとして、新しいテンプレートを使用したデプロイを定義する。デプロイ中の各アクションにて、テンプレート間の依存関係で問題が発生しないことを事前に確認しておく。スタック間で共通に利用するパラメータ値については、設定ファイルやスクリプトの形式で共有する。自社のサービス用にインフラをデプロイする際、サービス名を選択すると必要なテンプレートからスタックが作成され、変更も反映される。

D. アプリケーションに必要なAWSサービス用に新しいCloudFormationテンプレートを開発する。新しいCloudFormationテンプレートを更新し、アプリケーションに必要なスタックをネストされたスタックとして呼び出すよう、記述を追加する。マネジメントコンソール上で新しいCloudFormationテンプレートを使用してスタックを作成し、必要なAWSサービスをデプロイする。パラメータ値については、既存のテンプレートで必要とされていた値を入力する。

問65 あなたの会社は、オンプレミスにあるMySQLデータベースのデータをAWS上にあるAurora MySQLに移行する計画を立てています。MySQLデータベースのサイズは50TBあります。同社は、オンプレミスとAWSの間に50MbpsのDirect Connectの専用線を敷設しており、迅速にAWS環境にデータベースを移行したいと考えています。この移行を効率よく実現できるソ

リューションはどれですか。(1つ選択してください)

A. Snowball Edge デバイスを注文して、オンプレミスの MySQL のデータを S3 上に格納する。Database Migration Service (DMS) を利用して、S3 から Aurora MySQL にデータをロードする。
B. DataSync を使って、オンプレミスから AWS 上の EFS へデータを転送する。EFS 上のデータを、EC2 上のアプリケーションを介して Aurora MySQL にロードする。
C. オンプレミスと AWS の間の既存の専用線を 1Gbps の Direct Connect による専用線に置き換える。Database Migration Service (DMS) を使って、オンプレミスの MySQL から Aurora MySQL へデータを移行する。
D. オンプレミスと AWS の間に、既存の専用線とは別の 50Mbps の Direct Connect 専用線を構築する。Application Migration Service を使って、オンプレミスの MySQL から Aurora MySQL へデータを移行する。

問 66　あなたは、大手消費財メーカーで働くクラウドソリューションアーキテクトです。あなたの企業は、自社の事業で AWS クラウドをもっと活用していくため、AWS に複数のアカウントを作成する予定です。各アカウントは、財務、人事、エンジニアリングなど、さまざまな部門で使用されます。

各アカウントは、それぞれのアカウントのルートアクセス権を持つシステム管理者によって管理されます。一方、企業全体としては、それぞれの AWS アカウントまたは複数の AWS アカウントのグループに対して、特定の AWS サービスの利用を許可または拒否することにより、企業の所有する全アカウントに対して AWS 利用ポリシーを集中管理する必要がある、という要件があります。

上記を実現する最もシンプルなソリューションはどれですか。(1つ選択してください)

A. AWS の Organizations と組織単位 (OU) を設定して、各部門のすべての AWS アカウントを統合する。カスタム IAM ポリシーを作成して、アカウントごとに特定の AWS サービスの使用を許可または拒否する。
B. 各 AWS アカウントへのクロスアカウントアクセスを設定して、すべての部門において相互にアクセスすることを可能にする。それぞれのアカウントでサービスへのアクセスを制御するために、部門の役割にもとづいてIAMポリシーを作成し、リソースにアタッチする。

C. Identity Federationを介して外部認証ユーザーにアクセスを提供する。役割にもとづいたIAMロールを設定して、組織またはサードパーティーのIDプロバイダーからIDがフェデレーションされる各部門のユーザーにロールを割り当てて、アクセス許可を指定する。

D. OrganizationsおよびSCPを使用して、各アカウントで使用できるAWSサービスを制御する。

問67 ある会社は、ALBのバックエンドに配置した複数のEC2インスタンス上でWebサービスを運用しています。Webサービスは安定的に稼働していましたが、ある日、アプリケーションのレスポンスが大幅に遅くなり、最終的にはWebサービスがエラーで応答停止状態に陥りました。アクセスログを解析すると、複数の通信元から、不正な形式のリクエストが大量に送信されていることがわかりました。今後、このような外部からの攻撃に対して、最も効果的に対策できるソリューションはどれですか。(1つ選択してください)

A. CloudFrontディストリビューションを作成し、ALBをオリジンとして設定する。CloudFrontの設定でAWS Shield Standardを有効化し、攻撃の影響を緩和する。

B. CloudFrontディストリビューションを作成し、ALBをオリジンとして設定する。CloudFrontのアクセスログをS3に保存する。保存されたアクセスログを解析し、不正な形式のリクエストを検知した場合、AWS WAFのルールを更新し、攻撃を行っているリクエストの送信元IPアドレスをブロックするLambda関数を開発する。

C. ALBのアクセスログをS3に保存する。保存されたアクセスログを解析し、不正な形式のリクエストを検知した場合、AWS WAFのルールを更新し、攻撃を行っているリクエストの送信元IPアドレスをブロックするLambda関数を開発する。

D. ALBにAWS WAFをアタッチし、HTTPリクエストの内容を解析して、今回の攻撃に利用された、不正な形式のリクエスト文字列のパターンセットをブロックするルールを設定する。

問68　あなたの企業は、東京リージョンと大阪リージョンそれぞれのVPCに複数のアプリケーションをデプロイしています。アプリケーションはEC2で稼働しています。リージョン間とVPC間はTransit Gateway経由で通信しています。東京リージョンのアプリケーションから大阪リージョンのアプリケーションへの通信に不具合があることが報告されています。ソリューションアーキテクトであるあなたは、Transit Gatewayをまたいだ通信の到達性を検証する必要があります。要件を満たすソリューションはどれですか。(1つ選択してください)

A. Transit Gateway Network ManagerにTransit Gatewayを登録する。Route AnalyzerでTransit Gatewayのルートテーブル構成を診断する。VPCルートテーブルのルート設定で、宛先VPCのCIDRとTransit Gateway IDがターゲットに設定されていることを確認する。VPCのセキュリティグループでトラフィックが許可されていることを確認する。

B. VPC Reachability Analyzerで東京リージョンと大阪リージョンのアプリケーションリソース間通信の到達性を検証する。

C. VPC Network Access Analyzerで東京リージョンと大阪リージョンのアプリケーション間通信の到達性を検証する。

D. Transit Gateway Network ManagerにTransit Gatewayを登録する。Route Analyzerで東京リージョンと大阪リージョンのアプリケーションリソース間通信の到達性を検証する。

問69　ソリューションアーキテクトは、オンプレミスのデータセンターにある既存のアプリケーションとデータベースの構成を把握して、AWS上に移行するプランニングを行う必要があります。現在、オンプレミスにあるシステムのサーバーリストがなく、どのような構成で稼働しているかを正しく把握することができません。ソリューションアーキテクトは、システムをAWSに移行する前に、現行システムの正しい構成および情報を把握する必要があります。これらの要件を実現できるソリューションはどれですか。(1つ選択してください)

A. Migration Evaluatorを使用してオンプレミスにあるリソースを評価し、サーバーのリストを作成する。Migration Hubを使用して、システム構成のポートフォリオを表示する。Application Discovery Serviceを利用してサーバーとアプリケーションの詳細情報を収集し、サーバー間の依存関係とシステムの全体構成を把握する。

B. Application Migration Service を使用して、詳細なシステム構成のレポートを作成する。Database Migration Service を使用して、データベースの詳細なシステム構成のレポートを作成する。この 2 つのレポートからシステムの全体構成を把握する。

C. Application Migration Service と Database Migration Service を併用して、移行に必要な情報を確認する。AWS Service Catalog を参照して、アプリケーションとデータベースで利用されているソフトウェアを確認し、ベースラインを決定する。

D. Application Migration Service を使用して、オンプレミス上の仮想サーバーでエージェントを実行する。Migration Hub を使用して、エージェントから収集したデータを分析し、システムの全体像を把握する。

問 70 ある企業は、AWS の VPC 内で動画処理サービスをホストしています。VPC は 3つの AZ にまたがって構成されています。各 AZ には 1つのパブリックサブネットと、1つのプライベートサブネットが含まれます。

この動画処理サービスは、プライベートサブネットにある EC2 インスタンス上で実行され、パブリックサブネットにある ALB の背後に配置されています。また、動画は S3 に保存されており、EC2 インスタンスは S3 バケットから毎日約 1TB のデータを取得しています。EC2 は NAT ゲートウェイ経由でインターネットと接続しています。

同社は、このサービスは安全性が高いと宣伝しています。ソリューションアーキテクトであるあなたは、サービスのセキュリティを損なったり、運用に費やす時間を増加させたりすることなく、コストを可能な限り削減する必要があります。

これらの要件を満たすソリューションはどれですか。（1つ選択してください）

A. NAT ゲートウェイを NAT インスタンスに置き換える。VPC ルートテーブルで、プライベートサブネットから NAT インスタンスへのルートを作成する。

B. EC2 インスタンスをパブリックサブネットに移動し、NAT ゲートウェイを削除する。

C. VPC で S3 ゲートウェイ VPC エンドポイントを設定する。エンドポイントポリシーで、S3 バケットに接続するために必要なアクションを許可する。

D. EFS ボリュームを EC2 インスタンスにアタッチする。EFS ボリューム上で動画を保存する。

問 71 ある会社の従業員は、社外からオンプレミスのシステムを使用するときにはVPN 接続を利用して、オンプレミスで稼働している Windows のホームディレクトリにあるファイルにアクセスしています。最近、リモートワークで作業をする従業員の数が増えてきました。それにともない、オンプレミスへの VPN 接続のネットワーク帯域が逼迫し、ネットワークボトルネックにより作業が滞るようになりました。同社は、今後もリモートワークで作業する従業員が増えることを想定し、AWS 側にも VPN 接続できる環境を構築しようと考えています。具体的には、オンプレミスの VPN 接続の帯域使用量を削減するために、AWS 側にも VPN 接続して Windows Server 上のファイルを操作できる環境の構築を計画しています。少ないオーバーヘッドでこれらの要件を満たすには、どのソリューションを組み合わせればよいですか。（2つ選択してください）

A. Client VPN を準備して、Client VPN に従業員が接続できるよう設定を行う。

B. Storage Gateway ボリュームゲートウェイを作成して、オンプレミスのファイルサーバーにボリュームをマウントする。

C. ホームディレクトリを Windows 上のファイルシステム FSx for Lustre に移行する。

D. ホームディレクトリを Windows 上のファイルシステム FSx for Windows File Server に移行する。

E. オンプレミスから AWS へ Direct Connect で接続し、帯域幅を増加させる。

問72 あなたの会社ではAWSを大規模に使用しており、各事業部門のAWSアカウントが作成されています。また、すべてのAWSアカウントはOrganizations配下で管理されています。各アカウントでは、AWS上のさまざまなリソースをKMS管理の暗号化キーを使って暗号化しています。

先月、会社のセキュリティ監査で、暗号化キーの統一的なポリシーがないことが指摘されました。現状では各アカウントが独自にポリシーを実装しており、必要な暗号化キーが参照できていない、廃止されたアカウントへの共有設定が残っているなど、改善が必要なケースがありました。あなたの会社の情報セキュリティ責任者は、この状態を問題視し、暗号化キーの管理ポリシーとして、以下を定めました。

- 暗号化キーは共通アカウントで管理する
- 暗号化キーは自社のAWSアカウントから一律アクセスできるようにし、社外アカウントへの共有は禁止する
- アカウントの追加、削除が発生した場合には自動的に権限の付与、削除が行われるようにする

あなたはソリューションアーキテクトとして、この統一ポリシーを可能な限り実装が容易な手段で実現することを求められています。あなたは、この要件をAWS上でどのように実現しますか。(1つ選択してください)

A. 共通アカウントでKMSを利用して、KMS管理のAWSマネージドキーを作成する。暗号化キーのキーポリシーに、暗号化キーを使用するのに必要なActionを許可するステートメントを設定し、Principalに各アカウントのルートユーザーを指定する。各アカウントでは、共通アカウントのKMSキーのARNを指定して、KMSのActionを許可するロールを作成する。新しいロールを使用して、必要なリソースを共通アカウントの暗号化キーで暗号化する。キーポリシーのPrincipalを更新するLambda関数を作成し、アカウント追加、削除の際に実行する。

B. 共通アカウントでKMSを利用して、KMS管理のカスタマーマネージドキーを作成する。暗号化キーのキーポリシーに、暗号化キーを使用するのに必要なActionを許可するステートメントを設定し、Principalに各アカウントのルートユーザーを列挙して指定する。各アカウントでは、共通アカウントのKMSキーのARNを指定して、KMSのActionを許可する

ロールを作成する。新しいロールを使用して、必要なリソースを共通アカウントの暗号化キーで暗号化する。キーポリシーの Principal を更新する Lambda 関数を作成し、アカウント追加、削除の際に実行する。

C. 共通アカウントで KMS を利用して、KMS 管理のカスタマーマネージドキーを作成する。暗号化キーのキーポリシーに、暗号化キーを使用するのに必要な Action を許可するステートメントを設定し、その条件に"aws:PrincipalOrgID" が組織の Organizations の ID と等しいという文字列一致の条件を設定する。各アカウントでは、共通アカウントの KMS キーの ARN を指定して、KMS の Action を許可するロールを作成する。新しいロールを使用して、必要なリソースを共通アカウントの暗号化キーで暗号化する。

D. 共通アカウントで KMS を利用して、KMS 管理の AWS マネージドキーを作成する。暗号化キーのキーポリシーに、暗号化キーを使用するのに必要な Action を許可するステートメントを設定し、その条件に"aws:PrincipalOrgID" が組織の Organizations の ID と等しいという文字列一致の条件を設定する。各アカウントでは、共通アカウントの KMS キーの ARN を指定して、KMS の Action を許可するロールを作成する。新しいロールを使用して、必要なリソースを共通アカウントの暗号化キーで暗号化する。

問 73　ある企業が、オンプレミスで稼働している Windows アプリケーションのディザスタリカバリの対応として、AWS 側にもサーバーを配置することを検討しています。オンプレミスには数百台の Windows Server があります。また、すべての Windows Server でファイルを共有しているストレージがあります。オンプレミスでの障害発生時、AWS 上のアプリケーションを起動させ AWS 側に切り替えるまでの RTO は 20 分、RPO は 10 分と SLA に定められています。ソリューションアーキテクトは、この SLA にもとづいて、AWS でのフェイルオーバーを検討する必要があります。これらの要件を満たし、処理のオーバーヘッドが少なく、かつコスト効率のよいソリューションはどれですか。（1つ選択してください）

A. オンプレミス側に AWS CDK を実行できるサーバーを配置する。s3 sync コマンドを利用して、Windows Server 上のデータおよび共有ストレージ上のデータをすべてS3にレプリケーションする。AWS上でS3のファイルをFSxにレプリケーションする。CloudFormationスタックを用意する。障害時、CloudFormationのスタックからWindows Serverを起動し、FSxをマウントする。

B. AWS上でWindows Serverの環境を構築するためのCloudFormationテンプレートを作成する。DataSyncを使用して、共有ストレージのデータをEFSにレプリケーションする。障害時、CodeDeployからCloudFormationのスタックを実行してデプロイし、EFSをマウントする。

C. Elastic Disaster Recoveryを使用して、オンプレミスのWindows ServerをAWSにレプリケーションする。DataSyncを使用して、共有ストレージのデータをFSx for Windows File Serverファイルシステムにレプリケーションする。FSxをWindows Serverでマウントする。障害時、AWS側で処理をフェイルオーバーする。

D. Storage Gatewayファイルゲートウェイを作成する。日次で各Windows Serverのバックアップを実行する。バッチ処理で共有ストレージのバックアップを取得する。バックアップデータはすべてS3に保存する。障害時、S3にあるバックアップからWindows Serverを復旧する。S3を共有ストレージとして利用する。

問74 ある会社が、人気のある一般向けeコマースWebサイトを運営しています。同社の市場規模は、一地域から全国へと急速に拡大しています。Webサイトは、WebサーバーとMySQLデータベースを備えたオンプレミスのデータセンターでホストされています。同社は、今後の事業拡大に向けて、ワークロードをAWSに移行したいと考えています。ソリューションアーキテクトは、次のような要件を満たすソリューションを作成する必要があります。

・セキュリティの向上
・信頼性の向上
・可用性の向上
・レイテンシーの低減
・メンテナンスの軽減

ソリューションアーキテクトがこれらの要件を満たすために実行する必要がある手順の組み合わせはどれですか。(3つ選択してください)

A. S3で静的なWebサイトのコンテンツをホストする。CloudFrontを使用して、Webページを提供する際のレイテンシーを減らす。AWS WAFを使用して、Webサイトのセキュリティを向上させる。

B. S3で静的なWebサイトのコンテンツをホストする。S3 Transfer Accelerationを使用して、Webページを提供する際のレイテンシーを減らす。AWS WAFを使用して、Webサイトのセキュリティを向上させる。

C. 2つ以上のAZで稼働するEC2インスタンスを含むAuto Scalingグループを作成し、Webサーバーをホストする。

D. データベースをマルチAZのAurora MySQL DBクラスターに移行する。

E. 2つ以上のAZでEC2インスタンスを使用して、それぞれのインスタンス上にMySQL Clusterのノードをホストする。

F. ユーザー認証用にIAMユーザーを作成する。

問75 あなたは、ある企業のソリューションアーキテクトです。あなたは、自社の新しいWebサイトを高可用性、ステートレス、そしてRESTの設計原則にもとづいた設計にする必要があります。新しいサイトでは、コンテンツのメタデータ情報の保存や、コンテンツ配信のための仕組みが求められています。また、Webサイトへのアクセスには認証が必須であり、Webサイトの登録ユーザーのみがコンテンツにアクセスできるように制限する必要があります。コストについては、可能な限り抑制する必要があります。これらの要件を踏まえ、どのように新しいWebサイトを設計しますか。(1つ選択してください)

A. API GatewayでREST APIをセットアップする。API GatewayでAPIリソースとメソッドを定義する。APIへのアクセスを制御するため、Lambdaオーソライザーを使用する。メソッドの設定にてLambda統合を有効化する。リソースの処理ごとにLambda関数を設定する。静的コンテンツのメタデータ情報の保存にはマルチAZ構成のElastiCacheクラスターを使用し、静的コンテンツの保存には暗号化を有効化したS3バケットを使用する。S3バケット上の静的コンテンツを配信する場合、静的コンテンツへの署名付きURL (Pre-Signed URL) を発行し、アクセス制御する。

B. API GatewayでREST APIをセットアップする。API GatewayでAPIリソースとメソッドを定義する。APIへのアクセスを制御するため、CognitoのUser Poolsを使用する。メソッドの設定にてLambda統合を有効化する。リソースの処理ごとにLambda関数を設定する。静的コンテンツのメタデータ情報の保存にはAuto Scalingを有効化したDynamoDBを使用し、静的コンテンツの保存には暗号化を有効化したS3バケットを使用する。S3バケット上の静的コンテンツを配信する場合、静的コンテンツへの署名付きURL (Pre-Signed URL) を発行し、アクセス制御する。

C. FargateタイプのECS上で、REST型のAPIを提供するコンテナを常時起動する。ECSの前段にはマルチAZ構成のALBを配置する。APIへのアクセスを制御するため、CognitoのUser Poolsを使用する。静的コンテンツのメタデータ情報の保存にはAuto Scalingを有効化したDynamoDBを使用し、静的コンテンツの保存には暗号化を有効化したS3バケットを使用する。S3バケット上の静的コンテンツを配信する場合、静的コンテンツへの署名付きURL (Pre-Signed URL) を発行し、アクセス制御する。

D. FargateタイプのECS上で、REST型のAPIを提供するコンテナを常時起動する。ECSの前段にはALBを配置する。APIへのアクセスを制御するため、Lambdaオーソライザーを使用する。静的コンテンツのメタデータ情報の保存にはAuto Scalingを有効化したDynamoDBを使用し、静的コンテンツの保存には暗号化を有効化したS3バケットを使用する。S3バケット上の静的コンテンツを配信する場合、静的コンテンツへの署名付きリクエストを発行し、ECS上のコンテナ経由でアクセス制御する。

8.2 模擬試験問題の解答と解説

問1　　[答] D

プレイスメントグループは、複数の EC2 インスタンスを起動し、膨大な台数のサーバーを連結して処理を行うハイパフォーマンスコンピューティング（HPC）用途や、ビッグデータの分散処理を行う場合に利用されます。プレイスメントグループに EC2 インスタンスを所属させることで、インスタンスは物理的に近くのハードウェア上に配置されるとともに、インスタンス間の通信のために広いネットワーク帯域幅が確保されます。起動済みの EC2 インスタンスをプレイスメントグループに追加配置するには、インスタンスが停止状態になっている必要があります。したがって、D が正解です。

A. 通信にプライベート IP アドレスを利用しているかどうかは、マスターノード用の EC2 インスタンスとプレイスメントグループに所属する EC2 インスタンス間の通信速度向上とは関係ありません。

B. 起動済みの EC2 インスタンスをプレイスメントグループに追加配置するために、EC2 インスタンスを削除する必要はありません。

C. ENI（Elastic Network Interface）は、EC2 インスタンスが使用する仮想ネットワークインターフェイスです。マスターノード用の EC2 インスタンスはすでに起動し、パブリック IP アドレスも付与されていることから、ENI を利用していることは自明です。したがって、EC2 インスタンス間の通信速度向上とは関係ありません。

問2　　[答] B

Elastic Disaster Recovery（DRS）は、オンプレミス環境やクラウド環境のサーバー上のデータのレプリケーション設定を容易にし、ディザスタリカバリ環境の構築負荷やコストを削減します。また、DRS を活用することで、災害発生時のダウンタイムやデータ損失を最小限に抑えることができます。プライマリサイトのサーバーの状態は AWS 側に常に同期されているので、数分以内に AWS 側でリカバリインスタンスを起動できます。あわせて、DataSyncを利用してファイルサーバー用ストレージのデータをFSx for Windows File Serverに同期しておくことで、リカバリインスタンス起動時に、共有ディレクトリとしてマウントすることができます。DataSyncで設定できるデータ同期の間隔の最小単位は60分ですが、LambdaでDataSyncのAPIを呼び出すことで、RPOを満たす間隔でデータ同期を実現できます。また、前述のDRSには、オンプレミス側が復旧した後、オンプレミス側にフェイルバックする機能もあります。したがって、Bが正解です。

- **A.** Storage Gatewayでのバックアップと AWS側への同期の間隔が日次なので、RPOは最大24時間となります。よって、「RPOは5分」という要件を満たしません。
- **C.** AWS上にオンプレミス環境と同等の環境をアクティブ/アクティブ型で稼働させる構成であるため、コスト効率がよいとはいえません。また、オンプレミスからAWSへのバックアップにはバックアップソフトウェアを利用し、AWSからオンプレミスへはs3 syncを使っています。この機能ではバックアップソフトウェアのコストがかかります。そのうえ、本機能だけでは、オンプレミス環境とAWS間でデータが同期されているか否かを確認できません。
- **D.** AWS上の共有ディレクトリとしてEFSを利用していますが、EFSはLinuxサーバーに利用するストレージです。EFSはMicrosoft SMBプロトコルを利用したファイル共有をサポートしていないため、Windows Server間でのデータ共有を実現することができません。

8

問3　　[答] A、E

S3のVPCエンドポイントを使用すると、VPCを経由したS3へのローカルアクセスを実現できます。ゲートウェイエンドポイントは無料（同一リージョン内）で、インターフェイスエンドポイントは有料です。

また、S3バケットポリシーを使用して、特定のIPアドレス帯からのみアクセスできるようにS3を保護することができます。ただし、すべてのアクセスを拒否するルール（Deny）を入れると、許可ルールよりも優先されてしまうため、ルートユーザー以外のすべてのアクセスを禁止してしまいます。これを防ぐには、拒否ルールを使用せず、許可ルール内にConditionステートメントでIPアドレス帯を指定します。したがって、AとEが正解です。

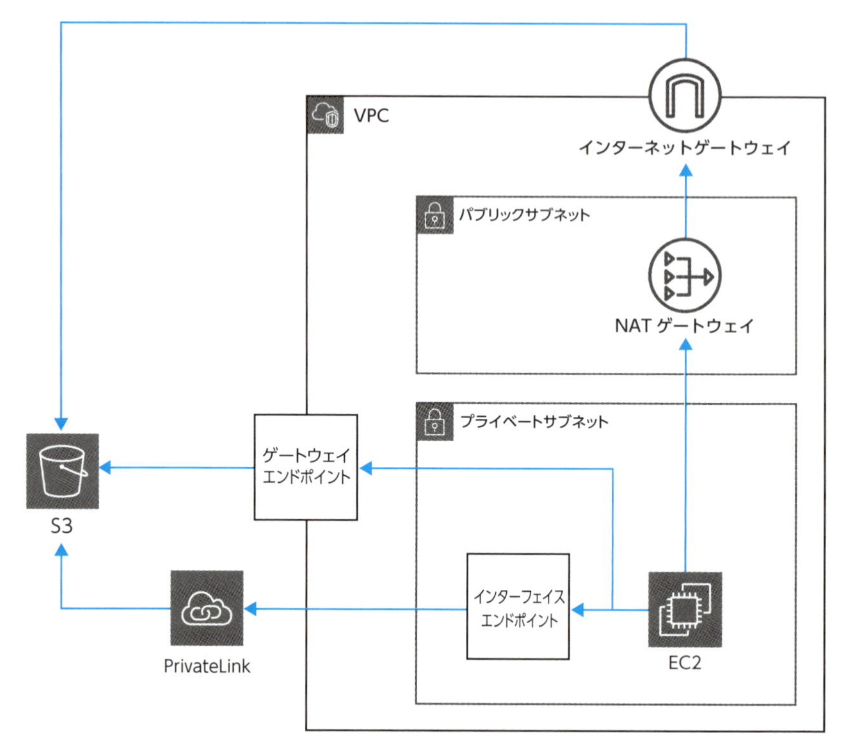

図 8.2-1　VPC 内から S3 へアクセスする方法

B. インターフェイスエンドポイントを利用しても VPC から S3 へのアクセスは可能です（オンプレミスから VPC を経由して S3 へアクセスする場合などに利用します）。ただし、ゲートウェイエンドポイントと異なり、インターフェイスエンドポイントは利用料金が発生するため、VPC からのみ S3 にアクセスする場合、コスト効率が高いとはいえません。

C. NAT ゲートウェイを利用すると、VPC 内から NAT ゲートウェイ、インターネットゲートウェイを経由して、パブリックに公開している S3 へアクセス可能です。ただし、NAT ゲートウェイは利用料金が発生するため、ゲートウェイエンドポイントと比較してコスト効率が高いとはいえません。これは、後述の D と F についても同様です。

D. すべてのアクセスを拒否するルールを記載すると、許可ルールよりも優先され、ルートユーザー以外のアクセスができなくなってしまいます。

F. S3 アクセスコントロールリスト（ACL）は無効化が推奨されており、実際、デフォルトで無効になっています。

問4　　[答] A

オンプレミスのOracleデータベースをRDSに移行する場合、大きく分けて2つのパターンが考えられます。1つめはRDS for Oracleを利用するパターン、2つめはそれ以外のデータベースエンジンを利用するパターンです。RDS for Oracleデータベースを利用する場合、スキーマの変換が不要なケースが多く、単純なインポートとエクスポートが可能です。

本設問では異なる種別のデータベースへの移行が要件となっていることから、2つめのパターンを考えます。データベースエンジンを変更する場合、スキーマの変換が必要になります。この場合、DMSとスキーマ変換ツールを利用して移行すると、工数やリードタイムが少なくて済みます。したがって、Aが正解です。

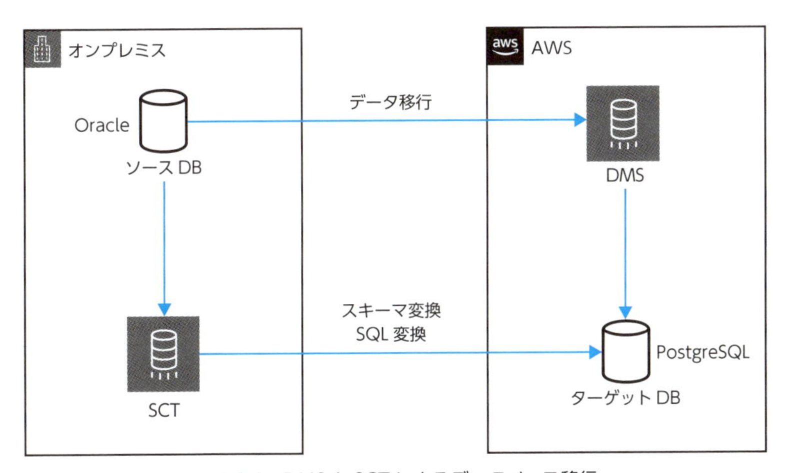

図8.2-2　DMSとSCTによるデータベース移行

B. DataSyncを利用してデータをS3に移行することは可能ですが、S3にあるデータをPostgreSQLに挿入するには、カスタムでSQLスクリプトとデータロードツールを開発し、移行作業を実施する必要があり、効率的ではありません。

C. SCTを活用したOracleからDynamoDBへの移行を提案しています。SCTでソースデータベースがOracleの場合、サポートしているターゲットデータベースはMySQLやPostgreSQLなどのリレーショナルデータベースです。一方、DynamoDBはNoSQLデータベースなので、リレーショナルデータベースであるOracleからの直接的な移行には適していません。また、トランザクション処理システムには、リレーショナルデータベースを利用するほうが適切な場合が多いです。

D. Snowballは移行するデータのファイルサイズが非常に大きい場合に有効ですが、Snowballを利用してデータベースを移行するには、いったんデータベースにあるデータをファイルに出力し、SnowballでAWSに搬送します。次にAWS側で、搬送されたファイルからデータベースへデータをロードする必要があります。これらを実現するために、カスタムツールの開発や移行作業でリードタイムが大きくかかるので、本設問のようにスキーマ変換が必要なケースでは非効率です。

問5　[答] D

ここでは、AWSマネジメントコンソールへのアクセスをユーザーに提供する方法が問われています。問題文から、「オンプレミスユーザーのログインアカウント」と「AWSのログインアカウント」が別個のログインアカウントにならない、という要件があることがわかります。したがって、AWS上で各ユーザー用の新しいIAMユーザーを作成してコンソールにログインできるようにする方法は、要件を満たしません。

要件である「オンプレミスActive Directoryの認証情報によるAWSマネジメントコンソールへのログイン」を容易に実現するには、AD ConnectorとAWS IAM Identity Centerを使用します。

AWS IAM Identity Centerは、従来はAWS SSOと呼ばれていたサービスであり、単一アカウントのAWSマネジメントコンソールへのアクセスだけではなく、複数のAWSアカウントおよび各種クラウドアプリケーションへのシングルサインオン環境を提供するマネージドサービスになります。

AWS IAM Identity CenterはOrganizationsとあわせて使用することが推奨されています。また、AWS IAM Identity Centerの認証に、オンプレミスに自前で構築したActive Directoryを使用するには、AD Connectorが必要になります。したがって、Dが正解です。

A. OAuth 2.0は、MetaやGoogleなどのパブリックIDプロバイダーとのWeb Identity Federationで使用される機能です。この設問の条件では使用できません。

B. この選択肢で示されている、SAML 2.0を使ったマネジメントコンソールのフェデレーションアクセスの手法自体は、本設問の要件を満たすものです。しかし、設定のための手順が複雑であるため、マネージドサービスであるAWS IAM Identity Centerを使用するほうが適切です。

C. AssumeRoleWithWebIdentityは、Web Identity Federation（Facebook、Google、およびその他のソーシャルログイン）専用のSTSなので、正しくありません。設問の要件は、AWSへのログインに自社の既存IDプロバイダーを使用することです。

COLUMN オンプレミスとの連携によるAWS環境へのアクセス認証

オンプレミスを含むAWS外の認証情報を使用してAWSマネジメントコンソールにアクセスする場合、本ケースにて説明したAWS IAM Identity Centerの使用がベストプラクティスではありますが、設問の選択肢Bに記載した旧来のSAMLフェデレーションも、依然として有効な方法になります。

SAMLフェデレーションでは、オンプレミスのIdP（この設問の場合はActive Directory）をSAMLのIdPとして設定し、オンプレミスのIdPで認証した後、AWSのシングルサインオンエンドポイントにSAMLアサーションをPOSTすることでフェデレーションアクセスを実現します。

SAMLフェデレーションのフローを図8.2-3に示します。

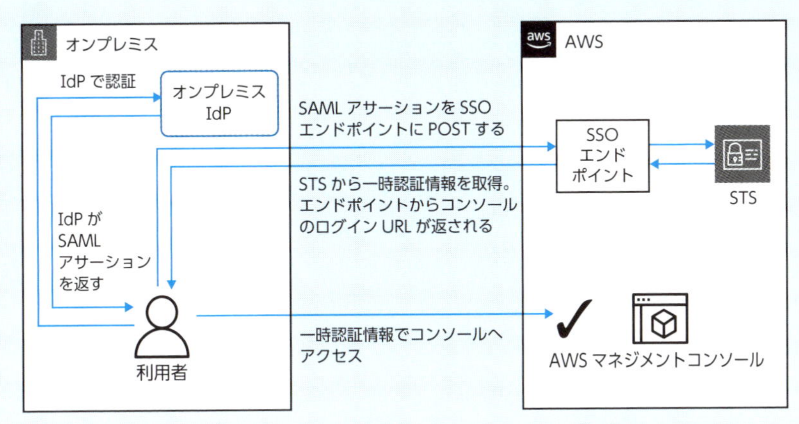

図8.2-3 SAMLを使用したAWSマネジメントコンソールへのフェデレーションアクセス

問6　　　　　　　　　　　　　　　　　　　　　　　　　　　[答] D

スポットインスタンスは、通常、オンデマンドインスタンスやリザーブドインスタンスよりも安価に利用することができます。通常時の定常的なトラフィックに必要なリソースにはリザーブドインスタンスを使い、ピーク時など一時的なトラフィックにはスポットインスタンスを使うことで、コスト削減が可能です。また、自動スケーリングと組み合わせることで、トラフィックが増大したときだけインスタンスを起動するように構成できます。

ただし、スポットインスタンスは、AWSクラウド内で余剰EC2リソースが少なくなってくるとAWSにより停止されるリスクがあります。その対策として設定されるのが、スポットフリートです。スポットフリートでは、指定した条件にもとづいてスポットインスタンスとオンデマンドインスタンスを組み合わせたフリート(複数台のEC2インスタンスの集合)を起動します。具体的には、EC2リソースのターゲット容量をあらかじめ指定しておくと、その条件を満たすまでスポットインスタンスを起動します。このとき、スポットインスタンスが不足する場合は、代替のオンデマンドインスタンスを起動することでターゲット容量を維持するので、障害時にも可用性が保たれます。

以上より、通常時のトラフィックに必要なキャパシティにはリザーブドインスタンス、一時的なトラフィックに必要なキャパシティにはスポットフリートを使うことで、可用性を保ちながらコストを削減できます。配分戦略の「diversified」は、すべてのAZに分散してインスタンスを配置するので、一部のAZで問題が発生しても残りのAZでアプリケーションは稼働し続けることができます。したがって、Dが正解です。

A. リザーブドインスタンスは、24時間365日のインスタンス起動を前提にした価格設定となっているため、スポットインスタンスよりも一般的に価格が高くなります。これをピーク時の負荷に対応するために使うのは、コスト削減の観点で適切なアーキテクチャとはいえません。

B、C. 設問にある「ピーク負荷時にAZが利用できなくなった場合でも、アプリケーションが迅速に復旧できるようにする」ための自動スケーリングに言及していないので、不正解です。

問7 [答] D

A-B テストでコンバージョン率を確認したいケースでは、加重ラウンドロビン（加重ルーティング）が有効です。加重ラウンドロビンは、指定した比率でトラフィックを振り分けることが可能です。

Route 53での加重ラウンドロビンは、レコードセットに設定された重みが全体に占める割合によって振り分け比率が決まります。今回の設問では3割のアクセスを新デザインのアプリケーションに振り分けるため、既存デザインに重み7、新デザインに重み3を振り分けます。これにより、3割のアクセスを新デザインに振り分けることができます。したがって、Dが正解です。

- **A、B.** 既存のELBに新デザインのアプリケーションをデプロイしたEC2を加え、ヘルスチェックの間隔を調整していますが、ヘルスチェックの間隔はルーティング割合に影響しません。ELBからは各EC2に均等にアクセスが割り振られるため、設問の要件に合うA-Bテストは行えません。
- **C.** 既存のELBに対して加重3、新規のELBに対して加重7を設定しているため、「3割のアクセスを新デザインのアプリケーションに割り振る」という設問の要件に合いません。新デザインの加重が7の場合、7割のアクセスが新デザインに割り振られることになります。

問8 [答] C

Configマネージドルールを使用すると、定義済みのルールから利用者がモニタリングしたいルールを組み合わせて、リソースの設定がそのルールに準拠しているかを自動で評価することができます。encrypted-volumesマネージドルールは、アタッチされたEBSボリュームが暗号化されているかを確認することができます。また、指定したKMSキーを使用しているかどうかも評価できます。したがって、Cが正解です。

- **A.** Security Hubを有効化し、Trusted Advisorと連携すれば、EBSボリュームの暗号化のチェックを行うことは可能ですが、この選択肢AではSecurity Hubについて記載されていません。また、SNSへの通知もTrusted Advisorの機能ではありません。
- **B.** ec2-ebs-encryption-by-defaultマネージドルールは、EBSのデフォルト暗号化が有効になっているかを評価するマネージドルールです。暗号化が有効でない場合、ルールはNON_COMPLIANTになっています。ec2-ebs-encryption-by-defaultマネージドルールは、EBSボリューム自体の暗号化状態を評価するものではありません。

D. CreateVolumeイベントログは、EBSボリューム単体が作成された場合のイベントログです。EC2起動と同時に作成されたEBSを検知できないため、要件を満たしません。また、Lambda関数によるCreateVolumeをトリガーとしたイベントの処理を実装する必要があるため、Configを使用する構成と比較して、ポリシー違反を検知する手順が増えます。

問9　　　　[答] D

AWS SAP試験では、要件を理解すること、および問題文に記載されている内容からシステム構成や処理フローを理解することが重要です。

問題文の処理の流れを図にすると、次のようになります。

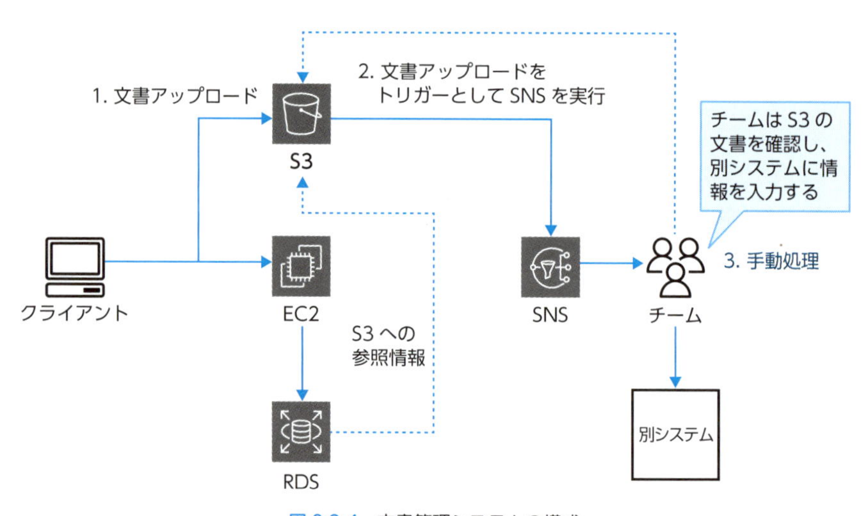

図8.2-4　文書管理システムの構成

本設問では、図中の3の部分が手動処理部分であり、自動化が求められています。これを踏まえて要件を満たす選択肢を検討します。

まず、1つめの要件は、文書の内容抽出です。顧客がアップロードした文書ファイルから情報を適切に抜き出す必要があります。たとえば、経費の管理のためにレシート画像をアップロードするようなケースをイメージするとわかりやすいでしょう。この画像から支払金額やインボイス番号を抽出することを考えます。選択肢A～D

は、いずれもOCR技術を利用しており、選択肢の記載からは文字抽出精度はわかりませんが、どの選択肢でも正確な文書抽出ができると考えてよいでしょう。

2つめの要件は、リードタイムを最小限に抑えることです。選択肢A、B、Cではライブラリの開発やAIモデルのトレーニングを行っていますが、Dでは文書抽出に関連したマネージドサービスを使っています。マネージドサービスは開発工数が不要なので、Dが最もリードタイムが短いといえます。

3つめの要件は、長期的な運用負担を最小化することです。この要件に関しても、マネージドサービスを利用するほうが自社で開発したアプリケーションよりも運用負担が小さいといえます。

以上より、Dが正解です。

A. 開発とメンテナンスに時間とリソースがかかり、長期的な運用負担も大きくなる可能性があります。

B. カスタム開発が必要であり、時間とリソースがかかります。

C. SageMakerを利用するこの方法は、Bよりは改善されていますが、AI/MLモデルのメンテナンスやアップデートが必要になり、時間とリソースがかかります。

8

問10　　[答] B

VPC間やAWSサービスとのプライベート接続を提供するサービスとして、PrivateLinkがあります。PrivateLinkは、インターネットを経由することなくAWSネットワーク内のみで通信をします。PrivateLinkでVPC間を接続すれば、VPC内のプライベートIPアドレスを用いて他VPCのリソースにアクセスすることができます。VPC CIDRの重複を考慮する必要がなくなるため、不特定多数のVPCに対して接続を提供する際に有効な手段です。

PrivateLinkは、プロバイダー側にエンドポイントサービス、コンシューマー側にインターフェイスエンドポイントを作成します。本設問におけるプロバイダー側は、業務アプリケーションが稼働しているVPCです。プロバイダー側で作成したエンドポイントサービスにNLB（Network Load Balancer）またはGLB（Gateway Load Balancer）を登録します。エンドポイントサービスはALBを登録できないため、エンドポイントサービスに登録したNLBのターゲットグループにALBを登録することでアプリケーションへの接続が可能になります。さて、本設問におけるコンシューマー側は、利用企業VPCです。利用企業VPCでインターフェイスエンドポイントを作成してエンドポイントサービスのサービス名を指定します。そして、エンドポイントサービス側で承認することで、PrivateLink経由での接続が可能になります。したがって、Bが正解です。

A、D. VPC PeeringとTransit Gatewayは、同一CIDRのVPC間ルーティングをサポートしていません。

C. エンドポイントサービスは、ALBをサポートしていません。

問11　　　　　　　　　　　　　　　　　　　　　［答］B

目標復旧時間（RTO）が4時間もあるため、最もコストの安いバックアップと復元を利用する戦略の選択が可能です。なお、目標復旧時点（RPO）は15分なので、15分よりも短い頻度でDBバックアップを取得・保管する必要があります。

RDSの自動バックアップ機能により、DBインスタンスのポイントインタイムリカバリを実現することができます。ポイントインタイムリカバリとは、自動バックアップされたDBインスタンスのバックアップにトランザクションログを適用して、バックアップ保持期間の任意の時点に復元できる仕組みです。

選択肢Bは、トランザクションログをRPOの15分よりも短い周期で保管しています。このため、S3に保管されたDBバックアップおよびトランザクションログを使用してRTOの範囲内で復旧できることが見込まれます。したがって、Bが正解です。

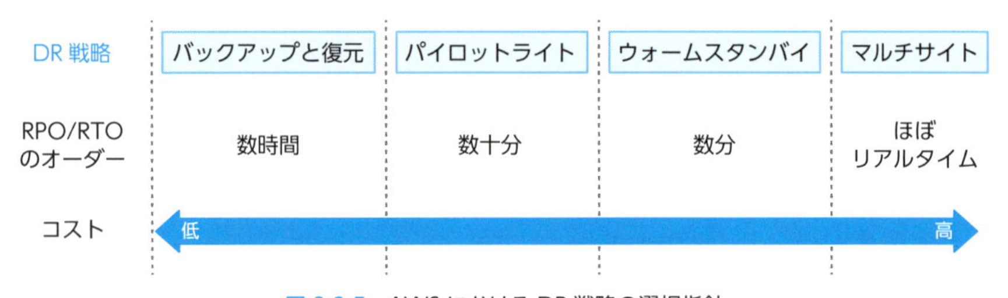

図8.2-5　AWSにおけるDR戦略の選択指針

A. RDSの自動バックアップにより、DBバックアップをEC2インスタンスストアボリュームに保管することはできません。また、EC2インスタンスストアボリュームは、バッファ、キャッシュ、一時的データなどのように頻繁に変化する情報を一時的に保管するためのストレージです。バックアップデータを格納する用途には不向きです。

C. RDSのDBスナップショットをS3 Glacier Deep Archiveに保管することはできません。

D. プライマリDBのレプリケーションは、データを復旧する目的では使えません。

問12　[答] A、D、E

本設問では以下の2つの観点が重要です。

1. レガシーアプリケーションに関するドキュメントがなく、リビルドができないため既存のアプリケーションを流用する
2. AWSとオンプレミス間で信頼性の高いデータ連携が必要である

1点目は、リビルドができないことから、VMの動作イメージをAWSにコピーするVM Importを使用し、リホストします。2点目は、信頼性を高めるためにDirect Connectを使用します。また、AWSとオンプレミス間の通信を実現するために、VPCのネットワークは重複しないIPアドレス空間が必要です。したがって、A、D、Eが正解です。

B. インターネットVPNを利用したSite-to-Site（S2S）接続でもAWSとオンプレミス間の接続は可能ですが、Direct Connectを利用したほうが、接続の安定性、帯域幅、およびスループットにおいて信頼性が高くなります。

C. 移行対象のアプリケーションは自社でのみ利用されています。オンプレミスとAWSはプライベートアドレスでも通信できるため、Elastic IPは必須ではありません。

F. Storage Gatewayは、オンプレミス上のデータをクラウドで利用したい場合に有効です。たとえば、オンプレミスのデータをS3にバックアップしたり、オンプレミスのブロックストレージボリュームをEBSスナップショットにレプリケーションしたり、オンプレミスのアプリケーションデータをEBSに移行したりすることができます。今回のケースではオンプレミスのデータはクラウドへ移行せず、オンプレミスに残るため、Storage Gatewayは不要です。

問13　[答] C

本設問では、S3のサーバーサイドの暗号化とキー管理の方法が問われています。S3内にある既存のオブジェクトの再暗号化と、新しくS3内に格納されるオブジェクトの暗号化は、セキュリティチームが管理するキーを使って行う必要があります。KMSにあるSSE-KMSでS3バケットのデフォルトの暗号化を行うことで、セキュ

リティチームが暗号化キーを管理することができます。また、暗号化されていないPutObjectリクエストを拒否するバケットポリシーを設定することで、暗号化オプションを指定していないPUTリクエストを拒否します。さらに、既存のS3バケット内にあるオブジェクトをAWS CLIで再アップロードすることで、既存のオブジェクトも新しいキーで暗号化されます。したがって、Cが正解です。

A. S3のオブジェクト取得時のGetObjectリクエストは、今回のケースでは検討不要です。また、既存のS3バケット内のオブジェクトが新しいキーで暗号化されていないので、要件を満たしません。

B. SSE-S3では、AWSが管理するAES-256による暗号化キーが使用されます。そのため、セキュリティチームが管理するキーを使って暗号化するという要件を満たしません。また、SSE-S3では、カスタマーマネージドキーに変更する必要はありません。

D. S3マネージド暗号化キー（SSE-S3）は、AWSが管理するキーにより暗号化されます。よって、セキュリティチームが管理するキーを使って暗号化される、という要件を満たしません。

問14　［答］A

Aurora Serverlessのデータベースは、オンプレミスにあるMySQLデータベースを置き換えることができ、最小限のコード変更でSQLを使用してデータをクエリすることができます。Aurora Serverlessは、スケールが自動で行われるため、予測できない負荷にも柔軟に対応できます。また、Aurora Data APIは、データベースの認証情報で認証され、HTTPを介してSQLクエリ機能を提供します。したがって、Aが正解です。

B. NLBは、Secrets Managerに保存されているデータベース認証情報を使って、Auroraへ接続するための認証を行うことはできません。

C. S3はオブジェクトストレージであり、MySQLデータベース内のデータを直接置き換えるものではありません。S3内に保存されているデータはQuickSightを使って参照できますが、そのためには、S3のデータをQuickSightにインポートして、QuickSight側で可視化し、利用者側で集計したい内容を設定する必要があります。これを実現するには、既存のアプリケーションの大幅な改修が必要です。

D. S3内に保存されているファイルに対して、Athenaが提供するSQL文で必要なデータをクエリすることができますが、MySQLからS3へのデータ移行と、Athenaを使ってデータをクエリするためにアプリケーションの改修が必要となります。

問15　[答] A

コスト最適化のツール選定に関する設問です。ここでは、主に以下の2点を実現できるツールの組み合わせを選ぶ必要があります。

1. 不要なリソースや使用率の低いリソースの特定と削除
2. 各ワークロードのパフォーマンスに適したインスタンスタイプの選定

これらの要件を満たし、効果的なコスト最適化を実現するツールの組み合わせを選択します。Trusted Advisorは、利用中のAWS環境の設定やリソースの利用状況をチェックし、ベストプラクティス（コスト最適化、セキュリティ、パフォーマンス、耐障害性、運用上の優秀性、サービス制限の6個のカテゴリ）に照らし合わせた上で改善アクションの提案を行うサービスです。コスト最適化カテゴリでは、使用率の低いリソースやアイドル状態のリソース、リザーブドインスタンスの購入推奨などを確認できます。

また、Compute Optimizerは、リソース設定とパフォーマンスメトリクスを分析し、ワークロードに最適なリソースサイズ（EC2インスタンスタイプやEBSボリュームのタイプなど）をレコメンデーションするサービスです。これにより、過剰なスペックのインスタンスを削減し、コストを最適化できます。

以上より、Trusted AdvisorとCompute Optimizerの組み合わせであるAが正解です。

B. AWS Budgetsは、コストや使用量の予算を設定し、実際の支出が予算を超えた場合にアラートを発する機能を提供します。リソースの特定やインスタンスタイプの最適化は行いません。

Cost Explorerは、コストと使用量を可視化してコストの内訳を分析するためのツールです。コスト削減の機会を見つけるのに役立ちますが、具体的なリソースの最適化は行いません。

C. CloudWatchは、AWSリソースとアプリケーションのモニタリングサービスです。コスト最適化の具体的な推奨は提供しません。

AWS Cost and Usage Report は、AWS の詳細なコストと使用状況データを含むレポートを提供します。コストの分析に役立ちますが、リソースの特定やインスタンスタイプの最適化は行いません。

D. S3 Storage Lens は、S3 の使用状況とアクティビティを可視化し、コスト最適化の機会を特定するのに役立ちます。ただし、EC2 インスタンスなど他のサービスの最適化は対象外です。

Application Discovery Service は、オンプレミス環境のアプリケーションを検出し、AWS への移行を支援するサービスです。コスト最適化のためのリソース分析ツールではありません。

問16　　[答] B

本設問では、複数のリージョンにまたがって高可用性を実現するための AWS サービスを選定し、システムを適切に構成する方法が問われています。

DynamoDB グローバルテーブルは、マルチリージョンかつマルチマスターの設定を提供できるため、複数の AWS リージョン間でフォールトトレラントな構成を実現できます。この機能により、データは自動的に複数のリージョンにレプリケーションされ、一部のリージョンの障害時でも、他のリージョンでサービスが継続されます。また、ECS Service Auto Scaling により、システムの大幅なスパイクの負荷にも瞬時にスケールアウトで対応することができます。したがって、B が正解です。

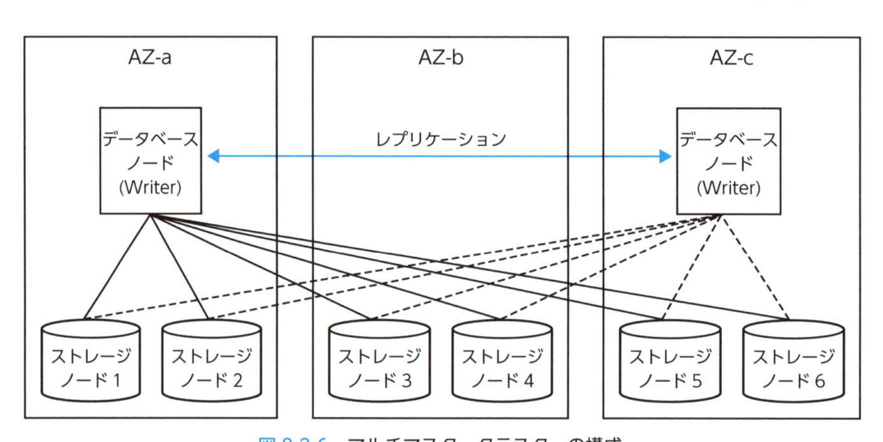

図 8.2-6　マルチマスタークラスターの構成

A. DocumentDBは、DynamoDBのようなクロスリージョンのレプリケーションをサポートしておらず、1つのリージョンでのみ稼働させておいて、バックアップデータを別のリージョンに送信する形をとります。データのレプリケーションを常時行うことは難しく、複数のリージョン間でシステムを稼働させる要件を満たしません。

C. S3は、リージョン間でデータをレプリケーションする機能を備えており、複数のリージョンで同じデータを扱うのに適しています。しかし、キーに対する値を高速に参照する処理や、大幅なスパイク処理には適していません。

D. Aurora Global Databaseは、1つのリージョンにライターがあり、書き込み処理は1つのリージョンで行われます。Auroraのマルチマスタークラスターは、複数のAZではサポートされていますが、リージョン間のマルチマスタークラスター構成ではサポートされていません。さらに、Auto ScalingでEC2の起動にユーザーデータを使用すると、スケーリング時にEC2の起動に時間がかかるため、急激なスパイクへの対策にはならない可能性があります。

問17 [答] A

本設問では、プライベートネットワークであるVPCからAPI Gatewayへアクセスする方法が問われています。API Gatewayでエンドポイントタイプをプライベートにすることで、VPCエンドポイント経由でVPC内からAPI Gatewayへのアクセスが可能になります。したがって、Aが正解です。

B. ALBをVPC内に配置して、VPC内から直接リクエストすることはできますが、バックエンドのECS上のアプリケーションを置き換えるために追加開発する必要があります。このため、正解の選択肢Aと比べると実装が複雑になります。

C. エンドポイントタイプのエッジ最適化は、エッジロケーションにAPI Gatewayを配置するもので、プライベートネットワークからのアクセスをサポートするものではありません。

D. OSSのKongをインストールしたEC2インスタンスをVPC内に配置すれば、VPC内からAPIをコールすることは可能です。しかし、KongはLambda関数のイベントソースにはなれないので、KongからカスタムでEventBridge経由等でLambda関数をコールするよう、かなりの作り込みが必要となります。

問18　　[答] B

この設問では、AWSが提供する移行関連サービスの用途を理解することが重要です。Migration Evaluatorは、オンプレミスのサーバー利用状況にもとづいてTCO（総所有コスト）を分析し、AWSを利用した場合のコストを計算できます。これにより、現在のオンプレミス環境とAWS環境のコストを比較することが可能です。したがって、Bが正解です。

A. Migration Hubは、主に移行の実行と追跡に使用されるサービスです。移行に必要な情報を収集するのには適していますが、初期の計画立案時点でこのサービスを利用しても、移行に必要な詳細情報を十分に収集することはできません。

C. Application Discovery Serviceは、稼働中のシステムの各サーバーの情報を取得するサービスです。本設問では、すでにCMDBエクスポートファイルを取得しており、サーバーの情報は取得済みのため、Application Discovery Serviceを利用する必要がありません。

D. AWS Cloud Adoption Readiness Tool（CART）は、オンラインで質問に答えることで、組織がクラウドマイグレーションにどの程度準備できているかを確認するツールです。組織の全体的な準備状況の評価には有用ですが、詳細な移行計画の立案には適していません。

問19　　[答] C

複数のアカウントのポリシーを一括管理するためのベストプラクティスは、OrganizationsによるSCPの適用ですが、SCPで設定するポリシーは「与えることのできる権限の範囲」を決めるもので、実際のIAM上の権限を付与することはできません。このため、各アカウントで必要となる権限は、各アカウントのIAMで設定を行います。

この設問では、権限を付与するために運用共用アカウントのIAMでポリシーを設定します。これにより、リソースベースのポリシーを作成し、作成したポリシーを各事業部用に準備したロールに付与して、各事業部アカウントからクロスアカウントアクセスさせることで要件を満たすことができます。したがって、Cが正解です。

A. AWSServiceRoleForOrganizationsサービスリンクロールは、Organizationsのメンバーアカウントの操作のためにOrganizations自体が使用するロールであり、Organizationsでしか引き受けることができません。

B、D. SCPでは、実際の権限を付与することはできません。また、SCPで"許可"のポリシーを記述する際には、"条件"を指定することはできません。

問20 [答] D

Redshiftで同時実行スケーリング機能を利用すると、クラスターでクエリのキュー待ちが発生した場合、処理に必要な新しいクラスターが自動で追加され、同時クエリの実行が最適化されます。また、WLMキューを設定することで、同時実行スケーリングのクラスターに送信するクエリを管理でき、管理設定にもとづいてクエリが処理されます。対象となるクエリはキュー内に待機することなく、同時実行スケーリングクラスターに送信されます。さらに、クエリの処理終了後、アイドル時間が一定時間経過すると追加クラスターは削除されるので、コストを最適化できます。したがって、Dが正解です。

A. Redshiftには、クラスターのサイズを変更できる機能があります。Classic Resizeは、リサイズ前のクラスターからリサイズ後のクラスターに対して、データを並列にコピーします。Redshiftのサイズ変更でこのソリューションを採用すると、コピーに数時間から数日かかる可能性があります。また、Lambda関数の実装と、追加したノードを削除する処理の実装も必要となるため、コスト効率がよい方法とはいえません。

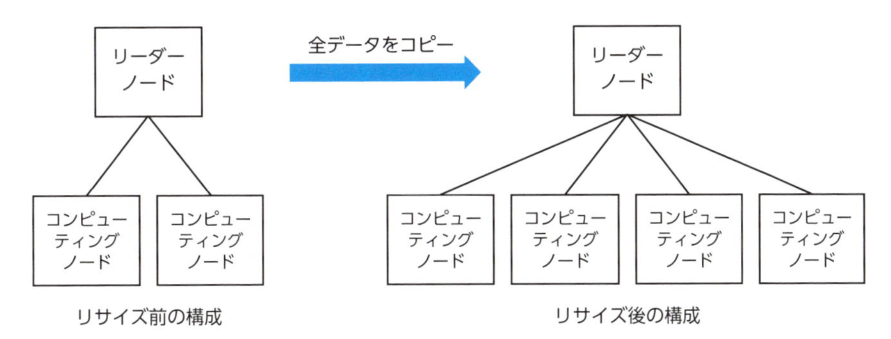

図 8.2-7 Classic Resizeによるリサイズの方法

B. Elastic Resizeによるリサイズは、Classic Resizeよりも短い時間でRedshiftのコンピューティングノードを拡張することが可能です。ただし、Redshiftのクラスターのリサイズ中は、短時間でも読み取り専用となります。また、A

と同様、Lambda関数の実装コストがかかるため、コスト効率がよい方法とはいえません。

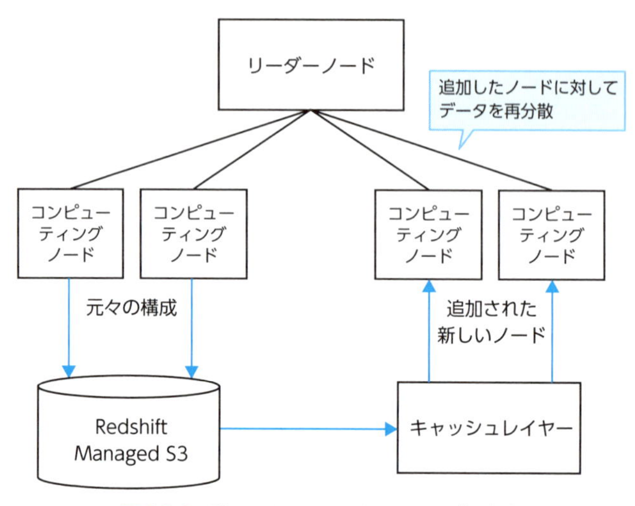

図 8.2-8 Elastic Resize によるリサイズの方法

C. EMRで処理させるためのデータを直接入力できるデータソースは、S3やDynamoDBになります。Redshiftにあるデータを直接EMRに取り込むには、プログラミングを行い、記述したソースコード内でデータを取得する必要があります。さらに、分析処理を行うために、EMRクラスターを追加で作成することになるので、EMRクラスターが稼働するコンピューティングリソースおよびEMRの利用料金が追加で必要になり、コスト効率のよい方法とはいえません。

問21　　[答] B

S3にはさまざまなストレージクラスがあり、利用用途や料金が各クラスで異なっています（表8.2-1の内容は、2024年9月30日現在の情報にもとづいています）。

表 8.2-1 S3 のストレージクラス

ストレージクラス	説明	可用性 SLA(%)	取り出し時間	取り出し料金	最小ストレージ期間 ※1	ストレージ保管料金（東京リージョン）
Standard	デフォルトのストレージクラス	99.9%	ミリ秒	なし	なし	0.025 USD/GB ※2
Intelligent-Tiering	オブジェクトのアクセスパターンにもとづき、アクセス頻度の低いオブジェクトを自動的に低コストの層に移動する。モニタリング料金とオートメーション料金がかかる	99%	ミリ秒	なし	なし	設定されるストレージクラスの料金となる
Express One Zone	アクセス頻度が最も高いデータやレイテンシーの影響を受けやすいアプリケーションに対して高性能で一貫したデータアクセスを提供する	99.9%	1 桁台のミリ秒	なし	1 時間	0.18 USD/GB
Standard- IA (低頻度 アクセス)	アクセス頻度は低いが、すぐにアクセスする必要があるオブジェクトに適している	99%	ミリ秒	あり	30 日	0.0138 USD/GB
One Zone-IA (1 ゾーン低頻度アクセス)	1 つの AZ にのみオブジェクトを保管するクラス。Standard-IA の要件に加えて、重要性が低いオブジェクトに適している	99%	ミリ秒	あり	30 日	0.011 USD/GB
Glacier Instant Retrieval	アクセス頻度が低く、長期的なアーカイブやバックアップに適しているクラス。バックアップデータを必要なときに即時に取り出すことが可能	99%	ミリ秒	あり	90 日	0.005 USD/GB
Glacier Flexible Retrieval (旧 Glacier)	アクセス頻度が低く、長期的なアーカイブやバックアップに適しているクラス。アクセスに時間が必要	99.9%	迅速：1～5 分 標準：3～5 時間 大容量：5～12 時間	あり	90 日	0.0045 USD/GB
Glacier Deep Archive	Glacier Flexible Retrieval よりもアクセス頻度が低いオブジェクトに適したクラス。料金が一番安いが、アクセスに最大 2 日かかる場合がある	99.9%	標準：12 時間以内 大容量：48 時間以内	あり	180 日	0.002 USD/GB

設問によっては、最小ストレージ期間を考慮するケースもあるため、要件に応じて対象のストレージクラスを選択する必要があります。たとえば、1 週間後にファイルを削除する場合、S3 Standard-IA または S3 One Zone-IA を選択すると、保管期間が 30 日未満のファイルにも関わらず、30 日間の料金が請求されてしまいます。

※1 S3 のストレージクラスには、料金に関する最小ストレージ期間が設定されているものもあります。たとえば、S3 Standard-IA、S3 One Zone-IA の場合は、最小ストレージ期間である「30 日」が経過する前にオブジェクトが削除されても、その 30 日の残りのストレージ料金が日割りで請求されます。

※2 S3 は利用量によって料金が異なる場合があり、この表の S3 Standard については、最初の 50TB/ 月の料金です。

さて今回は、コスト削減を見据えて、低コスト層になるべく移行する必要がある一方で、アクセス頻度については明示的に記載されておりません。そのため、実際の運用後にオブジェクトへのアクセスパターンに応じて自動的に低コスト層に移動する機能がある S3 Intelligent-Tiering を使用している B が正解となります。

S3 Intelligent-Tiering は、アクセス頻度に応じて自動的に最適なストレージクラス（S3 Standard、S3 Standard-IA、S3 One Zone-IA）にデータを移動するため、コスト最適化が図れます。また、取り出し時間はミリ秒単位であり、業務への影響を最小限に抑えることができます。

A. S3 Glacier Flexible Retrieval を使用しており、選択肢の中ではコストが最も安価ですが、データの取り出しに時間がかかります（数分〜十数時間）。滅多にアクセスしないデータには適していますが、取り出しの際の待ち時間が業務に影響する可能性があります。

C. EC2 と EBS を使用するため、インスタンスを常時稼働させる必要があり、コストがかかります。また、EBS スナップショットの管理も必要となります。

D. EFS を使用しており、EFS ライフサイクルポリシーによってコスト最適化が図れます。しかし、EFS はファイル形式のデータを扱うためのサービスである上、S3 に比べて料金が高くなる傾向があるため、今回のケースには適していません。

問22　　[答] D

API Gateway でエッジ最適化 API エンドポイントを作成することで、クライアントからの API リクエストが、クライアントの最寄りの CloudFront 接続ポイント（エッジロケーション）にルーティングされるようになります。これにより、メディアのアップロード速度の改善が期待できます。また、ユーザー管理を Cognito に移行し、認証を Cognito で行うことで、認証済みの利用者のみがメディアをアップロードできるようになります。したがって、D が正解です。

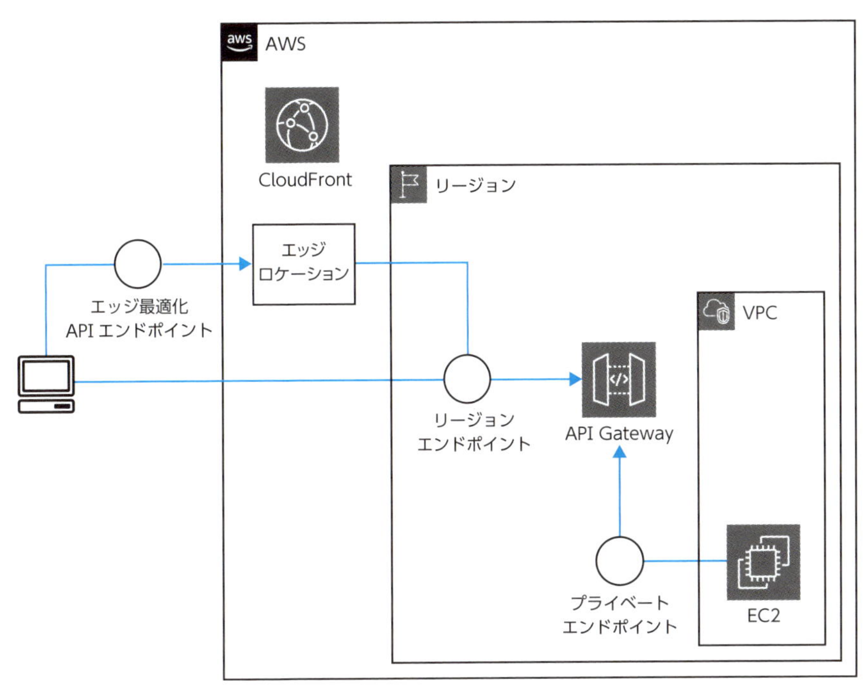

図 8.2-9　API Gateway のエンドポイントタイプ

A. オリジンアクセスコントロール（OAC）を有効化することで、S3 へのアクセスを CloudFront 経由に制限できますが、CloudFront のエンドポイント URL を知っていればメディアのアップロードが可能になってしまうため、不正解です。

B. S3 Transfer Acceleration を利用することで、メディアのアップロード速度の改善は期待できます。しかし、利用者の認証要件を満たしていないため、不正解です。

C. エッジ最適化 API エンドポイントとは異なり、リージョン API エンドポイントは、利用者の接続先が API エンドポイントと同じリージョンに設定されます。メディアのアップロード速度の改善という観点では、CloudFront のエッジロケーション経由で API にアクセス可能な選択肢 D に劣ります。また、Lambda オーソライザーを使用して利用者認証を行う際には、OAuth 2.0 や SAML 2.0 等と連携し、認証トークンを取得する必要があります。

問23　　　　　　　　　　　　　　　　[答] C

NATゲートウェイは、それがデプロイされているAZ内でのみ高可用性が担保されます。このため、複数のAZにまたがってEC2 Auto Scalingグループを構成したとしても、NATゲートウェイがデプロイされたAZで障害が発生した場合、アプリケーションの稼働を継続できなくなります。複数のAZにまたがる高可用性アーキテクチャを実現するには、NATゲートウェイが存在しないAZに2つめのNATゲートウェイを作成する必要があります。したがって、Cが正解です。

- **A.** ALBは、AWSによって可用性が担保されたスケーラブルなリソースです。単一のALBを複数のAZにまたがって構成すれば、2つめのインターネット向けALBを作成する必要はありません。
- **B.** インターネットゲートウェイは、AWSによって可用性が担保されたスケーラブルなコンポーネントです。2つめのインターネットゲートウェイを作成する必要はありません。
- **D.** ゲートウェイエンドポイントは、AWSによって可用性が担保されたコンポーネントです。2つめのゲートウェイエンドポイントを作成する必要はありません。

問24　　　　　　　　　　　　　　　　[答] D

多数のAWSアカウントを利用する場合、Organizationsを活用することで、AWSアカウントに対する管理操作だけでなく、情報収集も効率的に行うことができます。具体的には、Organizationsの組織階層のルートに位置する管理アカウントにて、適切なサイズ設定に関する推奨事項を有効化することで、管理アカウントだけでなく、メンバーアカウント上のEC2インスタンスのインスタンスタイプ設定に関する推奨事項を容易に確認できます。したがって、Dが正解です。

- **A.** Billing and Cost Managementにて「適切なサイズ設定に関する推奨事項」を設定できるのは、Organizationsに所属する管理アカウントか、Organizationsに所属していないスタンドアロンのAWSアカウントだけです。また、AWSアカウントごとに適切なサイズ設定に関する推奨事項を入手・確認する場合、各アカウントにある全EC2インスタンスの設定や利用状況を確認して、EC2インスタンス稼働に適したサイズを設定する必要があります。これは非常に大きな労力がかかるため、要件を満たしません。
- **B.** CPUとメモリの監視ツールのエージェントソフトウェアをすべてのEC2イ

ンスタンスにインストールする作業は労力がかかります。また、Python スクリプトの開発や、収集したデータを分析して適切なインスタンスタイプの推奨事項を検討する作業も労力がかかるため、要件を満たしません。

C. EC2 インスタンスに CloudWatch エージェントがインストール・設定されており、必要なメトリクスは CloudWatch に保存されるため、Lambda 関数による CPU、メモリ使用量の取得は不要です。また、S3 上に取得された全 EC2 インスタンスのデータを分析し、適切なインスタンスタイプの推奨事項を検討する作業を EC2 ごとに行う必要があり、要件を満たしません。

問25 [答] A

本設問では、外部にある大量のセンサーからの情報を収集、蓄積するために最適な AWS 環境のソリューションが求められています。マネージドサービスである IoT Core を利用すると、数百万のセンサーから送られてくるデータも、自動スケールでデータをロストすることなく安全に扱うことができます。IoT Core の Data-ATS エンドポイントを指すように Route 53 の DNS レコードを更新することで、センサーからのデータを IoT Core に送信できます。また、IoT Core は、IoT ルールにより受け取ったデータを DynamoDB に保存することができます。したがって、A が正解です。

B. API Gateway を配置すると、マネージドで HTTP や gRPC のリクエストを受け付けることができます。しかし、API Gateway は MQTT プロトコルをサポートしていません。

C. ALB は、WebSocket や HTTP のプロトコルをサポートしていますが、MQTT プロトコルをサポートしていません。

D. NLB で負荷分散することで、EC2 の IOPS 不足によるデータロストのリスクを軽減できます。一方で、IOPS 不足の問題を解消するために十分な EC2 インスタンスを確保する必要があります。また、Global Accelerator は高可用性と低レイテンシーを提供し、大規模なデータ転送や複雑なアプリケーショントラフィックの最適化に向いていますが、小さなデータパケットを大量に処理する場合、パフォーマンスの最適化が難しくなることがあります。IoT デバイスは通常、小さなデータパケットが大量に送られるケースが多く、今回のように MQTT プロトコルを利用する比較的シンプルなネットワーク構成では IoT Core を利用するほうが適切です。

問26 [答] D

オンプレミス環境のユーザーディレクトリ（今回はActive Directory）の情報を利用し、マネジメントコンソールへのアクセスを許可する方法はいくつかありますが、ポイントはSAML 2.0の形式でIdP側とAWS側でメタデータ情報を交換し、信頼関係を構築する必要がある点です。選択肢Dの手順を実行することで、SAML 2.0のプロトコルに沿ってオンプレミス環境とAWS間の信頼関係を確立できます。したがって、Dが正解です。

A. この手順には、オンプレミス環境のActive Directoryの情報を利用し、フェデレーションする設定が含まれておらず、マネジメントコンソールへのアクセスを実現することができません。

B. AWS IAM Identity Center（旧AWS Single Sign-On）サービスは、オンプレミス環境のActive Directoryと連携し、マネジメントコンソールへのシングルサインオンを許可する機能を提供します。シングルサインオンを実現するためには、AWS側にセットアップしたAWS Directory ServiceのAD Connectorを利用するか、AWS Directory Service for Microsoft Active Directory（Microsoft AD）とオンプレミス環境のActive Directory間に信頼関係を設定する※3必要がありますが、その点が明記されていません。また、AWS IAM Identity CenterサービスのセットアップにSAMLメタデータドキュメントの設定は不要です。

C. AD Connectorを活用してマネジメントコンソールへのアクセスを許可するためには、マネジメントコンソールへのアクセスを許可するIAMロールを作成し、IAMロールにAWS Directory Serviceとの信頼関係を設定する※4必要があります。その点が明記されていないため、本手順ではシングルサインオンを実現できません。

※3 Connect to your existing Active Directory infrastructure - AWS Directory Service
https://docs.aws.amazon.com/directoryservice/latest/admin-guide/ms_ad_connect_existing_infrastructure.html

※4 Grant access to AWS Management Console for on-premises AD users | AWS re:Post
https://repost.aws/knowledge-center/enable-active-directory-console-access

問27　　　　［答］A

新しいアーキテクチャで求められている要件は次のとおりです。

・マイクロサービスアーキテクチャへの移行
・コンテナ技術の採用
・本番環境とテスト環境の分離
・変動する負荷への対応
・運用の複雑さの最小化
・コスト効率の最大化
・サーバーレスアーキテクチャの採用

選択肢A～Dについて、上記の要件を満たせるかどうかを考えます。

表8.2-2　ソリューションの比較

ソリューション	マイクロサービスアーキテクチャへの移行	コンテナ技術の採用	本番環境とテスト環境の分離	変動する負荷への対応	運用の複雑さの最小化	コスト効率の最大化	サーバーレスアーキテクチャの採用
A. ECS (Fargate) + ECR + Auto Scaling + ALB	○ ECSはマイクロサービスアーキテクチャに適している	○ ECSを利用している	○ ECSクラスターを本番用とテスト用に分けて構築可能	○ Auto Scalingで変動する負荷に対応可能	○ Fargateによりサーバー管理が容易	○ ALB以外使用したリソースに対してのみ課金	○ Fargateを利用している
B. Lambda + ECR + API Gateway	○ Lambdaはマイクロサービスアーキテクチャに適している	△ Lambdaはコンテナをサポートするが、制限あり	○ 別々のLambda関数とAPI Gatewayステージで実現可能	○ Lambdaは自動でスケールする	○ Lambdaはサーバー管理が不要	○ 使用したリソースに対してのみ課金	○ Lambdaを利用している
C. EKS (Fargate) + ECR + Auto Scaling + ALB	○ EKSはマイクロサービスアーキテクチャに適している	○ EKSを利用している	○ 別々のクラスターを構成することで実現可能	○ EKSは自動スケールが可能	△ EKSはECSよりも複雑	△ EKSはECSよりもコストが高い	○ Fargateを利用している
D. Elastic Beanstalk + ECR + ALB	△ 対応可能だが、他の選択肢と比べると最適とはいえない	○ Elastic Beanstalkを利用している	○ Elastic Beanstalkは環境分離が可能	○ Elastic Beanstalkは自動スケールが可能	△ EC2インスタンスの管理が必要	× 常時稼動のEC2インスタンスが必要	× EC2を利用している

前ページの表8.2-2に示したとおり、すべての要件を満たすのはECS（Fargate）を利用したケースです。したがって、Aが正解です。

B. 要件をほぼ満たしていますが、Lambdaは実行時間に制限があります（最大15分）。レポート出力のような長時間実行が必要なバッチ処理や、アプリケーションを稼働させるために常駐しておく場合には適していません。本設問では、大手小売企業がリアルタイムで在庫情報を管理することになっています。大規模なシステムで大量のデータを扱うため、15分以内に終わらない処理が存在する可能性があり、Lambdaの使用は不適切です。

C. EKSはECSと異なり、Kubernetesの技術を使ってコンテナ基盤を運用する必要があるため、運用業務が複雑になります。また、EKS on Fargateでは、1ノードにつき1ポッドしか実行できないため、大量のポッドを同時に実行させるにはノードを増やす必要があり、コストの面でECSよりも劣ります。

D. Elastic Beanstalkは簡単にアプリケーションをデプロイできますが、完全なサーバーレスソリューションではなく、EC2インスタンスを設定して稼働するものです。このため、他の選択肢よりもコストがかかります。

問28　[答] C

Transit Gatewayは、VPCとオンプレミスネットワークとの相互接続を提供するマネージドサービスです。Transit Gatewayはネットワークハブ的な役割を提供するため、これを利用すれば、複数のVPC間の接続を簡素化して管理することが可能になります。また、Transit GatewayはVPC間の推移的な通信をサポートしているため、すべてのVPC間通信を検査用VPC経由で検査することが可能です。マルチAZアーキテクチャの場合は、検査用VPCのTransit Gatewayアタッチメントでアプライアンスモードを有効化します。アプライアンスモードを有効化することで、AZをまたいだ行きと戻りの通信も同じ経路を辿るようになります。したがって、Cが正解です。

A、B. VPC Peeringは、VPC間の推移的ルーティングをサポートしていません。

D. アプライアンスモードはTransit Gatewayアタッチメント単位で有効化します。

問29 [答] C

本設問では、インターネットに公開したWebアプリケーションのAPIへのアクセスを制御し、悪意のある攻撃を防ぐための適切な構成が問われています。

インターネットからの悪意のある攻撃を防御するには、AWS WAFでルールを設定した上で、CloudFrontディストリビューション、API Gateway REST API、ALB等と連携させます。そうすることで、これらのAWSサービスのバックエンドに存在するWebアプリケーションやAPIを保護できます。

CloudFrontディストリビューションにAWS WAFを関連付け、API Gatewayの前段に配置する構成は、CloudFront側のWeb ACLでチェックされたリクエストのみがAPI Gatewayに到達できることになり、セキュリティ保護のレイヤーが1つ増えて、多層防御の観点からよりセキュアになります。

また、API GatewayとAWS WAFを組み合わせることで、あらかじめ許可されたグローバルIPアドレスからのリクエストのみに制限することができます。さらに、API Gatewayの使用量プランを利用することで、設定した期間あたりのリクエスト量を制限し、APIキーによってクライアントを識別することができます。

したがって、Cが正解です。

A. API Gatewayのリソースポリシーは、IAMポリシーと同様の構文を用いて、JSON形式でAPI Gatewayへのアクセスを許可または拒否する設定を行えますが、API Gatewayへの1日のリクエスト数の上限を定義できません。

B. AWS WAFのWeb ACLでは、ルールとしてレートベースの制限を定義できますが、評価ウィンドウとして1日という間隔を設定できません。また、設定可能なレート制限のリクエストの最小数は10であり、5回という回数も設定できません[※5]。さらに、オリジンアクセスコントロール（OAC）[※6]では、CloudFrontディストリビューションのオリジンとしてS3、Elemental MediaStore、Lambda関数URLなどを指定できますが、API Gatewayをオリジンに指定することはできません。

D. AWS WAFのWeb ACLで、クライアントあたりの1日のリクエスト数

※5 Rate-based rule high-level settings in AWS WAF, AWS Firewall Manager, and AWS Shield Advanced
https://docs.aws.amazon.com/waf/latest/developerguide/waf-rule-statement-type-rate-based-high-level-settings.html

※6 Restrict access to an AWS origin - Amazon CloudFront
https://docs.aws.amazon.com/AmazonCloudFront/latest/DeveloperGuide/private-content-restricting-access-to-origin.html

が5回を超えた場合にリクエストをブロックするルールを作成すると、正常なリクエストも1日に5回を超えるとブロックされてしまいます。また、CloudFront側でAPIキーを作成することもできません。

問30 ［答］A

本設問ではシステムのRPOが数秒のため、EC2はDRSを使用してレプリケーションすることで、RPO要件を満たすことができます。また、RDSのリードレプリカのレプリケーション遅延時間も1秒未満のため、RPO要件を満たすことができます。

RTOについても、すでに2番目のリージョンにデータがコピーされた状態でEC2インスタンスを起動するだけなら、「15分以内」という要件を満たせるため、DRSとRDSのリードレプリカを使用する案が最適な選択肢です。したがって、Aが正解です。

- **B.** EC2とRDSのスナップショットを15分以内の間隔で取得する案は、RPO要件を満たすことができません。
- **C.** 広域災害が発生した場合、複数のAZに障害が及ぶとシステムが全面ダウンし、復旧できなくなる可能性もあります。
- **D.** AWS Backupで自動バックアップを設定することが可能な最短の間隔は1時間です。そのため、この選択肢はRPO要件を満たすことができません。

問31 ［答］B

単一のDirect Connectにはフェイルオーバー機能が含まれていないため、どのように冗長化するかを決める必要があります。可用性が高く、ネットワークパフォーマンスも安定しているため、通常時はDirect Connectを利用します。また、副系経路に低コストのVPNを利用することが可能で、Direct ConnectとVPNで冗長化した場合、常にVPNよりDirect Connectの経路が優先されます。そのため、通常時はDirect Connect回線を利用し、接続に問題があった場合に自動でVPN経路に迂回する仕組みになります。したがって、Bが正解です。

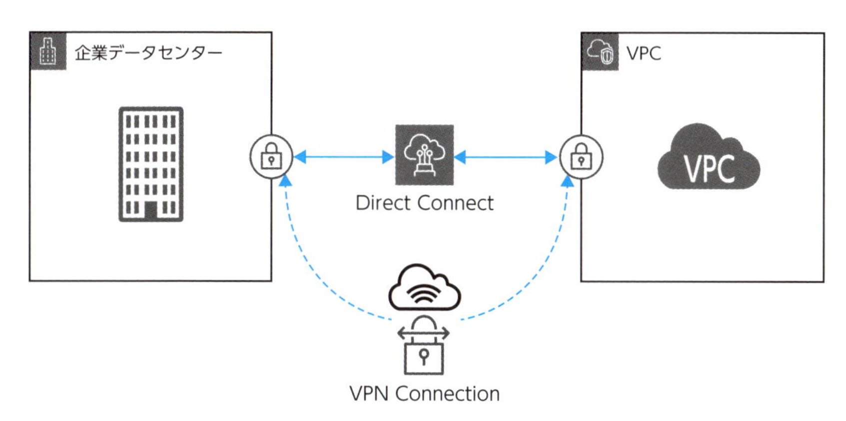

図 8.2-10 Direct Connect のバックアップとして VPN を併用した構成

A. VPN 接続ではインターネット上のネットワーク輻輳の影響を受ける可能性があり、安定したネットワークパフォーマンスを実現できません。

C. 障害発生時の一時的なパフォーマンス低下は許容できるので、Direct Connect 回線と費用対効果が高い VPN 接続を組み合わせる方法が適しています。

D. 単一の Direct Connect にフェイルオーバー機能は含まれていません。

問32 [答] A

複数の Windows Server 間において、各サーバーで生成したリソースの整合性をとるために適切なストレージサービスを選択します。FSx for Windows File Server は、フルマネージドの Windows ファイルストレージサービスで、複数の Windows Server からマウントすることで共有ストレージとして機能します。また、Windows ACL の機能も利用できます。したがって、A が正解です。

B. FSx for Lustre ファイルシステムは、I/O の性能を高めてパフォーマンスを向上させるために利用されるストレージサービスです。Windows でも利用できますが、Windows ACL の機能をサポートしていません。

C. EFS ファイルシステムは Linux ベースのファイルシステムです。Windows Server のファイルシステムをサポートしていません。

D. データクラスター用のソフトウェアを使ってレプリケーションをとれば、他のサーバーへデータを複製することができます。ただし、1 つのサーバーから複数のサーバーへレプリケーションを構築すると、運用が煩雑になります。

問33　［答］B

複数のアカウントを同一の管理者が管理する場合、各アカウントにIAMユーザーを作成することでも作業自体は可能ですが、ベストプラクティスではありません。ロールを用いたクロスアカウントアクセスの実装がベストプラクティスになります。これを実現するには、クロスアカウントアクセス先のアカウント（この設問では本番、開発、テストの各AWSアカウント）にロールを作成します。そして、クロスアカウントアクセス元のアカウント（この設問ではOrganizationsの管理アカウント）のIAMユーザーからのクロスアカウントアクセスを許可します。なお、Organizationsを使用して作成したメンバーアカウントであれば、管理アカウントからスイッチできるロールが自動的に作成されるため、メンバーアカウントにはそのスイッチロールでアクセスすることも可能です。ただし、既存のアカウントをOrganizationsに招待した場合には、スイッチ用のロールは自動作成されません。本設問では既存のアカウントをOrganizationsに参加させる要件もあり、また「一貫した手順」が求められているため、すべてのアカウントに対してOrganizationsで自動作成されるロールを使用したスイッチロールの手法をとることはできません。したがって、Bが正解です。

A. 複数のアカウントを1人のユーザーが管理する場合、ユーザーがログインするためのIAMユーザーを各アカウントに作成することは、ユーザーや認証情報などの管理が煩雑になるため、推奨される実装ではありません。

C. 前述のように、Organizationsに招待した既存アカウントに対してはスイッチ用のロールは作成されないため、この選択肢だけでは要件を満たしません。

D. 管理対象のアカウントをOrganizationsに属するように構成するだけでは、管理アカウントのIAMユーザーからメンバーアカウントのリソースに対する直接アクセスを実現することはできません。

問34　［答］A

この設問のポイントは、コスト削減と高性能の両立です。基本的にこれらはトレードオフの関係にあり、高性能なシステムは高コストになります。システムの構成を理解し、高性能が不要な部分では低コストのサービスを利用し、高性能が必要な部分では適切なサービスを利用する必要があります。

まず、現行システムの100TBのデータを保存しているが、1GB/秒以上の読み取り速度が必要なデータは20TBだけという点に着目します。高速な読み取り速度が常時必要というわけではなく、一時的に一部のデータのみを高速に読み取ることができれば問題ないため、レポート作成時以外は低コストのストレージを利用し、レポート作成時のみ高性能なストレージが利用できればよいと考えられます。

S3 Intelligent-Tieringは、アクセス頻度の低いデータを自動的に低コストの階層に移動し、長期保存コストを最適化します。本設問では、全体として100TBのデータを保持する必要があるものの、使用されるのは20TBだけなので、この機能を利用することで標準のS3ストレージクラスよりもコストが安くなります。

FSx for Lustreは高性能（数GB/秒の読み取り速度が可能）であり、S3と直接統合できます。

この2つのサービスを組み合わせることで、レポート作成時の性能を維持したままコストを削減することができます。したがって、Aが正解です。

- **B.** EBS Multi-Attachは最大16のインスタンスまでしかサポートしていないため、数百のインスタンスには適していません。また、100TBのEBSボリュームは非常に高コストです。
- **C.** S3ファイルゲートウェイは、オンプレミスのストレージとS3を接続し、オンプレミスのデータをS3に保存することができます。S3ファイルゲートウェイを利用するとS3へ直接アクセスすることができますが、高性能のストレージアクセス（1GB/秒）には適していません。
- **D.** 常時EFSのファイルシステムを維持しているため、正解の選択肢Aのように処理後にFSxファイルシステムを削除する方法と比べると、コスト削減にはなりません。

問35　　［答］D

AWSでは、コンテナを稼働させるためのサービスが提供されています。主なものとして、コンテナを直接稼働させるECSと、Kubernetesのプラットフォームを利用できるEKSがあります。

コンテナごとに異なるカスタム設定を行ったり、アプリケーション用のコンテナを動的にスケーリングすることは、EKSとECSのどちらでも可能です。

コンテナのアプリケーションを稼働させるのに必要な作業について、EKSとECSを比較します。EKSはKubernetesクラスターのセットアップと管理を簡素化しますが、EKSクラスターのプロビジョニングや、Namespace、ネットワーク、EKS内のアクセス制御の設定には高度な知識が必要です。また、ポッドデプロイのための

YAMLファイルの作成、eksctlやKubectlコマンドによる環境の設定、KubernetesバージョンアップにともなうEKSクラスター全体のアップグレードも必要です。一方、ECSの場合、ECSを構成するためのクラスター、タスク、サービスをAWSのCloudFormationやAWS CDKを使用して構築することができます。

次に、EC2とFargateを比較すると、EC2のほうがOSレベルの詳細な設定が行える反面、OSのメンテナンス、リソースのプロビジョニング、セキュリティパッチ適用などの運用作業は利用者側が担当します。

以上より、ECSクラスターをFargateで作成し、AWS CDKから環境構築が行えるDが正解です。

A. EKSをEC2上で使用すると、EKSのクラスターの保守に加え、EKSが稼働するEC2インスタンスのサーバーの管理が必要になります。また、EKS環境の構築やアプリケーションのデプロイは、EKSが提供する機能を使って行う必要があり、運用の負荷が高くなります。

B. Terraformを使用してECSタスクをEC2上で起動するアプローチは、インフラストラクチャをコードで管理するという点では有効ですが、Fargateと比べると、EC2のサーバー管理の手間が増えます。

C. Fargate上でEKSを利用できるため、EKSでもサーバーレスのメリットを享受できますが、Fargateで稼働するEKSは1ポッド1ノードの制約があるなど、EKS独自の機能を理解した上で運用する必要があり、ECSのFargateと比べて運用効率がよいとはいえません。

問36　　[答] B

本設問では、Lambda関数のリクエスト数の設定を顧客の属性によって変更できる構成が問われています。API Gatewayの使用量プランを使うと、APIキーごとにAPIの利用量を設定することができます。また、API GatewayでREST APIを利用すると、使用量プランのクォータで、特定の期間内に使用可能な最大リクエスト数を指定できます。使用量プランとAPIキーの異なる組み合わせをアプリケーション内で使い分けることで、顧客の属性に応じて異なるリクエスト数の上限設定を定義できます。したがって、Bが正解です。

A. Lambda Function URL のエイリアスは、関数のバージョンへのポインタとして使用できます。関数を更新してデプロイする際、1 つの Lambda 関数に対して、顧客の属性ごとに別々のエイリアスを作成し、Function URL を発行することは可能ですが、API キーの設定や API キーによる利用量の設定は独自で行う必要があります。また、Lambda 関数は、同時実行できる最大数は指定できますが、「1 日あたりの最大同時実行数」といった特定の期間での最大数の指定はできません。

C. API Gateway の HTTP API は、使用量プランと API キーをサポートしておらず、API キーを使ってリクエストを識別することができないため不適切です。

D. AWS WAF の Web ACL を利用して、レートベースの制限設定で評価ウィンドウを設定できますが、1 日という単位は指定できません。

問37　　[答] C

ビジネス要件に応じた適切な Savings Plans/リザーブドインスタンス（RI）の共有設定を問う設問です。Organizations では、Savings Plans/RI を組織内で共有することができます。この機能を利用することで、組織全体でのコスト最適化が可能になります。

Savings Plans/RI の共有設定には、以下の 3 つのオプションがあります。

1. 全体的に OFF にする
2. 特定のアカウントのみで共有する
3. Organizations の全アカウントで共有する

3. を設定することで、Savings Plans/RI の購入が十分でない事業部門のアカウントでも、他の事業部門のアカウントで購入された Savings Plans/RI の恩恵を受けることができます。結果として、Organizations 全体でのコスト削減効果が最大化されます。

Savings Plans/RI の割引適用には優先順位があります。まず、購入したアカウントに対して割引が適用されます。その後、購入したアカウントで余剰した分の割引は、他のアカウントに適用されます。つまり、購入したアカウントのリソース利用が少ない場合、余剰分の割引を他のアカウントが享受できます。

本設問では、全社的なコスト最適化が要件であるため、Savings Plans/RI の共有設定はOFFにするのではなく、全アカウントで共有するべきです。したがって、Cが正解です。

A. Savings Plans/RIの恩恵が購入したアカウントに限定されるため、Organizations全体でのコスト最適化効果は限定的になります。

B. 特定の事業部門内でのコスト最適化は図れますが、Organizations全体でのコスト最適化は実現できません。

D. 個々の事業部門のコストは最適化されますが、Organizations全体でのコスト最適化の機会が失われてしまいます。

問38　　[答] D

この設問では、移行計画の策定のための正確なデータ収集手段と、移行中のサーバーリソースの適切な調整方法を検討する必要があります。

Migration Hubは、移行中のプロセスを効率的に監視することが可能です。これにより、移行中のリソースサイズの最適化に必要な情報を得ることができます。また、Application Discovery Agentは、アプリケーションのワークロードに関する詳細な情報をMigration Hubに送信することが可能です。したがって、Dが正解です。

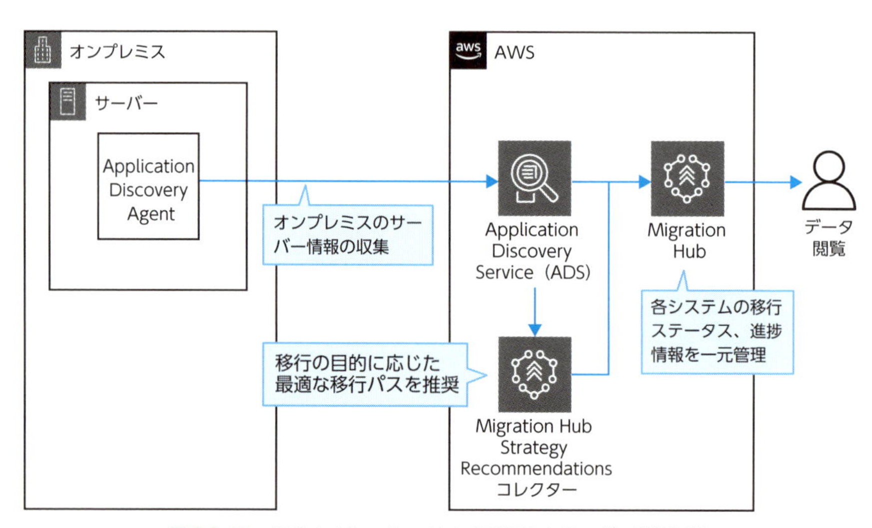

図8.2-11　ADSとMigration Hubを利用したサーバー情報収集

A. Migration Evaluatorは、オンプレミスで稼働しているシステムを評価して、AWSへの移行コストを予測し、コスト最適化となるように移行計画をサポートするサービスです。オンプレミス環境を直接把握する機能は持っていません。

B. Migration Hubのインポートツールで取得できる情報は、オンプレミス環境のサーバーの情報や、CPU、メモリ、ディスク等の基本的なリソースの使用状況です。Migration Hubのインポートツールでは、アプリケーションの稼働状況を取得することが難しく、システム移行を最適に行うために必要な情報が十分に得られません。

C. Application Discovery Service Agentless CollectorとApplication Migration Serviceは、移行に必要なサーバーとデータベースの情報を収集しますが、アプリケーションの依存関係やネットワークのデータを取得する機能が不足しており、移行計画の策定には不十分です。

問39　　[答] B、F

この設問の要件として、機密データを含むS3オブジェクトのリストを作成することと、暗号化されていない既存のオブジェクトを暗号化することの2点が求められています。

Macieを利用すると、機械学習とパターンマッチングを使用して機密データの検出や、検出結果のレポート作成・分析を行うことが可能です。本設問のような機密データをリスト化する際に役立ちます。

また、S3インベントリレポートを使用することで、暗号化されていないオブジェクトのリストを作成できます。さらに、そのリストをS3バッチ操作のマニフェストとして使用し、既存のデータを暗号化することができます。S3オブジェクトにアクセスするアプリケーションのコード変更は必要ありません。したがって、BとFが正解です。なお、2023年1月5日以降、S3に新規で保存されるオブジェクト、およびデフォルトの暗号化が設定されていない既存のバケットに対して、標準でSSE-S3で暗号化されるようになりました。ただし、既存の暗号化されていないバケットにすでに存在するオブジェクトは、自動的に暗号化されません。

A. Amazon Inspectorは、ソフトウェアの脆弱性とネットワーク設定の問題を継続的にスキャンするサービスです。ただし、InspectorはS3バケット内の機密データを調査しません。

C. Amazon Detectiveは、セキュリティに関する検出結果や疑わしいアクティビティの根本原因を分析、調査、および特定するためのサービスであり、本設問の要件を実現するには適切ではありません。

D. オブジェクトを新しいS3バケットに移動し、すべてのアプリケーションを更新するためには、追加の開発労力が必要になります。具体的には、古いS3バケットの使用状況を各アプリケーションのコードで調査してコードを更新した後、コードをテストする必要があります。

E. Dと同様、追加の開発労力が必要になるため適切ではありません。

問40　[答] B

本設問では、複数のAZにまたがるようなシステム設計を行う方法が問われています。AZをまたいだ構成にすることで何が冗長化されるのか、AWSのサービスごとに整理します。RDSをマルチAZ構成に変更することで、1つのAZがダウンしても他のAZのデータベースでサービスを引き継げます。また、NATゲートウェイを複数のAZに配置することで、各AZのEC2からインターネットへのアクセスが冗長化されます。さらに、EC2のAuto Scalingの設定で、複数のAZでインスタンス数の最小容量を3、最大容量を3とすることで、EC2の冗長化を担保します。したがって、Bが正解です。

A. RDS for MySQLの代わりにMySQLをインストールした複数台のEC2構成にしても、冗長化は担保されません。また、NATゲートウェイをNATインスタンスに変更しても、複数のAZに配置されていないので、冗長化構成を実現できません。

C. 自動バックアップを有効にしても、障害時にはバックアップからデータベースを復旧する必要があり、マルチAZ構成と比べると復旧に時間がかかります。また、Auto Scalingグループの最小容量を1、最大容量を1に設定すると、単一のAZでのみEC2が起動するので、高可用性の設定としては不適切です。

D. RDS for MySQLにもマルチAZ構成の機能があるので、これを利用して冗長化構成を実現できます。そのため、Aurora MySQL DBクラスターに変更して冗長化するように作り替える必要はありません。

問41　[答] A

複数のアカウントのポリシーを一括管理するためのベストプラクティスは、Organizationsによる SCPの適用です。

SCPで定めるポリシーは「許可することのできる範囲」であり、実際の権限をSCPで与えることはできません。必要な権限は、各アカウントのIAMポリシーで設定します。また、SCPに許可の記載のないサービスやアクションは、「暗黙的に拒否」されます。

Organizationsを作成した際にデフォルトで付与される“FullAWSAccess”のSCPには、すべてのアクションを許可するポリシーが記載されています。このポリシー記載を削除しない場合は、拒否するアクションを拒否リストとして定義することになります。一方、本設問では「SCPが単独で付与されている」という記述があるため、“FullAWSAccess”はデタッチされており、許可するアクションを個別に記載する許可リスト形式でのポリシー設定となっていることがわかります。

その上で設問のポリシー設定を見ると、IAMポリシーではS3に対するアクションを許可していますが、SCPではS3に対するアクションが許可されていません。なお、IAMポリシー側の“Deny”の記載は、一見、S3のアクションを拒否しているように見えるかも知れませんが、“NotAction”、“NotResource”なので、S3“以外”の操作を拒否するポリシーとなっています。よって、SCPでS3に対するアクション許可を明示的に設定する必要があり、Aが正解です。

B. SCPでは、許可リスト形式、拒否リスト形式どちらの記載も可能です。

C. IAMポリシーは、S3アクセスを拒否する設定にはなっていません。

D. SCPでS3に対するアクションを許可する必要があるという点は正しいのですが、IAMポリシーの削除は誤りです。IAMポリシーでもS3に対するアクションを許可する必要があります。

問42 [答] C

API Gatewayが5xxエラーを返している点、サードパーティーのSaaSプロバイダー側には新しいAPIから一切リクエストが送られていない点などを踏まえると、LambdaやDynamoDBを利用した新しいAPIに何らかの問題があることが推測されます。

Lambda関数は、VPC内のリソースにアクセスできるよう、設定によりVPCに紐付けることができます。Lambda関数が呼び出されると、VPC上にLambda関数用のENIが作成され、VPC内のリソースにアクセスすることが可能になります。Lambda関数用のENIに割り当てられるIPアドレスはプライベートIPアドレスなので、インターネット経由で外部のSaaSプロバイダーにアクセスするためには、NATゲートウェイを経由する必要があります。したがって、Cが正解です。

A. API Gatewayのスロットリング制限設定が問題なのであれば、少なくともスロットリング制限設定に到達する前のリクエストは、Lambda関数を経由してSaaSプロバイダー側に到達しているはずです。

B. この設問では、CloudWatch LogsにLambda関数の実行ログが出力されています。これは、API Gateway経由でLambda関数が呼び出されていることを意味します。したがって、権限の問題ではありません。

D. APIへのリクエスト先が違うのであれば、CloudWatch LogsにLambda関数の実行ログは出力されないはずです。

問43　　[答] A、D

AWSは、セキュリティ管理を支援するためのさまざまなサービスを提供しています。その中でも、AWS上で発生したアクティビティや、AWSリソースへの変更を検知するために役立つのが、CloudTrailとAWS Configです。セキュリティを維持するためには、多層防御の考え方に沿ってさまざまなレイヤーでのセキュリティ対策が必要です。CloudTrailによりAWS上で発生した操作に対するすべてのAPIコールを監査できるようにし、AWS ConfigによりAWS上で発生した構成変更の履歴をチェックすることで、セキュリティを向上させることができます。したがって、AとDが正解です。

B. CloudWatchに、NumberOfUnauthorizedActionsというメトリクスは存在しません。カスタムメトリクスを定義するとしても、別途、不正なアクティビティを検知し、CloudWatchにメトリクスを登録する仕組みが必要になります。

C. CloudWatchエージェントは、EC2インスタンスなどにインストールし、EC2インスタンス上で稼働するOSやミドルウェア、アプリケーションのログを収集するために利用します。AWS上で発生するすべてのAPIコールを取得することはできません。

E. CloudTrailのログでフィルターパターンを定義するには、CloudTrailのログを一度CloudWatch Logsに転送し、CloudWatch Logsのフィルター機能を使います。CloudTrailにフィルターパターンを定義することはできません。

問44 [答] C

ユーザーの投稿データやアクティビティログは、読み書きが頻繁に発生し、データ量も多くなる傾向があります。このようなユースケースでは、DynamoDBのようなNoSQLデータベースが適しています。

さらに、DynamoDBにはTTL（Time to Live）という機能があります。これは、各レコードに有効期限のタイムスタンプを設定し、その時刻を過ぎると自動的にレコードを削除する機能です。TTLを使用すると、アプリケーション側で削除処理を実装する必要がなく、コストを最適化できます。したがって、Cが正解です。

- **A.** RDSでパーティショニングを使用して古いデータを削除する方法です。この方法は、古いデータの削除が容易な一方で、パーティション数の増加によりコストが増大する可能性があります。
- **B.** DynamoDBで有効期限が切れたデータを別のテーブルに移動し、バッチ処理で削除する方法です。これは、別のテーブルの管理とバッチ処理の実装が必要になるため、TTLを使用する方法に比べて手間がかかります。
- **D.** データウェアハウスサービスを使用してデータを集計・アーカイブする方法は、古いデータを削除する1つの方法ではありますが、リアルタイムのデータ処理には向いていません。

問45 [答] D

Global Acceleratorは、CloudFrontと同様にリージョンデータセンターよりもユーザーに近いAWSエッジロケーションを利用し、Amazonグローバルネットワークを経由することで、パブリックインターネットを経由する場合と比較して低レイテンシーを実現します。静的IPアドレスを提供しないCloudFrontと異なり、Global Acceleratorを使用すると、初回のみ設定が必要な静的IPアドレスが提供されます。そのため、接続先のIPアドレス制限を設けている企業のニーズにも対応できます。また、エンドポイントグループを作成して複数リージョンにあるエンドポイントを関連付けることで、マルチリージョンのアクティブ/アクティブ型をとることが可能です。したがって、Dが正解です。

- **A.** ALBは静的IPアドレスをサポートしていないため要件を満たしません。Route 53のヘルスチェックにより高可用性は実現されますが、通常のインターネットを経由してap-northeast-1リージョンへリクエストが送信されます。そのため、ap-northeast-1リージョンから遠方のユーザーにとって低レイテンシーとはならないので適切ではありません。

B. NLBは静的IPアドレスをサポートしています。しかし、Aと同様に、通常のインターネットを経由したリクエスト送信となるため、遠方のユーザーにとって低レイテンシーとはならないので適切ではありません。

C. CloudFrontは静的IPアドレスをサポートしていないため要件を満たしません。

問46　[答] A

多数のAWSアカウントを管理している場合、AWSアカウントごとにS3バケットのセキュリティ設定や機密情報保管状況を監視するには、自動化ソリューションを適用しない限り、大きな運用オーバーヘッドがかかります。

Security Hubは、Organizationsに参加しているすべてのAWSアカウントのセキュリティ遵守状況を一元的に監視することができます。また、Macieは、機械学習とパターンマッチング技術を使用して、機密データ（たとえば、個人情報や財務データ）を自動的に検出できます。MacieをSecurity Hubと統合することで、Security HubからMacieによる検出結果を確認できます。したがって、Aが正解です。

B. Amazon Detectiveは、セキュリティの調査と分析を支援するサービスです。そのため、本設問のユースケースに合いません。

C. AWS Audit ManagerおよびAmazon Detectiveは本設問のユースケースに合いません。AWS Audit Managerは、セキュリティ監査の準備作業を自動化するサービスです。

D. 要件を実現可能なソリューションですが、Lambda関数、CloudWatchダッシュボード、およびEventBridgeの管理が必要になるため、「運用上のオーバーヘッドを最小にする」という観点で最適とはいえません。

問47　[答] A

DRサイトの構築において、SLAにあるRTOとRPOをコスト効率よく満たすソリューションを選択します。RTOとRPOを確認すると、災害発生時、セカンダリリージョンでサービスを即時に再開する必要はなく、24時間以内にサービスを再開し、8時間前のデータに戻せばよいことになっています。そのため、通常の運用時には、セカンダリリージョンでは、アプリケーション用のイメージとRDSのデータベースのバックアップを保持しておきます。そして災害発生時には、DR サイトに CloudFormation で同じ構成を構築した後、バックアップから RDS のデータを復旧します。また、ECR からアプリケーションのイメージをプルして配置し、セカンダリリージョンの ALB を指すように DNS レコードを更新すると、SLA を満たし、かつ最もコスト効率のよい方法となります。したがって、A が正解です。

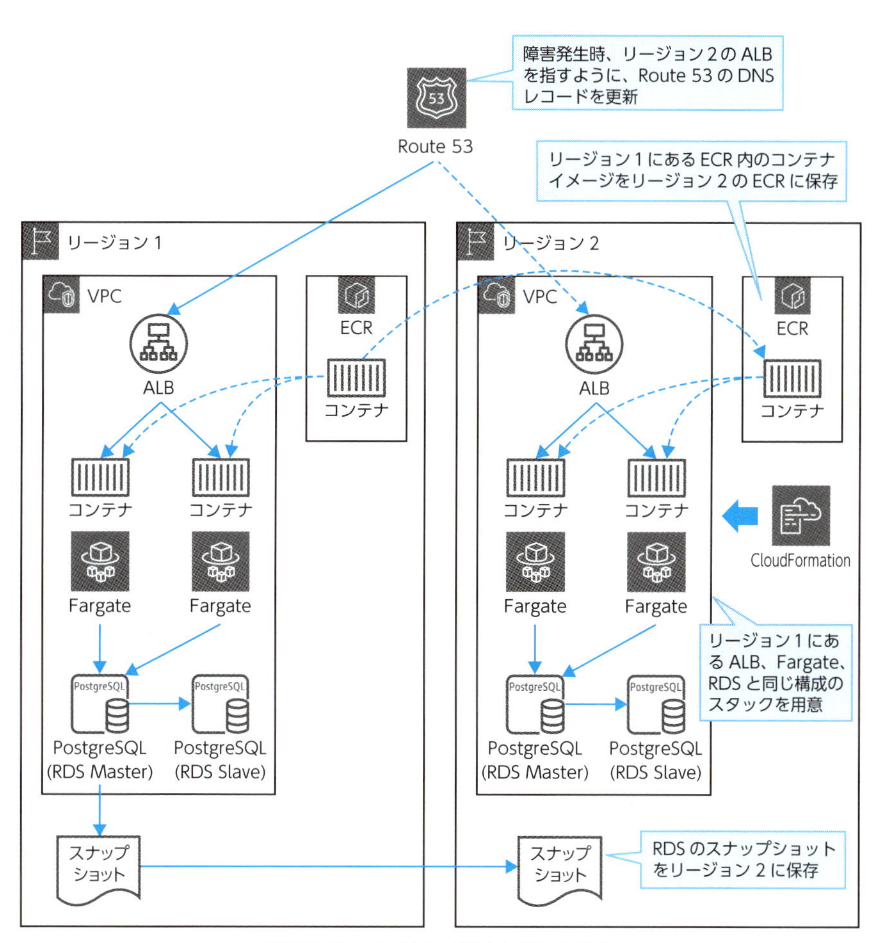

図 8.2-12　本設問での災害対策用の構成

B. 通常時に、セカンダリリージョンで RDS を起動している状態にすると、余計なコストが発生します。また、RDS の自動バックアップ機能を使うと、バックアップがデフォルトで S3 に作成されますが、S3 にバックアップする分だけ、余計にストレージコストがかかります。

C. セカンダリリージョンでシステムを稼働したままの状態にしておくと、災害発生時に素早く復旧できますが、通常時もセカンダリリージョンでシステムが稼働するので、余分なAWS費用が発生します。本設問のRTOやRPOを踏まえると、アクティブ－スタンバイの構成でもSLAの時間内に復旧することが可能です。よって、この選択肢Cはコスト効率の観点から不適切です。

D. Fargateを利用する場合、FargateのOSの運用保守はAWS側が担当します。一方、Fargateの代わりにEC2インスタンスを利用する場合は、利用者側がOS領域のパッチ適用などの運用保守を行う必要があり、その分、作業工数が増加します。コスト効率の観点から、Fargateを利用するほうが効果的です。

問48　[答] B

第三者機関のセキュリティ監査人に対して、AWSリソースやログへのアクセスを許可する必要があります。ただし、監査対象外のリソースへのアクセスについては明示的に拒否します。許可するアクションやリソースは監査要件によって異なるので、今回のケースではカスタム管理ポリシーを作成して対応します。したがって、Bが正解です。

A. AWSのセキュリティは責任共有モデルを採用しており、OS以上のレイヤーについては利用者側で責任を持ってセキュリティ対策を行う必要があります。第三者機関のセキュリティ監査を受け、その結果をもとに追加のセキュリティ対策を実装するのは利用者の役割であり、AWSサポートに依頼することではありません。

C. IAMロールでは、監査人のための専用のIAMユーザーに、監査に必要な権限を割り当てることはできません。

D. IAMポリシーには、あらかじめ職務機能のAWS管理ポリシー※7がテンプレートとして用意されており、セキュリティ監査人だけでなく、データベース管理者やデータサイエンティスト用にIAMポリシーが用意されています。しかし、SecurityAuditポリシーでは、リソース単位で監査が必要なAWSリソース、ログの格納されたS3バケット、CloudWatch Logsロググループへのアクセスが明示的に制限されないため、要件を満たしません。

※7　AWS managed policies - AWS Managed Policy
https://docs.aws.amazon.com/aws-managed-policy/latest/reference/policy-list.html

問49 [答] D

SQS FIFO キューは、操作やイベントの順序が重要な場合や重複が許容されない場合の、アプリケーション間のメッセージ伝送に役立ちます。

EC2 Auto Scaling グループでメッセージを処理する場合に、SQS キューのシステム負荷に応じたスケーリングを行うためには、インスタンスごとの許容可能なバックログにもとづくカスタムメトリクスを使用します。カスタムメトリクスにより、メッセージのおおよその数、処理遅延、および実行中の EC2 インスタンスの数にもとづいて許容可能なバックログが計算され、SQS キューのシステム負荷に応じてスケーリングを行います。

なお、既存の標準キューを FIFO キューに変更することはできません。FIFO キューに変更するには、既存の標準キューを削除して、新しい FIFO キューを作成する必要があります。

したがって、D が正解です。

- **A、B.** 既存の標準キューを FIFO キューに変更することはできません。
- **C.** スケーリングの条件に ApproximateNumberOfMessagesVisible メトリクスを使用しても、負荷に応じた EC2 のスケーリングを行うことはできません。これは、SQS キューにあるメッセージの数だけでは、必要な EC2 インスタンス数を定義できないためです。より良いソリューションは、インスタンスごとの許容可能なバックログにもとづくカスタムメトリクスを使用することです。

問50 [答] A

本設問では、高性能かつ低レイテンシーを要求するオンプレミスのワークロードを、クラウドへ効果的に移行する方法について問われています。クラスタープレイスメントグループは、インスタンスを同一AZ 内に配置します。これにより、低レイテンシーのネットワークパフォーマンスを実現できます。また、リザーブドインスタンスを購入することで、AWS 利用コストの削減も見込めます。したがって、A が正解です。

- **B.** クラスタープレイスメントグループは、低レイテンシーのネットワークパフォーマンスを実現できます。一方で、スポットインスタンスはいつでも停止される可能性があるため、長期間稼働が必要な本ケースには不向きです。

C、D. パーティションプレイスメントグループは、インスタンスを複数の論理パーティションに分散させます。これは分散処理をしたい場合に有効な手段であり、本ケースの要件である低レイテンシーネットワークを提供しません。

問51 [答] A

アプリケーションのソースコードのバージョン管理、ビルド、デプロイ、そしてそれらのサービスを活用したパイプライン定義には、AWSの開発者用ツール（Codeシリーズ）が有用です。CodeDeployには要件に応じて選択可能なさまざまなデプロイ方式が実装されており、Lambda関数についても、トラフィックの流量に対して「Canary」、「線形」、「All-at-once」の中からデプロイ方式を選択し、きめ細かくトラフィックルーティングを制御することが可能です。したがって、Aが正解です。

表8.2-3 CodeDeployによるLambda関数デプロイ時のトラフィック制御

Lambdaのデプロイ設定	トラフィック制御方法
Canary	トラフィックは2回の増分で移行される。1回目と2回目のトラフィックの割合と、2回目のデプロイのタイミングを指定できる。たとえば、最初の増分でトラフィックの10%を移行し、残りの90%は5分後にデプロイする、といった制御が可能になる。
線形	トラフィックが毎回同じ間隔（分）の等しい増分で移行される。
All-at-once	すべてのトラフィックが最新バージョンのLambda関数に一度に移行される。

B. Lambda関数はバージョン管理をサポートしています。そして、特定のバージョンに対してLambdaエイリアスを設定することで、エイリアスを活用したアプリケーションのリリースタイミングの制御が可能になります。リリースタイミングは、特定のバージョンに対して一度に切り替えたり、割合を設定して徐々に切り替えることができます。しかし、トラフィックの割合の変更を手動で行う必要があるので、流量制御のきめ細かさの点で正解の選択肢Aに劣ります。

C. API Gatewayの作成はCloudFormationの標準機能としてサポートされているため、Lambda-backedカスタムリソースを定義する必要はありません。また、トラフィック制御の要件も満たしていません。

D. AWS Serverless Application Model（SAM）はCloudFormationの拡張機能であり、SAMテンプレートを記述することで、サーバーレスアプリケーションを容易に記述・構築することができます。しかし、CodePipeline自体にはデプロイ機能はないため、不正解です。

問52 [答] C

リモートワークの作業環境として、AWS上でデスクトップ環境を構築するのに必要なAWSサービスを選択します。

AWS上でデスクトップ環境を構築するために、「AppStream 2.0」と「WorkSpaces」という2つのフルマネージドサービスがあります。AppStream 2.0は、アプリケーションをクライアント側に配信するサービスです。一方、WorkSpacesは、クラウド上のデスクトップ環境へのアクセスを提供するサービスです。本設問では、WindowsとLinuxの両方で稼働しているアプリケーションをリモート環境でも即座にアクセスして利用できることが求められています。これに向いているのは「AppStream 2.0」で、MFAの設定も可能です。また、Active Directoryフェデレーションサービスをセットアップすることで、既存のIDを利用した従業員の認証が可能です。したがって、Cが正解です。

A、B. デスクトップ環境でWorkSpacesを使うと、WindowsとLinuxのデスクトップアプリケーションの両方を動作させることが可能ですが、WorkSpaces側にソフトウェアをインストールする必要があります。一方、AppStream 2.0を使用すれば、デスクトップ環境を即座に利用開始できます。

D. AppStream 2.0にはMFAがSAML 2.0経由でサポートされています。AppStream 2.0でSAMLを利用したシングルサインオンを行うには、Active Directoryフェデレーションサービスを使用する必要があります。ただし、AppStream 2.0でMFAの設定を行う際に、AD ConnectorでオンプレミスのActive Directoryと連携し、AWSマネジメントコンソールからMFAを設定する必要はありません。

問53 [答] A、B

Organizationsを使ったマルチアカウント構成における、AWS Budgetsによる予算超過アラームの設定方法に関する設問です。ここでは特に、会社の方針として、事業部門ごとのコスト予算の管理を各事業部門の責任で行う、という点に注意が必要です。

設問の要件から、組織全体の利用料アラームは、Organizationsの管理アカウントでAWS Budgetsを設定し、通知先をOrganizations管理者であるあなたに設定するのが最も適切です。また、前述のとおり会社の方針として、事業部門ごとのコスト予算管理を各事業部門の責任で行うことが定められているため、事業部門アカウントの利用料アラームは、対応するアカウント内でAWS Budgetsを設定し、通知先をその事業部門のシステム担当者に設定するのが最も適切です。したがって、AとBが正解です。

- C. Organizationsの管理者であるあなたは、管理アカウント上でAWS Budgetsを使用し、各事業部門アカウントの利用料アラームを設定できます。しかし、会社の方針に従い、事業部門ごとの責任と権限を明確にするには、各アカウント内で設定するのが最も適切です。また、Organizationsは事業部門では管理していないため、しきい値を事業部門で変更することはできません。一方、Bのように各事業部門アカウントでAWS Budgetsを設定すれば、しきい値も個別に設定できます。
- D. 組織全体の利用料アラームは、各事業部門のアカウントではなく、管理アカウントでしか設定できません。
- E. 組織全体と各アカウントの利用料アラームをOrganizationsの管理アカウントで設定することは可能です。しかし、会社の方針に従い、各アカウントの利用料アラームは各アカウント内で設定するのが最も適切です。また、Organizationsは事業部門では管理していないため、しきい値を事業部門で変更することはできません。前述のとおり、Bのように各事業部門アカウントでAWS Budgetsを設定すれば、しきい値も個別に設定できます。

問54　［答］A

Route 53 Resolverは、VPC内のDNSクエリの再帰的問い合わせ機能と転送機能を提供するDNSサービスです。AWSとオンプレミス間の双方向で名前解決をするためには、アウトバウンドエンドポイントとインバウンドエンドポイントが必要です。よって、AWSからオンプレミスにDNSクエリを転送するためのアウトバウンドエンドポイントを作成します。VPCからオンプレミスのDNSサーバーへDNSクエリを転送するルールをVPCに関連付けることで、名前解決が可能になります。また、オンプレミスからAWSにDNSクエリを転送するためのインバウンドエンドポイントを作成します。オンプレミスのDNSリゾルバに、Route 53 Resolverインバウンドエンドポイントへ DNSクエリを条件付き転送する設定を追加することで、名前解決が可能になります。したがって、Aが正解です。

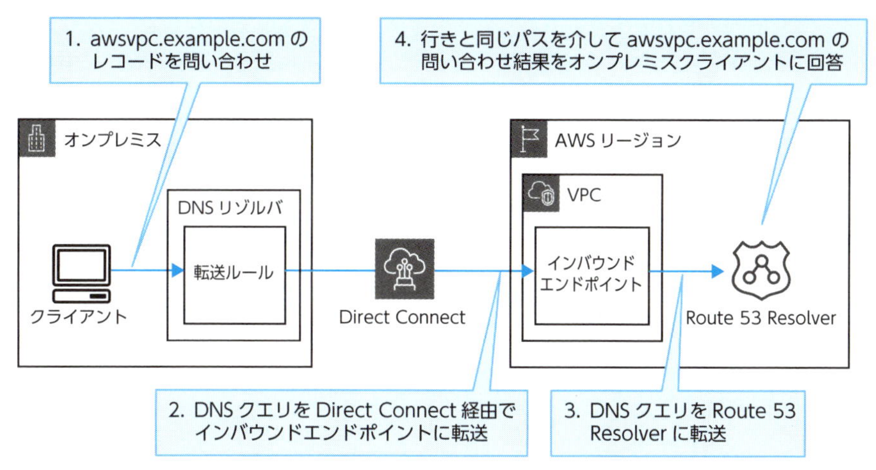

図 8.2-13　インバウンドエンドポイントを介した DNS クエリの転送

B. オンプレミスから AWS に DNS クエリを転送するためのインバウンドエンドポイントが必要です。

C. AWS からオンプレミスに DNS クエリを転送するためのアウトバウンドエンドポイントが必要です。

D. Route 53 Resolver インバウンドエンドポイントへの条件付き転送をオンプレミスの DNS リゾルバに設定する必要があります。

問55　　[答] B

複数の AZ にノードがまたがっている EKS クラスター環境から共有されているファイルを参照・更新するために、最適なストレージサービスを選択します。

この設問を解くにあたって、AWS が提供するストレージサービス（S3、EBS、EFS など）の特徴と、EKS でどのように連携できるかを理解する必要があります。複数の AZ に配置された EKS クラスターノードから共有ストレージとして利用できるサービスは、EFS です。EFS でマウントターゲットを作成することで、各 EKS クラスターから同じファイルにアクセス可能になります。したがって、B が正解です。

A. S3 はオブジェクトストレージで、EKS クラスター上の ReplicaSet にマウントすることができません。また、S3 バケット上のファイルアクセスは EFS よりも遅い傾向にあり、性能面でも劣ります。

C. EBS は、Multi-Attach 機能を使えば、同じ AZ にあるインスタンス間でストレージを共有できます。しかし、複数のAZでストレージを共有することはできません。

D. ポッド単位でローカルのストレージにファイルを保存すると、他のポッドから、そのファイルにアクセスできません。この問題を解消するために、レプリケーション用のソフトウェアでストレージの内容を全ノード用にレプリケーションするのはコストとオーバーヘッドがかかり、ソリューションとして不適切です。

問56　[答] D

AWSを大規模に使う際、複数のアカウント管理には、OrganizationsまたはControl Towerを使用することが推奨されます。Control TowerはOrganizationsの機能を包含しており、管理対象のAWSアカウント群に対して、Control Towerで提供される「コントロール」と呼ばれる統制ルールをまとめて適用することができます。

コントロールは、その働きによって「Detective」「Preventive」「Proactive」の3種類に分かれています。「Detective」は、ルールに準拠しないリソースがあった場合に通知をします。「Preventive」は、ルールに準拠しない行動を拒否します。そして「Proactive」は、ルールに準拠しないリソースが“CloudFormationで”作成されようとするときに、その作成前に実行を停止することができます。

本設問では、CloudFormationに限らず、VPCからのインターネット接続を可能にする作業をすべて禁止する必要があります。この場合、「Preventive」のコントロールを使用する必要があります。したがって、Dが正解です。

A. OrganizationsとSCPを使った実装でも設問の要件を満たすことはできます。しかし、Control Towerと事前提供されているコントロールを使用したほうが実装が容易であるため、Dが正解となります。

B. 各AWSアカウントのIAMユーザーのポリシーはそれぞれのアカウントの管理者権限で変更できるため、この選択肢Bでは要件を満たすことができません。

C. 「Proactive」のコントロールはCloudFormationによるリソース作成だけを制御するものであるため、要件を満たしません。

問57 [答] A、B、C

本設問では、オンプレミスで動作する大量のサーバーの移行計画に必要なツールやサービスが問われています。Aの「Cloud Adoption Readiness Tool」は、現在のデータセンターの環境を評価し、サーバーのクラウド移行への準備や推奨事項に関する包括的なレポートを作成することができ、移行計画に役立ちます。Bの「Application Discovery Service」は、オンプレミスのサーバーを自動的に発見し、構成情報を把握することが可能です。Cの「Migration Hub」を利用することで、移行の進捗を監視し、移行計画の可視性を向上させることができます。したがって、A、B、Cが正解です。

D. Application Migration Serviceは、VMwareおよびHyper-V上のVMワークロードをAWSに移行するサービスです。本設問では移行計画について問われており、実際に移行するサービスの利用は問われていません。

E. X-Rayは、分散アプリケーションのトレース分析およびデバッグに使用するツールであり、移行機能は備えていません。

F. VM Import/Exportは、VMの移行に使用するサービスです。本設問では移行計画について問われており、実際に移行するサービスの利用は問われていません。

問58 [答] A

複数AZにECSを展開することで高可用性を確保し、アプリケーション層で障害が発生したときに自動復旧できるようになります。ALBは、複数AZにまたがるトラフィックの分散と管理を行い、高可用性を提供します。また、Auroraのマルチマスターデプロイメントは、書き込み可能な複数のインスタンスを提供し、データベース層で最も高い耐障害性を実現します。したがって、Aが正解です。

B. アプリケーションが単一のAZに依存するため、そのゾーンで障害が発生した場合にサービス全体がダウンする可能性があります。

C. リージョン間の障害復旧を考慮した設計です。しかし、本設問では、1つのリージョン全体が影響を受けるような災害に備えなければならない、という要件はありません。このマルチリージョン構成よりも、マルチAZ構成のほうが適切です。

D. データベースが単一のAZに依存しているため、そのゾーンで障害が発生するとデータベースにアクセスできなくなり、アプリケーション全体の耐障害性が低下します。

問59　［答］A

各地域からAWS上のアプリケーションにアクセスする際のレイテンシーに着目して、適切なソリューションを選定します。データベースへのアクセスのほとんどが読み取り専用であることと、RDS for MySQLにはリージョンをまたぐクロスリージョンレプリケーション機能があることから、データベースのレプリケーション機能を使って、読み取り専用の処理をAWSの各リージョンに分散します。これにより、システム全体のパフォーマンスが向上します。また、Route 53のレイテンシーベースのルーティングを使用すると、アジア圏にいるユーザーからのリクエストが一番応答の速いリージョンへルーティングされるため、データのダウンロード時間が最小化されます。したがって、Aが正解です。

B. Route 53の位置情報ルーティングは、米国からのアクセスなら米国のリージョン、アジア圏からのアクセスならシンガポールのリージョンとクライアントの位置の情報をベースにして、ルーティングを決定します。アジア圏からのリクエストの場合、必ずしもシンガポールへのアクセスが速いとは限りません。

C、D. DMSは、オンプレミスにあるデータベースからクラウドのデータベースにデータを移行するときなど、データ移行のためのレプリケーションに適したサービスです。しかし、リージョン間をまたぐデータベースのレプリケーションでは、変更データキャプチャでのレプリケーションの反映が遅延して、リージョン間でデータベースが整合していない可能性があるため、本設問のケースでは不適切です。

問60　［答］C

S3はサーバーレスのオブジェクトストレージサービスであり、これを使用することで、Webサーバーを構築・運用するためのコストが不要になります。CloudFrontはコンテンツをキャッシュし、ユーザーに最も近いエッジロケーションから配信します。これにより、S3からの読み出し回数と転送データ量を削減できるため、S3とCloudFrontを使用した静的コンテンツの配信はコスト効率が高くなります。

また、ログ分析にサーバーレスのAthenaを使用すると、コスト発生は分析実施時のみとなるため、費用対効果が高くなります。したがって、Cが正解です。

A. 静的コンテンツの配信にS3とCloudFrontを使っているため、コスト効率は高いですが、ログ分析にEC2を使用しているので、常時稼働によるコストがかかります。

B. EC2とRDSを使用しているため、常時稼働によるコストがかかります。EMRはログ分析に適していますが、起動コストが高いです。

D. ECSとDynamoDBを使用しているため、コスト効率は比較的高いですが、Dockerの運用負荷やLambdaの実行時間制限などの課題があります。

問61 [答] D

本設問では、すでに構築済みのWebアプリケーションに接続するためのIPアドレスを提供するには、どのAWSサービスを利用すればよいかが問われています。

Global Acceleratorを利用すると、AWSエッジロケーションのグローバルネットワークを使用して利用者までのパスを最適化します。Global Acceleratorでは、エンドポイントとしてALBを指定できます。また、静的なパブリックIPアドレスが提供されるので、利用者は、このIPアドレスを使ってWebアプリケーションにアクセスできます。したがって、Dが正解です。

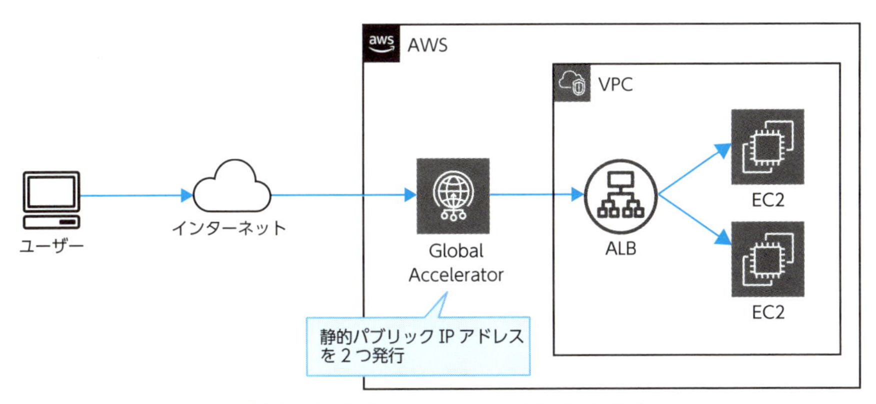

図8.2-14 Global Acceleratorを使用した構成

A. ALBにはElastic IPアドレスを割り当てることができないので、Elastic IPアドレスを割り当てるためにALBをNLBに置き換えていますが、作業のオーバーヘッドがかかります。また、NLBはAWS WAFをサポートしていません。

B. CloudFrontディストリビューションから提供されるIPアドレスは頻繁に変更される可能性があります。動的に変更されたその都度、利用者に新しいIPアドレスを提供する可能性があるため、不適切です。

C. ALBにはElastic IPアドレスを直接割り当てることができないので、このソリューションでは利用者にIPアドレスを提供できません。

問62　　　　　　　　　　　　　　　　　　[答] B、C、F

CDNをCloudFrontおよびS3で構築すると、静的コンテンツへのリクエストをWebサーバーの前段にあるCDNで返せるようになるため、Webサーバーの負荷を下げることができます。

また、WebサーバーにAuto Scalingを導入し、負荷に応じて自動でスケールアウト・スケールダウンする仕組みを整えることで、運用のオーバーヘッドを増やさず、インフラコストを最適化しながら、Webサーバーの負荷を低減できます。

Webサーバーの負荷が高まると、データベースの負荷も上がる可能性がありますが、読み込みクエリを、読み込み専用のDBインスタンス、すなわちリードレプリカに対して実行するように変更することでデータベースの負荷を低減できます。

上記の方策は、いずれもAWSのマネージドサービスを活用することによって、運用のオーバーヘッドやコストを抑えつつ、アプリケーションのアーキテクチャを大きく変更することなく、システムの可用性や拡張性を高めることができます。したがって、B、C、Fが正解です。

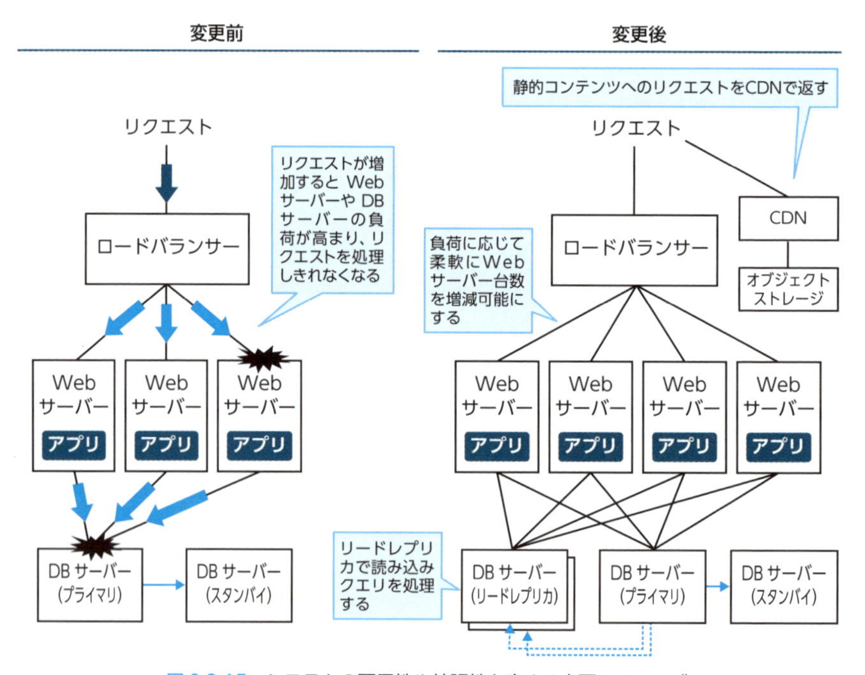

図8.2-15　システムの可用性や拡張性を高める変更のイメージ

A. マルチリージョン構成にする案は、特にコストの観点で最適とはいえません。

D. 最大ユーザー数を想定してEC2サーバーを増強する案は、コストおよび運用オーバーヘッドの観点で最適とはいえません。

E. 同期処理から非同期処理へ変更するには、アプリケーションアーキテクチャの大きな変更が必要となります。

G. リレーショナルデータベースからNoSQLデータベースへ変更するには、アプリケーションアーキテクチャの大きな変更が必要となります。

問63 [答] B

本設問では、写真を扱うWebサイトが高負荷にも耐えられるようにアーキテクチャを最適化することが問われています。具体的には、登録した情報で認証されたユーザーのみが写真をアップロード・閲覧できることと、アップロードと写真の加工処理がリクエスト数に応じて並列で行えることが求められています。写真のデータをAPI Gatewayで受け、API GatewayをイベントソースとしてLambda関数とFargateを利用することで、高負荷に応じたスケールアウトが容易に構成できます。また、Aurora Serverlessでデータの拡張も自動で行えます。したがって、Bが正解です。

A. この選択肢では、ユーザー認証にCognitoを利用しています。API GatewayからCognitoへの連携はAPI Gateway上の設定のみで行えます。ただし、既存のユーザー情報をCognitoへインポートする際、パスワードの情報は含まれません。そのため、ユーザーは再度会員登録をする必要があります。これは労力のかかる作業で、効率的な移行ができないため不適切です。

C. S3 Transfer Accelerationエンドポイントは、ユーザーの端末からS3バケットへのファイル転送を高速に行えるサービスです。本設問では、ユーザーが登録した情報で認証された場合にのみ利用できる構成が求められています。署名付きURLは、ユーザーの登録に関係なく、一時的にS3バケットへのアクセスを許可できるため、この要件に適していません。

D. Webサイトを利用するユーザーがS3にアクセスできるように、全ユーザー用に個別にIAMユーザーを作成することは、IAMユーザー管理の運用オーバーヘッドがかかりすぎます。

問64　　　　[答] B

AWS は、CloudFormation を活用したインフラの運用・構築に関するベストプラクティス[※8]を公開しています。ベストプラクティスとして、複数のスタックで共通に利用されるパラメータ値については、Fn::ImportValue 関数を使用し、エクスポートされたリソースをクロススタック参照することが推奨されています。また、自社のアプリケーション用に、複数のスタックで共通に利用されるインフラを構築する場合は、AWS::CloudFormation::Stack リソースを使用し、スタックをネストすることで、テンプレートの記述をシンプルにすることができます。

CloudFormation とともに、インフラの管理を効率的にするためのサービスとして、AWS Service Catalog（Service Catalog）が挙げられます。Service Catalog は、インフラ管理者が組織内での利用を許可する AWS サービスを「カタログ化」し、これにより組織内で利用可能なサービスを制限することで、ガバナンスを強化するサービスです。Service Catalog を使用するには、まず、組織内で利用可能な AWS サービスの環境を構築するための CloudFormation テンプレートを作成します。次に、「ポートフォリオ」という論理的なリソースを作成します。そして、「製品」という論理的なリソースを作成し、関連する CloudFormation テンプレートを紐付け、グルーピングします。このポートフォリオの単位で組織内の Service Catalog ユーザーに使用許可を与え、利用可能な AWS サービスを制限することができます。Service Catalog ユーザーは、製品経由で CloudFormation テンプレートを実行し、必要な AWS インフラを構築することが可能になります。

上記の CloudFormation のベストプラクティスに従っており、かつ Service Catalog を活用して運用負荷を軽減している選択肢は B になります。したがって、B が正解です。

A. Service Catalog を使用してインフラを構築する場合は、ポートフォリオではなく、ポートフォリオに含まれる製品から必要なものを選択し、起動します。また、パラメータ値の入力の手間も削減されていないので、不正解です。

C. CloudFormation テンプレート内の AWS サービス間の依存関係については、DependsOn 属性などのテンプレートの仕組みを活用して維持すべきです。また、スタック間で共通に利用するパラメータ値を CloudFormation テンプレート外の設定ファイルやスクリプトの形式で共有した場合、テンプレートとの

※8　AWS CloudFormation best practices - AWS CloudFormation
https://docs.aws.amazon.com/AWSCloudFormation/latest/UserGuide/best-practices.html

整合性の維持や、バージョン管理が複雑になるなどの新たな問題が発生する可能性があり、推奨できません。

D. この方法は、パラメータ値の入力の手間が削減されないので要件を満たしません。

問65 [答] A

本設問では、オンプレミスにある大量のデータを保持するデータベースをAWS環境に移行する際に、どのサービスを利用すればよいかが問われています。50TBの大量データをAWS上に移行する場合、専用線の帯域を拡大して転送速度を上げるよりも、Snowballデバイスを利用してAWSのS3にデータを格納し、S3からAWS側のデータベースにデータをロードするほうが、効率的にデータを移行できます。したがって、Aが正解です。

B. DataSyncを使っても、データの転送速度は変わりません。50TBのデータをオンプレミスからAWSに移行するには時間がかかりすぎます。

C. 専用線を50Mbpsから1Gbpsに置き換えるには通常、数か月の時間を要します。また、帯域を拡大しても、50TBという大量のデータを移行するのに大きな効果は期待できません。

D. Application Migration Serviceは、アプリケーションを含むサーバー上の資源全体の移行を支援するサービスです。データベースの移行には適していません。

問66 [答] D

Organizationsは、複数のAWSアカウントに対するポリシーベースの管理機能を提供するサービスです。Organizationsを使用すると、個々のアカウント、または複数のAWSアカウントをグループ化した「OU（Organization Unit）」という単位で、ポリシーを適用し管理することができます。また、OrganizationsからAWSアカウントの作成も実行することができます。Organizationsにより使用可能になる、複数のAWSアカウントにわたってAWSサービスの使用を制御するポリシーを「サービスコントロールポリシー（Service Control Policy：SCP）※9」と呼びます。

※9 SCPの詳細については、以下をご参照ください。
https://docs.aws.amazon.com/ja_jp/organizations/latest/userguide/orgs_manage_policies_about-scps.html

アカウント、その親OU、または組織のRootに関連付けられたSCPによって明示的に許可されていないサービスへのアクセスは、「拒否」されます。デフォルトでは、Organizationsに含まれるすべてのアカウント、OU、組織のRootに「FullAWSAccess」のSCPが関連付けられており、すべてのサービスがSCP上で明示的に有効になっています。

SCPの適用方針として、特定のAWSサービスを有効にする（許可リスト）、または無効にする（拒否リスト）の2つの方針が考えられます。許可リストでポリシーを適用したい場合には、FullAWSAccessのSCPをデタッチして、任意のサービスのみを有効にしたSCPを作成してアタッチします。一方、拒否リストでポリシーを適用したい場合には、FullAWSAccessは有効なまま、無効とするサービスを「Deny」で指定します。これにより、「明示的なDeny」が優先され、拒否リストとしての設定が可能になります。

なお、SCPは、AWSアカウント内のユーザー、グループ、またはロールに、そのアカウント上での実際の権限を与えるわけではない点に注意してください。SCPで設定できるのは、そのアカウントでのサービスの利用を許可するか、拒否するかだけであり、実際にIAM上の権限を与えるには、SCPで設定するポリシーとは別に、各アカウント上でIAMユーザー、グループ、またはロールに適切なIAMポリシーを設定する必要があります。IAMポリシーでは、AWSサービス（S3など）、個々のAWSリソース（特定のS3バケットなど）、または個々のAPIアクション（s3:CreateBucketなど）へのアクセスを許可または拒否できます。

また、IAMポリシーはIAMユーザー、グループ、およびロールに適用できますが、AWSアカウントのルートIDの権限を制限することはできません。SCPでの制限は、ルートアカウントIDを含む、アカウントのすべてのIAMユーザー、グループ、およびロールに対して有効になります。

SCPがOUに適用されると、そのOUに含まれるすべてのAWSアカウントにSCPが継承されます。各アカウントで最終的に有効になる権限は、SCP（OUから継承されたSCPを含む）によるポリシーとIAMによるポリシーの組み合わせとなります。SCPで許可されており、かつ実際にそのアカウントのIAMポリシーによって与えられたIAM権限が、実際のユーザー、グループ、およびロールに対して有効になります。

上記のようにOrganizationsとSCPは、複数のAWSアカウントにわたって権限を統合的に管理、統制するために推奨されるベストプラクティスです。したがって、Dが正解です。

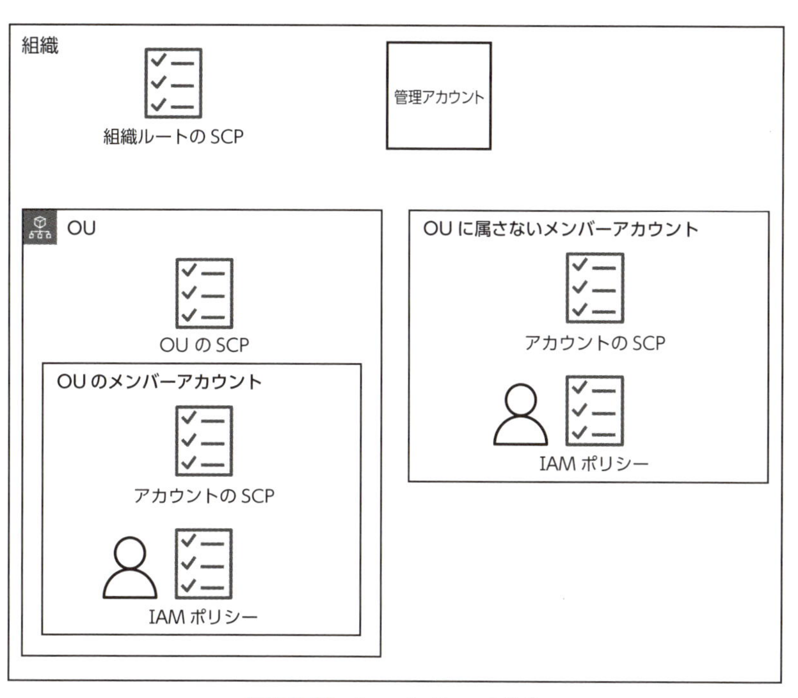

図 8.2-16　Organizations の構成

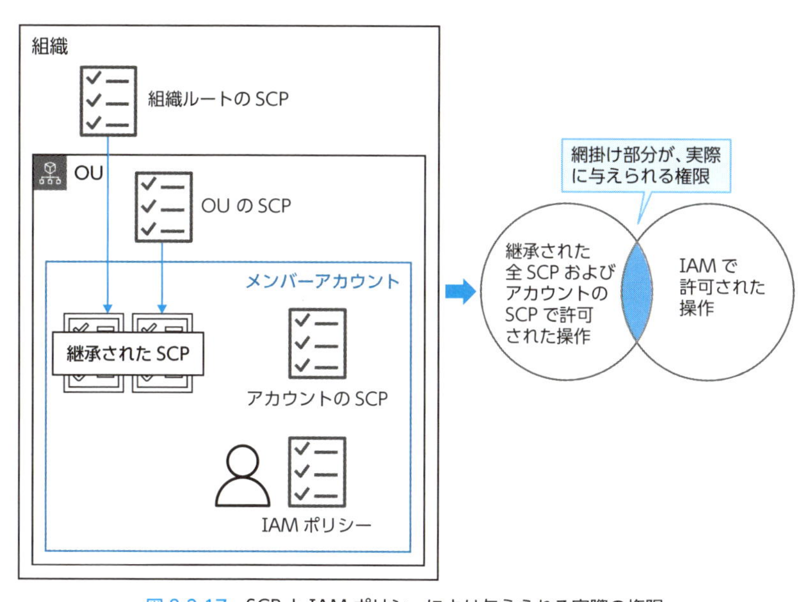

図 8.2-17　SCP と IAM ポリシーにより与えられる実際の権限

A. Organizationsを使用するのは正しいのですが、IAMポリシーに関する記述が正しくありません。各アカウントで特定のAWSサービスの使用を許可または拒否できるのは、IAMポリシーではなく、SCPです。

B. 各アカウントへクロスアカウントアクセスし、それぞれでIAMの権限を適切に設定することで、一応要件は満たせます。しかし、OrganizationsおよびSCPを使用する場合と比較して設定作業が多いため、「シンプルな」ソリューションとはいえないので不正解です。なお、管理するアカウントが少数であれば、クロスアカウントアクセスのほうが適している場合もあります。

C. 要求事項は実現できますが、Bと同様に設定作業が多いです。OrganizationsとSCPが要件を最もシンプルに実現するソリューションであるため、不正解です。

問67　［答］B

インターネットにWebサービスを公開している限り、悪意のある利用者からの攻撃は避けられません。AWSは、インターネットにWebサービスを公開する際のセキュリティ対策に役立つさまざまなサービスを提供しており、それらのサービスを効果的に組み合わせることで、セキュリティ上のリスクを緩和することができます。

悪意のある利用者は世界中に存在しており、それらの送信元IPアドレスを人手でブロックする運用は現実的ではなく、極力自動化を検討すべきです。具体例として、CloudFrontのアクセスログを有効化してS3へのアクセスログの保存を可能にし、S3へのログ保存イベントをトリガーとして、Lambda関数を実行する方法が挙げられます。この場合、Lambda関数でアクセスログを解析し、不正な形式のリクエストを検知したら、AWS WAFのブラックリストに当該IPアドレスを追加します。したがって、Bが正解です。

A. AWS Shield Standardは、Webアプリケーションをターゲットとした、ネットワーク層（レイヤー3）やトランスポート層（レイヤー4）に対するDDoS攻撃を防御します。アプリケーション層（レイヤー7）への攻撃は防御しません。アプリケーション層に対するDDoS攻撃への対応には、AWS WAFとの組み合わせが必要になります。

C. このソリューションでも、セキュリティ対策としては妥当です。正解の選択肢Bとの違いは、外部からのリクエストの受付をCloudFrontにするか、ALBにするか、という点です。CloudFrontを有効化したほうが、利用者からのアクセスポイント（エッジロケーション）が世界中に分散されることになり、それだけでDDoSのような多数のIPアドレスからの攻撃の影響を緩和できます。このため、Webサービスのセキュリティ対策としてはBのソリューションのほうがより堅牢な対策といえます。

D. Webサービスへの攻撃手法は多種多様で、しかも日々増え続けています。このソリューションでは、本設問での不正アクセスのパターンしか防ぐことができず、将来発生する別のパターンによる攻撃への対策とはなりません。

問68 ［答］A

Transit Gateway Network Managerは、Transit Gatewayネットワークの可視化、構成の分析、イベントとメトリクスのモニタリングといった管理機能を提供するサービスです。Route AnalyzerでTransit Gatewayのルート構成を分析してルーティングの正常性を検査することができます。ルート構成に問題がある場合は、図8.2-18の青枠のようなエラー内容を知らせてくれます。

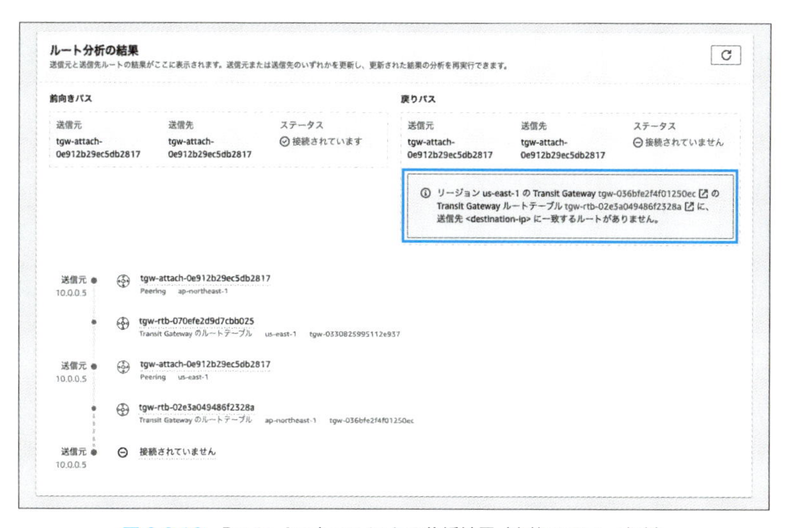

図 8.2-18 Route Analyzerによる分析結果（青枠はエラー内容）

Route Analyzerでは、Transit Gatewayに接続されたVPCやEC2は分析の対象外です。必ずしもTransit Gatewayに障害の原因があるとは限らないため、VPC側でトラブルシューティングを行って原因を切り分ける必要があります。したがって、Aが正解です。

B. VPC Reachability Analyzer は VPC 間通信の到達性を検証するサービスですが、送信元と送信先が同一リージョンである必要があります。東京リージョンと大阪リージョン間の検証には対応していません。

C. VPC Network Access Analyzer は、意図しないネットワーク経路を特定するためのサービスです。

D. Route Analyzer は、Transit Gateway のルート構成を分析するサービスです。Transit Gateway に接続された VPC や EC2 の分析は行いません。

問69　【答】A

オンプレミスにあるアプリケーションとデータベースの移行について、現行システムの構成が把握できない場合、適切に AWS サービスを利用して情報を収集し、アプリケーションとデータベースの構成や依存関係を確認する必要があります。オンプレミスのサーバーの情報がわからない場合、Migration Evaluator を使用してサーバーリストを作成することができます。また、Migration Hub により、移行するアプリケーションとデータベースを一元的に管理できます。さらに、Application Discovery Service により、サーバー間の依存関係を確認しシステムの全体構成を把握することが可能です。したがって、A が正解です。

B、C. Application Migration Service や Database Migration Service は、オンプレミスから AWS 環境への移行を実施するサービスです。これらのサービスを利用しても、サーバー間の依存関係などシステムの全体構成を把握できません。また、C の「Service Catalog」は、ソリューションのカタログを管理するサービスであり、利用しているソフトウェアやサービスのリポジトリとしては活用できません。

D. Application Migration Service は、他システムから AWS 環境への移行作業を実行するために利用されます。アプリケーションやデータベースの詳細情報を把握するのには適していません。

問70　【答】C

S3 などのグローバルサービスに対して、VPC 内に配置された EC2 からアクセスする場合は通常、インターネットを経由してアクセスします。この場合、NAT ゲートウェイやインターネットに対するアウトバウンドのデータ転送費用がかかります。そこで、VPC エンドポイントを利用すると、VPC 内のプライベートネットワークからインターネットを経由せずに直接、AWS 各種サービスへのアクセスが可能となり、一般的にデータ転送コストを節約することができます。したがって、C が正解です。

A. NAT ゲートウェイを NAT インスタンスに置き換えても、インターネット経由での S3 アクセスであることは変わらず、データ転送コストは削減されません。また、AWS マネージドの NAT ゲートウェイから NAT インスタンスに変更することで、NAT インスタンスの運用オーバーヘッドが増えてしまいます。

B. EC2 をパブリックサブネットに移動すると、外部から動画処理サービスへのアクセスが可能になり、サービスに対する攻撃経路ができてしまうのでセキュリティが損なわれます。

D. EFS は VPC 内のプライベートネットワークからアクセス可能なため、データ転送コストを削減できます。しかし、S3 と比較するとデータ容量あたりの利用料が高くなり、アーキテクチャ全体としてはコスト削減になるとはいえません。

問71　[答] A、D

従業員のリモートワーク用の VPN 接続に対して、オンプレミスだけではネットワークの帯域が逼迫するため、AWS のサービスを利用してこれを軽減させる対策が問われています。従業員が Client VPN を利用することで、オンプレミスの VPN 接続が AWS 側にも分散されます。また、AWS 上で Windows のホームディレクトリにあるファイルにアクセスするには、FSx for Windows File Server を利用します。したがって、A と D が正解です。

B. Storage Gateway ボリュームゲートウェイは、オンプレミスにあるボリュームを AWS にバックアップする目的で利用されます。ファイルへのアクセスに使われるものではないので、今回のケースでは不適切です。

C. FSx for Lustre は、高パフォーマンスなファイルシステムを実現するサービスですが、Windows のホームディレクトリへのアクセスには対応していません。

E. Direct Connect は、オンプレミスと AWS 間において、セキュアなネットワークで、かつ VPN では帯域が不足する場合に有効な専用線接続サービスです。本設問ではリモートアクセスの VPN 接続用の帯域の改善が求められていますが、専用線接続では外部からのアクセスの帯域改善にはつながりません。

問72　　　　　　　　　　　　　　　　　　　　　　　　　　　　[答] C

AWS環境でデータをセキュアに保存するためには、データを暗号化することと、暗号化キーを適切に管理することが必要です。

AWSでは暗号化キーを安全に管理するサービスとして、KMS（Key Management Service）が利用できます。また、暗号化キーの安全な管理には、暗号化キーに対する適切なアクセスコントロールを考慮することが必要です。

KMSで作成した暗号化キーに対するアクセス権限の付与には、キーポリシー、IAMポリシー、Grantなど複数の方法があります。このうちクロスアカウントでのアクセス許可を任意に設定できるのは、キーポリシーです。利用者による任意のキーポリシー設定は、KMSで管理する鍵の中でカスタマーマネージドキーでしか行うことができません。AWSマネージドキーの場合、キーポリシーは編集ができず、キーが存在するアカウントからのアクセスしか許可できません。

以上より設問の要件を満たす、クロスアカウントアクセスを許可できる暗号化キーは、KMSを利用して作成するカスタマー管理のKMSキーとなります。

また、Organizations内のアカウントに対して権限を付与する場合には、キーポリシーの条件として"aws:PrincipalOrgID"を使用することが可能です。これにより、Organizationsにアカウントが追加された場合に新アカウントへ権限が自動的に付与され、Organizationsからアカウントが削除された場合に当該アカウントの権限が自動的に削除されます。

したがって、Cが正解です。

A、D. AWS管理の暗号化キーにクロスアカウントアクセスを許可するキーポリシーを設定することはできません。

B. カスタマー管理のキーのキーポリシーに組織の全アカウントのrootを許可Principalとして記載し、アカウントの追加や削除の際にLambdaで自動的に更新することは、一応実装として可能です。しかし、Organizations内のアカウントに権限を付与する場合においては、選択肢Cにある"aws:PrincipalOrgID"の条件を使用するほうが、実装が容易で作り込みが不要なことから適切なソリューションとなります。

問73　　　　　　　　　　　　　　　　　　　　　　　　　　　　　　　[答] C

オンプレミスのシステムのディザスタリカバリ対応に関する設問です。ここでは、SLAで定義されたRTO、RPOの要件を満たしながら、オンプレミスのシステムを起動できるようにするソリューションが問われています。オンプレミスのWindows ServerをAWSにレプリケーションするには、Elastic Disaster Recoveryが有用です。また、オンプレミスのデータをAWSのストレージサービスに転送するには、DataSyncが役立ちます。DataSyncを使用すると、オンプレミスの共有ストレージのデータをAWS上のFSxにレプリケーションできます。AWS上でWindows ServerとFSxをマウントしておくことにより、障害時、AWS上で構築した環境で即座にサービスを再開することが可能です。したがって、Cが正解です。

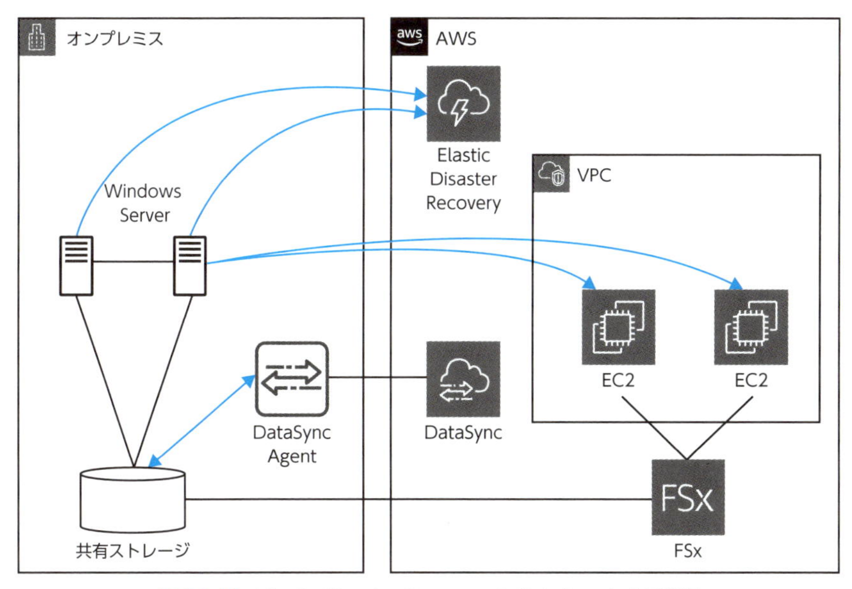

図 8.2-19　Elastic Disaster Recovery と DataSync による移行

A. SLAのRPO 10分という要件を満たすためには、CDKで開発した処理でs3 syncコマンドを頻繁に実行し、オンプレミスとAWS間でデータの整合性をとる必要があります。また、S3に保管されたデータをFSxにレプリケーションするのにも時間がかかり、処理全体で見ると非常にオーバーヘッドが大きいです。

B. CloudFormationを使用してAWS上にWindows Serverを起動できますが、EFSはLinuxのOS向けのファイルシステムであり、Windows Serverには利用できません。

D. Storage Gatewayファイルゲートウェイは、オンプレミスのデータをS3に保存するためのサービスです。これを利用してもWindows ServerをAWSにレプリケーションすることはできません。また、日次バックアップではRPO要件を満たせません。

問74　[答] A、C、D

S3には静的コンテンツのホスティング機能があり、CloudFrontとAWS WAFを組み合わせることで、静的コンテンツへアクセスする際に、低レイテンシーと、セキュリティの向上を実現できます。また、EC2をAuto Scalingグループで構成し、マルチAZのAuroraも取り入れることで、より高い信頼性と可用性、およびメンテナンス軽減を実現できます。したがって、A、C、Dが正解です。

B. S3 Transfer Accelerationはファイルのアップロードに役立ちますが、読み取りには低レイテンシーなアクセスを提供しません。

E. EC2インスタンスでデータベースをホスティングすると、レプリケーションの設定とメンテナンスが必要になります。

F. IAMは、主にAWSリソースを操作するためのユーザー管理を目的としたサービスであり、通常、AWSを操作する企業内のユーザーやシステムが使用します。IAMは、今回のような大量のユーザーを認証するWebシステムには不向きです。

問75　[答] B

API Gatewayを利用すれば、REST APIやWebSocket APIを簡単に作成することができます。これはマネージド型サービスなので、ゲートウェイ自体の可用性の担保や運用についてもAWS側にオフロードすることができます。API GatewayとLambdaを組み合わせた構成は、ECS/Fargateによる構成よりもコスト効率が高くなります。また、高可用性の観点でDynamoDBとS3をストレージとして使用すべきであり、S3のSDKの機能により署名付きURL（Pre-Signed URL）を発行することで、Webサイトの会員にのみアクセスを許可するという制御が可能になります。したがって、Bが正解です。

A. Lambda オーソライザー（以前のカスタムオーソライザー）を使用することで API へのアクセスを制御できますが、Lambda オーソライザー単体では認証処理を行うことはできません。認証処理を行うには、Cognito もしくは OAuth 2.0、SAML 2.0 等と連携し、認証トークンを取得する必要があります。しかし、その点が明記されていません。また、静的コンテンツのメタデータの保存先としては、ElastiCache よりも DynamoDB のほうが可用性が高いです。

C. ECS/Fargate による構成には、イベント駆動型と常時起動型があります。イベント駆動型では Lambda 関数をイベントソースとして、Fargate 上でコンテナが起動して処理します。起動時間分だけ課金されるのでコスト効率はよいのですが、Fargate 上で実行するコンテナのイメージを ECR から取得するのにオーバーヘッドがかかります。外部からのリクエストを常時受け付けて、数秒以内で処理の実行結果を返却する Web アプリケーションなどでは、通常、Fargate を常時起動させておきます。ただし、Fargate を常時起動させておくため、コスト効率の面で API Gateway と Lambda を組み合わせた構成に劣ります。

D. コスト効率の面で、正解の選択肢 B に劣ります。また、静的コンテンツをコンテナ経由で配信することは、パフォーマンスの観点からも最適とはいえません。

監修者・著者プロフィール

平山 毅（ひらやま つよし）【本書監修、第1章第1節執筆】

元アマゾンウェブサービス　ソリューションアーキテクト、
プロフェッショナルサービスコンサルタント

東京理科大学理工学部卒業。専攻は計算機科学と統計学。同学 SunSite ユーザーで電子商取引を研究。早稲田大学大学院経営管理研究科ファイナンス専攻修了（EQUIS、AACSB 認定 MBA）、ブロックチェーンファイナンスを研究。学生時代から GMO インターネット株式会社や株式会社サイバーエージェントでインターネット技術に親しむ。株式会社東京証券取引所、株式会社野村総合研究所にて、最先端ミッションクリティカル証券システムの企画開発運用に従事。2011 年 3 月の東京リージョン開設直後より AWS の本格利用を開始し、Oracle Open World にて Oracle Enterprise Manager on AWS を講演し事例化。
2012 年 7 月、アマゾンデータサービスジャパン株式会社（現アマゾンウェブサービス）に入社。エンタープライズソリューションアーキテクトとして、初期を代表するクラウドファーストプロジェクトの多くを担当。その間に、AWS 認定トレーニングコースである「Architecting on AWS」の講師を多数回に渡り担当。2014 年 5 月よりプロフェッショナルサービスの立ち上げにともない、同社コンサルティング部門に異動。外国人ボスのもと、初期を代表する大規模グローバルでクラウドネイティブにカスタマイズするプロジェクトの多くを担当。2016 年 2 月より日本 IBM 株式会社にて、ブロックチェーン、AI、アナリティクス、クラウドを担当し、2019 年 3 月よりデジタルイノベーション事業開発部でエバンジェリスト、チーフアーキテクトを務め、2020 年 5 月より Fintech スタートアップ企業の Chief Science Officer（最高科学責任者）も兼ねる。Data AI 事業、ガレージ事業、クライアントエンジニアリング事業を経て、エコシステムエンジニアリング事業部長を務め、Web3 プラットフォーム提供スタートアップのエンジニアリングリードも兼務。

著書：「AWS 認定ソリューションアーキテクト－プロフェッショナル～試験特性から導き出した演習問題と詳細解説～」（監修および著作）、「AWS 認定ソリューションアーキテクト－アソシエイト問題集」（監修および著作）、「AWS 認定アソシエイト 3 資格対策～ソリューションアーキテクト、デベロッパー、SysOps アドミニストレーター～」（監修および著作）、「ブロックチェーンの革新技術～Hyperledger Fabric によるアプリケーション開発～」（以上、リックテレコム）、「絵で見てわかるクラウドインフラと API の仕組み」（翔泳社）、「絵で見てわかるシステムパフォーマンスの仕組み」（翔泳社）、「RDB 技術者のための NoSQL ガイド」（秀和システム）、「サーバ／インフラ徹底攻略」（技術評論社）

保有資格

AWS Certified Solutions Architect - Professional
AWS Certified DevOps Engineer - Professional
その他、VMware vExpert 2017, 2018, 2019、Oracle 認定資格、IBM 認定資格、Cisco Systems 認定資格、Microsoft 認定資格、Red Hat 認定資格、SAP 認定資格、IT サービスマネージャ、応用情報技術者、基本情報技術者、等。

福垣内 孝造（ふくがうち こうぞう）

【本書監修。第1～3章、第5章第2節、第6章第3節、第7章第2節、第8章執筆】

AWS グローバルのプレミアコンサルティングパートナー企業に所属。
クラウドソリューションアーキテクト

テクノロジーコンサルティング部門に所属。クラウドソリューションアーキテクトとして、エンタープライズ企業向けのクラウド化の企画フェーズから参画し、クラウド移行支援、マイクロサービスをベースとしたクラウドネイティブアーキテクチャの設計、構築等、クラウド案件のアーキテクチャ設計、ソリューション立案を幅広く担当。

著書：「AWS 認定ソリューションアーキテクト－プロフェッショナル～試験特性から導き出した演習問題と詳細解説～」（監修）、「AWS 認定ソリューションアーキテクト－アソシエイト問題集」（監修および著作）、「AWS 認定アソシエイト3資格対策～ソリューションアーキテクト、デベロッパー、SysOps アドミニストレーター～」（監修。以上、リックテレコム）

保有資格

AWS Certified Solutions Architect - Professional
AWS Certified DevOps Engineer - Professional
その他、プロジェクト管理マネージャ、情報処理安全確保支援士、等。

鳥谷部 昭寛（とりやべ あきひろ）【本書監修】

コンサルティング企業に所属。
コンサルタント

日系大手SIerにてシステム基盤の設計・構築やクラウドに関わる調査・コンサルティングを長年経験。IT人材育成を目的としたLinuxやAWSに関する著書や技術セミナー等も多数担当。現在はコンサルティング企業に所属し、大企業向けのデジタルコンサルティングに従事。

著書：「徹底攻略AWS認定ソリューションアーキテクト－アソシエイト教科書」、「徹底攻略LPIC Level 1問題集［Version 4.0］対応」、「徹底攻略LPI教科書Level 1／Release3対応」（以上、インプレス）、「スマートコントラクト本格入門～FinTechとブロックチェーンが作り出す近未来がわかる～」（技術評論社）、「AWS認定ソリューションアーキテクト－プロフェッショナル～試験特性から導き出した演習問題と詳細解説～」、「AWS認定ソリューションアーキテクト－アソシエイト問題集」（第2版では監修を兼務）、「AWS認定アソシエイト3資格対策～ソリューションアーキテクト、デベロッパー、SysOpsアドミニストレーター～」（以上、リックテレコム）、等。

保有資格

AWS Certified Solutions Architect – Professional
MCSE：Cloud Platform and Infrastructure
Google Cloud Certified Professional Cloud Architect
その他、Oracle Master、PMP、LPIC、等。

堀内 康弘（ほりうち やすひろ）【本書監修】

元アマゾンウェブサービス　テクニカルエバンジェリスト

慶應義塾大学大学院理工学研究科修士課程修了。
株式会社ブイキューブにて、学生時代からWebシステム開発に携わり、卒業後は取締役として開発をリードする。その後、動画共有サービス「FlipClip」の立ち上げを経て、2009年、創業期の株式会社gumiに参画。複数のソーシャルアプリの開発を手がけた後、2010年、同社取締役CTOに就任。gumiにてAWSに出会い、スケーラブルでプログラマブルなAWSの可能性に一目惚れ。以後、すべてのアプリケーションをAWS上で運用する。
AWSの素晴らしさを日本のすべてのデベロッパーに知って欲しいという思いから、2012年3月にアマゾンデータサービスジャパン株式会社（現アマゾンウェブサービス）入社。AWSの普及のために、テクニカルエバンジェリストとして日本中を飛び回る日々を送る。2014年10月、同社を退職しフリーに。複数のスタートアップの技術顧問やアドバイザーの他、トレノケート株式会社でAWS公式トレーニングの講師を務めた後、現在は個人投資家として活動。

著書：「AWS認定ソリューションアーキテクト－プロフェッショナル～試験特性から導き出した演習問題と詳細解説～」（監修）、「AWS認定ソリューションアーキテクト－アソシエイト問題集」（監修）、「AWS認定アソシエイト3資格対策～ソリューションアーキテクト、デベロッパー、SysOpsアドミニストレーター～」（監修。以上、リックテレコム）、

「Amazon Web Services エンタープライズ基盤設計の基本」（日経 BP 社）、「FFmpeg で作る動画共有サイト」（毎日コミュニケーションズ）

新村 俊介（にいむら しゅんすけ）【第 4 章第 2 節・第 4 節、第 8 章執筆】

AWS のプレミアティアサービスパートナー企業に所属。
IT スペシャリスト

20 年以上の IT 業界のキャリアを持ち、国内エンタープライズ企業のシステム設計・開発にインフラエンジニアとして従事。オンプレミス / プライベートクラウド / パブリッククラウドなど幅広いプラットフォームにわたる多数のシステム構築プロジェクトの成功に貢献。
現在は AWS プレミアティアサービスパートナー企業のクラウド推進部門に所属し、AWS を活用したソリューションの提案、設計、実装を支援。
著書：「AWS 認定ソリューションアーキテクト－プロフェッショナル～試験特性から導き出した演習問題と詳細解説～」（リックテレコム）

保有資格

AWS Certified Solutions Architect – Professional
AWS Certified DevOps Engineer – Professional
AWS Certified Advanced Networking – Specialty
AWS Certified Security – Specialty
その他、Google Cloud Certified Professional Cloud Architect、Google Cloud Certified Professional Data Engineer、システムアーキテクト、等。

星 幸平（ほしこうへい）【第 4 章第 1 節、第 8 章執筆】

AWS のプレミアティアサービスパートナー企業に所属。
クラウドインフラアーキテクト

クラウド専業 MSP、国内大手 SIer を経て現職。
パブリッククラウド上で提供するプロダクトのインフラ設計と構築、運用監視設計、障害対応等のトラブルシューティングに従事するインフラエンジニア。AWS、Azure 等のパブリッククラウドを活用した案件を幅広く経験。その他、CCoE としてクラウド最適化、普及活動やクラウド資格教育等のクラウド推進業務にも従事。
2019, 2021, 2024 APN AWS Top Engineer に選出。
2023 Japan AWS All Certifications Engineer に選出。
著書：「AWS 認定ソリューションアーキテクト－アソシエイト問題集」（リックテレコム）

保有資格

AWS Certified Solutions Architect – Professional
AWS Certified DevOps Engineer – Professional
他、多数の AWS 認定資格を保有。

山崎 まゆみ（やまざき まゆみ）【第4章第2節・第3節、第8章執筆】

AWSのプレミアティアサービスパートナー企業に所属。
シニア・アドバイザリー・テクニカルスペシャリスト／マネージャー

IT業界で25年以上の経験を持つ。金融業界等の企業、官公庁・自治体向けのITシステムのSIプロジェクト（インフラ構築、アプリケーション開発、データセンター移行、システム再構築）の成功に貢献。現在は自社でAWS CoEをリードしている。

2023, 2024 Japan AWS Top Engineerに選出。

2023, 2024 AWS Ambassadorに選出。

著書：「AWS認定ソリューションアーキテクト－アソシエイト問題集」（本書の第2版より参画し執筆。リックテレコム）

保有資格

AWS Certified Solutions Architect – Professional
AWS Certified DevOps Engineer – Professional、等。

岡 智也（おか ともや）【第3章、第5章第3節、第6章第1節・第2節、第8章執筆】

AWSグローバルのプレミアコンサルティングパートナー企業に所属。
クラウドソリューションアーキテクト

クラウドおよび技術基盤専門チームに所属し、クライアントのクラウド移行、クラウドネイティブなインフラ設計・構築を支援する傍ら、社内向けのAWSトレーニング講師を務め、日本オフィスのAWS認定資格取得者数の大幅増に貢献。

著書：「AWS認定ソリューションアーキテクト－プロフェッショナル～試験特性から導き出した演習問題と詳細解説～」、「AWS認定アソシエイト3資格対策～ソリューションアーキテクト、デベロッパー、SysOpsアドミニストレーター～」（以上、リックテレコム）

保有資格

AWS Certified Solutions Architect – Professionalをはじめ、多数のAWS認定資格を保有。
その他、CISA、CISM、CISSP、等。

岡崎 靖浩（おかざき やすひろ）【第7章、第8章執筆】

AWSグローバルのプレミアコンサルティングパートナー企業に所属。
マネージャー

国内メーカー系、外資系SIerでシステム提案、構築、運用、プリセールスに従事、2023年より現職。マルチクラウドのソリューション提案、コンサルティング、構築デリバリを行う部署にて、レガシーからクラウドまで幅広いエンタープライズ領域の経験を生かして複数の業種向けに技術支援を実施中。

著書：「AWS認定ソリューションアーキテクト－プロフェッショナル～試験特性から導き出した演習問題と詳細解説～」（リックテレコム）

保有資格

AWS Certified Solutions Architect – Professional
AWS Certified DevOps Engineer – Professional
その他、応用情報技術者、等。

澤田 拓也（さわだ たくや）

【第5章第1〜5節、第6章第1〜4節、第7章、第8章執筆】

AWSグローバルのプレミアコンサルティングパートナー企業に所属。
AI業務変革マネージャー

日系の大手SIerで、大規模ECサイトのリプレイスやさまざまなWebサービス開発プロジェクトでアーキテクトとして活躍。その後、現在の所属企業に転職し、AWSを用いた基幹システムのマイグレーションやAWS上でのAPI基盤、認証基盤、IoTシステム、データ分析基盤、AIシステムの構築など幅広い領域に携わる。

2022, 2023, 2024 Japan AWS All Certifications Engineerに選出。

著書：「AWS認定ソリューションアーキテクト－プロフェッショナル〜試験特性から導き出した演習問題と詳細解説〜」、「AWS認定ソリューションアーキテクト－アソシエイト問題集」、「AWS認定アソシエイト3資格対策〜ソリューションアーキテクト、デベロッパー、SysOpsアドミニストレーター〜」（以上、リックテレコム）

保有資格

AWS Certified Solutions Architect – Professional
AWS Certified DevOps Engineer – Professional
他、合計12種のAWS認定資格を保有。
その他、応用情報技術者、等。

神澤 英輔（かんざわ えいすけ）【第6章第1〜4節、第8章執筆】

AWSグローバルのプレミアコンサルティングパートナー企業に所属。
クラウドソリューションアーキテクト

日系メーカーでインフラエンジニアとしてオンプレミスを中心としたシステム基盤の設計、構築に従事。その後、現職にてクラウドソリューションアーキテクトとしてAWS上での基幹システムや一般消費者向けシステムのアーキテクチャ設計・構築、クラウド移行推進計画の立案、システム運用改善の支援など幅広い領域に携わる。

2022, 2023, 2024 Japan AWS All Certifications Engineerに選出。

保有資格

AWS Certified Solutions Architect – Professional
AWS Certified DevOps Engineer – Professional
その他、ネットワークスペシャリスト、情報処理安全確保支援士、等。

三輪 拓海（みわ たくみ）【第6章第1～4節、第8章執筆】

元AWSグローバルのプレミアコンサルティングパートナー企業、
クラウドソリューションアーキテクト

インフラサービスプリセールスに従事した後、2019年からインフラエンジニアとして、スタートアップ企業から大手企業まで幅広い業界のシステムインフラ構築や監視システム導入を担当。現在はクラウドソリューションアーキテクトとして自社システムのインフラ設計・構築に従事。

保有資格

AWS Certified Solutions Architect – Professional
他、合計10種のAWS認定資格を保有。
その他、Google Cloud Certified Professional Cloud Architect

池田 大（いけだ まさる）【第5章第4節、第6章第4節執筆】

外資系IT企業に所属。
アーキテクト

電気通信会社に入社し、B to C向け回線サービスの申込システム、サポートセンターシステムなどの開発・運用に従事する。2021年より現職。クラウドおよび技術基盤専門チームに所属し、公共系クライアントのAWS移行、製造業系クライアントのAWSのインフラ設計・構築・運用設計などを支援する。

2023 Japan AWS All Certifications Engineerに選出。

著書：「AWS認定ソリューションアーキテクト－プロフェッショナル～試験特性から導き出した演習問題と詳細解説～」、「AWS認定アソシエイト3資格対策～ソリューションアーキテクト、デベロッパー、SysOpsアドミニストレーター～」（以上、リックテレコム）

保有資格

AWS Certified Solutions Architect – Professional
AWS Certified DevOps Engineer – Professional
その他、電気通信主任技術者、ORACLE MASTER Silver、基本情報技術者、等。

早川 愛（はやかわ あい）【第6章第5節、第8章執筆】

AWS ジャパンのプレミアコンサルティングパートナー企業に所属。
エキスパートテクニカルエンジニア

金融系システムのインフラエンジニアとしてシステム基盤の設計・構築・エンハンス業務を担当。2016年より金融を中心としたエンタープライズ企業向けにパブリッククラウド導入の技術支援に従事。セキュリティ・統制を考慮したAWS利用時のガイドライン及び共通設計の作成を支援した。
AWSパートナーネットワーク参加企業の中でも突出した能力や実績を持つAWSエンジニアとして、AWS Ambassadorに2020年より5年連続で選出されている。その他、FinTechに関するAWSユーザー会「Fin-JAWS」の運営など、社内外のコミュニティを通してAWSに関する情報発信やAWSエンジニア育成に貢献している。
著書：「AWS認定ソリューションアーキテクト－プロフェッショナル～試験特性から導き出した演習問題と詳細解説～」、「AWS認定ソリューションアーキテクト－アソシエイト問題集」（以上、リックテレコム）、「要点整理から攻略する『AWS認定 高度なネットワーキング－専門知識』」（マイナビ出版）

保有資格

AWS Certified Solutions Architect – Professional
AWS Certified DevOps Engineer – Professional
他、合計12種のAWS認定資格を保有。
その他、OLACLE MASTER Gold、LPIC Level 3、ネットワークスペシャリスト、データベーススペシャリスト、等。

蒲 晃平（がもう こうへい）【第4章第5節、第8章執筆】

AWS ジャパンのプレミアコンサルティングパートナー企業に所属。
シニアアソシエイト

インフラエンジニアとして金融／証券向けの大規模プライベートクラウドの開発・運営を担当。2021年よりAWSの社内CCoE運営担当として、全社のAWS環境の払い出しやセキュリティガイドラインの策定やセキュリティ対策ツールの開発を行った。また、幅広い業種の顧客に対してAWS関連の技術支援を行い、政府系システムの基盤設計や銀行系システムのガードレール設計をリードした。
AWSが開催したシステム構築力・障害対応力を競う大会（2022年 GameDay For AWS Top Engineers）にて優勝。また、実案件で高い技術力を発揮した実績が評価され、グローバルの認定プログラムである2024 AWS Ambassadorに選出された。

保有資格

AWS Certified Solutions Architect – Professional
AWS Certified DevOps Engineer – Professional
Google Cloud Certified（Associate Cloud Engineer／Professional Cloud Architect）
その他、OLACLE MASTER Silver、データベーススペシャリスト、等。

平井 周（ひらい しゅう）【第5章第6節、第8章執筆】

AWS ジャパンのプレミアコンサルティングパートナー企業に所属。
テクニカルエンジニア

システムエンジニアとして保険系顧客向けのパブリッククラウドのシステム設計・構築・エンハンス業務を担当。2023年より AWS 社内 CCoE 運営担当として、セキュリティガイドライン設計・開発や、SRE 活動の一環として AWS を用いた請求業務 Web システムの開発・導入などを行った。その他に、化学系の顧客に対して AWS 初期導入の一環として、設計ガイドラインの策定やマルチアカウント環境の構築支援を実施した。
AWS Partner Network（APN）参加企業に所属し、社会人歴1〜3年目で突出した AWS 活動実績がある若手エンジニアを表彰する制度の「Japan AWS Jr. Champions 2024」に選出された。

保有資格

AWS Certified Solutions Architect - Professional
AWS Certified Developer - Associate
AWS Certified SysOps Administrator - Associate
Microsoft Certified（Azure Solutions Architect Expert／Azure Administrator Associate／Azure Developer Associate／Azure Network Engineer Associate／Azure AI Engineer Associate）
Google Cloud Certified（Associate Cloud Engineer）、等。

索引

B

C

D

E

F

G

H

I

K

L

T

V

W

X

あ

い

え

お

か

き

く

け

と

な

に

ね

は

ひ

ふ

へ

ほ

ま

め

も

AWS認定ソリューションアーキテクト
－プロフェッショナル 第2版
試験特性から導き出した演習問題と詳細解説

2020年6月30日 第1版第1刷発行
2022年8月10日 第1版第4刷発行
2024年11月29日 第2版第1刷発行

著者・監修 平山 毅、福垣内孝造
監　　修 鳥谷部昭寛、堀内康弘
著　　者 新村俊介、星 幸平、山崎まゆみ、岡 智也、岡崎靖浩、澤田拓也、神澤英輔、三輪拓海、池田 大、早川 愛、蒲 晃平、平井 周
発 行 人 新関卓哉
編集担当 古川美知子
発 行 所 株式会社リックテレコム
〒113-0034
東京都文京区湯島3-7-7
振替 00160-0-133646
電話 03(3834)8380(代表)
URL https://www.ric.co.jp/
装　　丁 長久雅行
組　　版 株式会社トップスタジオ
印刷・製本 シナノ印刷株式会社

● 訂正等

本書の記載内容には万全を期しておりますが、万一誤りや情報内容の変更が生じた場合には、当社ホームページの正誤表サイトに掲載しますので、下記よりご確認ください。

*正誤表サイトURL

https://www.ric.co.jp/book/errata-list/1

● 本書の内容に関するお問い合わせ

FAXまたは下記のWebサイトにて受け付けます。回答に万全を期すため、電話でのご質問にはお答えできませんので了承ください。

・FAX：03-3834-8043

・読者お問い合わせサイト：
https://www.ric.co.jp/book/のページから「書籍内容についてのお問い合わせ」をクリックしてください。

製本には細心の注意を払っておりますが、万一、乱丁・落丁(ページの乱れや抜け)がございましたら、当該書籍をお送りください。送料当社負担にてお取り替え致します。

ISBN 978-4-86594-397-9